前沿技术系列：人工智能

U0168016

TensorFlow 机器学习实用指南

Machine Learning Using TensorFlow Cookbook

［美］Alexia Audevart

［美］Konrad Banachewicz   著

［美］Luca Massaron

罗倩倩 译

北京航空航天大学出版社

图书在版编目(CIP)数据

TensorFlow 机器学习实用指南 /(美)亚历克西娅·
奥德瓦特(Alexia Audevart),(美)康拉德·巴纳赫维
奇(Konrad Banachewicz),(美)卢卡·马萨龙
(Luca Massaron)著;罗倩倩译. -- 北京:北京航空
航天大学出版社,2023.9
书名原文:Machine Learning Using TensorFlow
Cookbook
ISBN 978 - 7 - 5124 - 4150 - 7

Ⅰ. ①T… Ⅱ. ①亚… ②康… ③卢… ④罗… Ⅲ. ①
机器学习 Ⅳ. ①TP181

中国国家版本馆 CIP 数据核字(2023)第 158691 号

TensorFlow 机器学习实用指南
Machine Learning Using TensorFlow Cookbook

[美] Alexia Audevart
[美] Konrad Banachewicz   著
[美] Luca Massaron
罗倩倩 译

策划编辑 董宜斌   责任编辑 孙兴芳

*

北京航空航天大学出版社出版发行

北京市海淀区学院路 37 号(邮编 100191)   http://www.buaapress.com.cn
发行部电话:(010)82317024   传真:(010)82328026
读者信箱:copyrights@buaacm.com.cn   邮购电话:(010)82316936
艺堂印刷(天津)有限公司印装   各地书店经销

*

开本:710×1 000   1/16   印张:21.25   字数:478 千字
2023 年 9 月第 1 版   2023 年 9 月第 1 次印刷
ISBN 978 - 7 - 5124 - 4150 - 7   定价:119.00 元

前　　言

由谷歌开发的 TensorFlow 2.x 是一个用于机器学习的端到端的开源平台，它拥有一个由工具、库和社区资源组成的、全面的、灵活的生态系统，可以让研究人员推动最先进的机器学习（ML）的发展，让开发人员轻松地构建和部署由 ML 驱动的应用程序。

本书将教你如何使用 TensorFlow 进行复杂的数据计算，并会让你比以往任何时候都更深入地挖掘和获得对数据的见解。在本书的帮助下，你将学到训练模型、模型评估、回归分析、表格数据、图像以及文本处理和预测等内容。你将使用最新版本的谷歌机器学习库 TensorFlow 探索 RNN、CNN、GAN 和强化学习。通过实际示例，你将获得使用 TensorFlow 解决各种数据问题和技术的实际经验。一旦你熟悉并适应了 TensorFlow 生态系统，你将会看到如何将它投入生产。

读完本书，你将会熟练使用 TensorFlow 2.x 进行机器学习，还将对深度学习有很好的见解，并能够在现实场景中实现机器学习算法。

读者对象

本书可作为数据科学家、机器学习开发人员、深度学习研究人员和具有基本统计背景的希望使用神经网络并发现 TensorFlow 结构及其新特性的开发人员的参考书。如果你想要充分利用本书，就需要掌握 Python 编程语言的相关知识。

本书涵盖的内容

第 1 章：TensorFlow 2.x 入门，涵盖 TensorFlow 中的主要对象和概念。本章引入了张量、变量和占位符，讲解了如何在 TensorFlow 中使用矩阵和各种数学运算，最后介绍了如何访问本书其余部分中使用的数据源。

第 2 章：TensorFlow 操作，介绍如何以多种方式将第 1 章中的所有算法组件连接到计算图中，以创建简单的分类器。在此过程中，讨论了计算图、损失函数、反向传播和数据训练。

第 3 章：Keras，重点介绍 Keras 的高级 TensorFlow API。在介绍了作为模型构建块的层之后，将介绍用于创建 Keras 模型的 Sequential 顺序 API、函数式 API 和子类 API。

第 4 章：线性回归，重点介绍如何使用 TensorFlow 探索各种线性回归技术，如 Lasso 和 Ridge，ElasticNet，logistic 回归，并且总结出如何用广域和深度扩展线性模型，同时介绍如何使用估计器实现每个模型。

第 5 章：增强树，讨论增强树的 TensorFlow 实现。增强树是现今最流行的表格数

1

据模型之一,本章通过解决预测酒店预订/取消的业务问题来演示该功能。

第 6 章:神经网络,介绍从操作门和激活函数的概念开始,如何在 TensorFlow 中实现神经网络;然后介绍一个浅层神经网络以及如何建立各种不同类型的层;最后介绍如何通过 TensorFlow 神经网络玩 Tic - Tac - Toe 游戏。

第 7 章:使用表格数据进行预测,扩展第 6 章的内容,演示如何用 TensorFlow 来预测表格数据。介绍如何处理数据缺失值、二进制、标称、序数和日期特征,还介绍了诸如 GELU 和 SELU 这样的激活函数(对深度架构特别有效),同时介绍如何正确使用交叉验证,以便在没有足够可用数据的情况下验证架构和参数。

第 8 章:卷积神经网络,通过说明如何使用卷积层的图像(以及其他图像层和功能)来拓展神经网络的相关知识。介绍如何为 MNIST 数字识别建立一个缩短的 CNN,并将其扩展到 CIFAR - 10 任务中的彩色图像;演示如何为自定义任务扩展先验训练的图像识别模型;最后解释并演示 TensorFlow 中的 StyleNet/神经样式和 DeepDream 算法。

第 9 章:递归神经网络,介绍一种强大的架构类型(RNN),其有助于在不同模式的序列数据上实现最先进的结果。本章介绍的应用包括时间序列预测和文本情感分析。

第 10 章:Transformer,这是一类新的深度学习模型,它彻底改变了自然语言处理(Natural Language Processing,NLP)领域。介绍如何在生成性任务和辨别性任务中发挥它们的优势。

第 11 章:使用 TensorFlow 和 TF - Agent 进行强化学习,介绍 TensorFlow 中专门用于强化学习的库。结构化方法允许我们处理从简单游戏到电子商务中的内容个性化等各种问题。

第 12 章:TensorFlow 的应用,给出将 TensorFlow 移动到生产环境的技巧和示例,并且介绍如何利用多个处理设备(例如 GPU)以及如何将 TensorFlow 分布在多台机器上。还介绍 TensorBoard 的各种用途,以及如何查看计算图形指标和图表,最后介绍一个在 TensorFlow 上为 API 服务的 RNN 模型。

如何充分利用本书

你需要对神经网络有一个基本的了解,但这不是强制性的,因为这些内容将从实践的角度进行讨论,并在需要的地方提供理论信息。

具备基本机器学习算法和技术知识者优先。你需要具有良好的 Python 3 的相关知识,应知道如何使用 pip 安装软件包,以及如何设置工作环境来使用 TensorFlow。

环境设置将在第 1 章介绍。

示例代码文件

本书的代码包托管在 GitHub 上,网址是 https://github.com/PacktPublishing/Machine-Learning-Using-TensorFlow-Cookbook。同时,在 https://github.com/

2

PacktPublishing/上还有丰富的书籍、视频和代码。到网站来找到它们吧！

彩色图片

我们还提供了一个 PDF 文件，其中包含本书使用的屏幕截图/图表的彩色图像，下载地址：https://static.packt-cdn.com/downloads/9781800208865_ColorImages.pdf。

目　　录

第1章　TensorFlow 2. x 入门

谷歌的 TensorFlow 引擎有一种独特的解决问题的方法，它使我们能够非常有效地解决机器学习问题。如今，机器学习几乎应用于我们生活和工作的所有领域，在计算机视觉、语音识别、语言翻译、医疗保健等领域有着非常广泛的应用。在本书后面的几章中，我们将介绍如何操作 TensorFlow，并逐步实践和掌握具体的编程技术。为了对本书其余部分有一个核心的认识，本章介绍的基础知识至关重要。

本章将从一些基本的知识开始，帮助你理解 TensorFlow 2. x 的工作原理。另外，你还将学习如何访问用于运行本书示例的数据，以及如何获取其他资源。在本章结束时，你应该具备以下知识：

➢ 理解 TensorFlow 2. x 的工作原理；

➢ 声明变量和张量；

➢ 使用矩阵；

➢ 声明操作；

➢ 实现激活功能；

➢ 使用数据源；

➢ 找到其他资源。

下面将以一种简单的方式展示 TensorFlow 处理数据和计算的方式。

1.1　TensorFlow 如何工作

TensorFlow 是一个由 Google Brain 团队的研究人员和工程师开发的内部项目，最初命名为 DistBelieve，2015 年 11 月正式发布并命名为 TensorFlow(张量(tensor)是标量、向量、矩阵和高维矩阵的泛化)，它是一个用于高性能数值计算的开源框架(通过网址 http://download.tensorflow.org/paper/whitepaper2015.pdf 可以查阅该项目的原始论文)。在 2017 年 TensorFlow 1.0 版本出现以后，谷歌在 2019 年发布了 Tensor-Flow 2.0，该版本通过对 TensorFlow 进行开发和改进，使其更易于使用和访问。

TensorFlow 面向生产，能够处理不同的计算架构(CPU、GPU，现在是 TPU)，是一种用于任何类型计算的框架，需要高性能和容易分布的框架。它擅长深度学习，可以创建从浅层网络(由几层组成的神经网络)到用于图像识别和自然语言处理的复杂深度网络的所有内容。

本书将介绍一系列方法，帮助你以更有效的方式在深度学习项目中使用 Tensor-

Flow，减少复杂性，帮助你实现更广泛的应用和更好的结果。

起初，TensorFlow 中的计算似乎是不必那么复杂的。但这是因为 TensorFlow 本身处理计算的方式，当你习惯了 TensorFlow 的风格时，开发更复杂的算法就变得相对容易了。TensorFlow 将指导我们完成 TensorFlow 算法的伪代码。

准　备

目前，TensorFlow 在以下 64 位系统上得到了测试和支持：Ubuntu 16.04 或更高版本、macOS 10.12.6（Sierra）或更高版本（但不支持 GPU）、Raspbian 9.0 或更高版本，以及 Windows 7 或更高版本。本书的代码已经在 Ubuntu 系统上开发和测试过了，它在任何其他系统上也应该运行良好。本书的代码可在 GitHub 上获得，网址是 https://github.com/PacktPublishing/Machine-Learning-Using-TensorFlow Cookbook，它充当了所有代码和一些数据的图书存储库。

本书只关注 TensorFlow 的 Python 库包装器，尽管 TensorFlow 的大部分原始核心代码是用 C++编写的。TensorFlow 在 Python 条件下运行良好，Python 的版本从 3.7 到 3.8 不等，本书将使用 Python 3.7（可以在 https://www.python.org 上获得普通解释器）和 TensorFlow 2.2.0（可以在 https://www.tensorflow 上找到所有必要的安装说明）版本。

虽然 TensorFlow 可以在 CPU 上运行，但如果在 GPU 上处理，那么大多数算法将运行得更快，而且 GPU 支持 Nvidia Compute Capability 3.5 或更高的显卡（在运行计算密集型复杂网络时更佳）。

 你在书中找到的所有教程都兼容 TensorFlow 2.2.0。必要时，我们将指出与之前 TensorFlow 2.1 和 2.0 版本在语法和执行方面的差异。

在工作站上运行基于 TensorFlow 脚本的常用 GPU 型号是 Nvidia Titan RTX 和 Nvidia Quadro RTX 型号，而在数据中心，我们通常会发现 Nvidia Tesla 架构至少有 24 GB 的内存（例如，谷歌云平台提供 Nvidia Tesla K80、P4、T4、P100 和 V100 型号的 GPU）。为了在 GPU 上正常运行，你还需要下载并安装 Nvidia CUDA toolkit，version 5.x+（下载网址：https://developer.nvidia.com/cuda-downloads）。

本章中的一些方法将依赖于当前版本的 SciPy、NumPy 和 Scikit‐learn‐Python 包的安装。这些附带的包也包含在 Anaconda 包中（网址：https://www.anaconda.com/products/individual#Downloads）。

怎么做

这里将介绍 TensorFlow 算法的一般流程。大多数方法都遵循以下步骤：

1. 导入或生成数据集：我们所有的机器学习算法都依赖于数据集。在本书中，我们将生成数据或使用外部数据源的数据集。有时，依靠生成的数据更好，因为我们可以控制如何改变和验证预期结果。大多数时候，我们将访问给定教程的公共数据集。

```
import tensorflow as tf
import tensorflow_datasets as tfds
import numpy as np

data = tfds.load("iris", split = "train")
```

2. 转换和规范化数据：通常，输入数据集的形式与我们想要实现的不完全相同。TensorFlow 希望我们将数据转换为可接受的形状和数据类型。事实上，数据的维度和类型通常符合算法的要求，所以我们必须在使用之前对其进行适当的转换。大多数算法也需要归一化数据（这意味着变量的均值为 0，标准差为 1），我们将在这里研究如何实现这一点。TensorFlow 提供了内置函数，可以加载数据，将数据拆分为批次，并使用简单的 NumPy 函数使每个批次规范化，包括以下内容：

```
for batch in data.batch(batch_size, drop_remainder = True)：
    labels = tf.one_hot(batch['label'], 3)
    X = batch['features']
    X = (X - np.mean(X))/np.std(X)
```

3. 将数据集划分为训练集、测试集和验证集：我们通常希望在训练过的不同集合上测试我们的算法。许多算法也需要超参数调整，因此留出了一个验证集来确定最佳超参数集。

4. 设置算法参数（超参数）：我们的算法通常有一组参数，它在整个过程中保持不变。例如，可以是迭代次数、学习速率或我们选择的其他固定参数。使用全局变量一起初始化这些变量被认为是一种很好的方法，这样可以使读者或用户轻松地找到它们，如下所示：

```
epochs = 1000
batch_size = 32
input_size = 4
output_size = 3
learning_rate = 0.001
```

5. 变量初始化：TensorFlow 依赖于它本身知道可以修改什么和不能修改什么。TensorFlow 将在最小化损失函数优化期间修改/调整变量（模型权重/偏差）。为此，我们通过输入变量提供数据。我们需要用大小和类型来初始化变量和占位符，这样 TensorFlow 就知道期望什么。TensorFlow 还需要知道预期的数据类型。在本书的大部分内容中，我们将使用 float32，TensorFlow 还提供了 float64 和 float16 数据类型。请注意，用于精度的字节越多，算法速度越慢，但字节越少，结果算法的精度越低。有关如何在 TensorFlow 中设置权重数组和偏差向量的简单示例如下：

```
weights = tf.Variable(tf.random.normal(shape = (input_size,output_size),
                                        dtype = tf.float32))
biases = tf.Variable(tf.random.normal(shape = (output_size,),
```

3

```
                                          dtype = tf.float32))
```

6. 定义模型结构：在获得数据并初始化变量之后，我们必须定义模型，这是通过构建一个计算图来完成的。这个例子的模型是一个逻辑回归模型（logit E(Y) = bX + a）：

```
logits = tf.add(tf.matmul(X, weights), biases)
```

7. 声明损失函数：在定义模型之后，我们必须能够评估输出。这就是我们声明损失函数的地方。损失函数非常重要，因为它告诉我们预测与实际的差距。不同类型的损失函数将在第 2 章的实现反向传播操作中进行更为详细的探讨。这里，作为一个例子，我们用 logits 实现交叉熵，计算 logits 和标签之间的 softmax 交叉熵：

```
loss = tf.reduce_mean(
tf.nn.softmax_cross_entropy_with_logits(labels, logits))
```

8. 初始化并训练函数：现在我们已经准备好了一切，但还需要创建一个图的实例，输入数据，并让 TensorFlow 更改变量来更好地预测我们的训练数据。下面是一种初始化计算图的方法，通过多次迭代，使用 SDG 优化器收敛模型结构中的权值：

```
optimizer = tf.optimizers.SGD(learning_rate)

with tf.GradientTape() as tape:
    logits = tf.add(tf.matmul(X, weights), biases)
    loss = tf.reduce_mean(
        tf.nn.softmax_cross_entropy_with_logits(labels, logits))
gradients = tape.gradient(loss, [weights, biases])
optimizer.apply_gradients(zip(gradients, [weights,biases]))
```

9. 评估模型：一旦构建并训练了模型，就应该通过一些指定的标准来评估模型在使用新数据时的表现。我们在训练集和测试集上进行评估，通过评估能够看到模型是欠拟合还是过拟合。我们将在后面章节解决这个问题。在下面这个简单的例子中，评估了最终损失，并将拟合值与真实值进行比较：

```
print(f"final loss is: {loss.numpy():.3f}")
preds = tf.math.argmax(tf.add(tf.matmul(X, weights), biases), axis = 1)
ground_truth = tf.math.argmax(labels, axis = 1)
for y_true, y_pred in zip(ground_truth.numpy(), preds.numpy()):
    print(f"real label: {y_true} fitted: {y_pred}")
```

10. 调整超参数：通常，我们希望返回并更改一些超参数，根据测试来检查模型的性能。然后，使用不同的超参数重复前面的步骤，并在验证集中评估模型。

11. 部署/预测新结果：了解如何对新的和看不见的数据进行预测也是很重要的。一旦我们对所有模型进行了训练，就可以用 TensorFlow 轻松实现这一点。

它是如何工作的

在 TensorFlow 中,必须先设置数据、输入变量和模型结构,然后才能训练和调整其权重以提高预测结果。TensorFlow 通过计算图来实现这一点。这些计算图是无递归的有向图,允许计算并行。

为此,我们需要为 TensorFlow 创建一个损失函数来使损失最小化。TensorFlow 通过修改计算图中的变量来实现这一点。TensorFlow 知道如何修改变量,因为它跟踪模型中的计算,并自动计算变量梯度(如何更改每个变量),以使损失最小化。因此,我们发现更改和尝试不同的数据源是多么容易。

1.2 声明变量和张量

张量是 TensorFlow 用于操作计算图的主要数据结构。现在,虽然在 TensorFlow 2. x 中这方面是隐藏的,但数据流图仍在幕后运行,这意味着构建神经网络的逻辑在 TensorFlow 1. x 和 TensorFlow 2. x 之间没有太大变化。两者最大的差别是,不再需要处理占位符,这是 TensorFlow 1. x 图中的先前数据入口。

现在,只需将张量声明为变量,然后继续构建图形即可。

 张量是一个数学术语,指广义向量或矩阵。如果向量是一维的,矩阵是二维的,那么张量就是 n 维的(其中 n 可以是 1、2,甚至更大)。

我们可以将这些张量声明为变量,并将其用于计算。要做到这一点,首先,必须学习如何创建张量。

准 备

当创建张量并将其声明为变量时,TensorFlow 会在我们的计算图中创建几个图结构。需要指出的是,创建张量时,TensorFlow 并没有向计算图中添加任何内容,其仅在运行初始化变量的操作后才会执行此操作。"变量和占位符"的具体使用方法请继续阅读下面的讲解。

怎么做

在这里,我们将介绍在 TensorFlow 中创建张量的 4 种主要方法,如下:

 我们不会在本章或其他章中做不必要的详尽介绍。我们倾向于仅说明不同 API 调用的强制参数,除非你可能对书中涵盖的任何可选参数感兴趣,当这种情况发生时,我们将证明其背后的缘由。

1. 固定大小的张量:

❑ 在下面的代码中，创建了一个零填充张量：

```
row_dim, col_dim = 3, 3
zero_tsr = tf.zeros(shape = [row_dim, col_dim], dtype = tf.float32)
```

❑ 在下面的代码中，创建了一个单填充张量：

```
ones_tsr = tf.ones([row_dim, col_dim])
```

❑ 在下面的代码中，创建了一个常量填充的张量：

```
filled_tsr = tf.fill([row_dim, col_dim], 42)
```

❑ 在下面的代码中，从一个现有的常数创建一个张量：

```
constant_tsr = tf.constant([1,2,3])
```

 注意，tf.constant() 函数可用于将值传播到数组中，通过书写 tf.constant(42, [row_dim, col_dim])来模仿 tf.fill()函数。

2. 形状相似的张量：我们也可以根据其他张量的形状初始化变量，如下：

```
zeros_similar = tf.zeros_like(constant_tsr)
ones_similar = tf.ones_like(constant_tsr)
```

 注意，由于这些张量依赖于先验张量，所以必须按顺序初始化它们。试图以随机顺序初始化张量将导致错误。

3. 顺序张量：在 TensorFlow 中，所有参数都被记录为张量。即使需要标量，API 也将其称为零维标量。因此，TensorFlow 允许我们指定包含定义区间的张量也就不足为奇了。以下函数的行为非常类似于 NumPy 的 linspace()输出和 range()输出（参考网址是 https://docs.scipy.org/doc/numpy/reference/generated/numpy.linspace.html）。参见以下函数：

```
linear_tsr = tf.linspace(start = 0.0, stop = 1.0, num = 3)
```

 注意，start 和 stop 参数应该是浮点值，num 应该是整数值。

合成张量的序列为 [0.0, 0.5, 1.0]（linear_tsr 命令将提供必要的输出）。请注意，此函数包括指定的停止值。请参阅以下 tf.range 函数并进行比较：

```
integer_seq_tsr = tf.range(start = 6, limit = 15, delta = 3)
```

结果是序列 [6, 9, 12]。注意，此函数不包括极限值，它可以对 start 和 limit 参数使用整数值和浮点值。

4. 随机张量：以下生成的随机数来自均匀分布：

```
randunif_tsr = tf.random.uniform([row_dim, col_dim],
                                  minval = 0, maxval = 1)
```

请注意,这个随机均匀分布来自于包含 minval 但不包含 maxval 的区间(minval≤ $x<$maxval)。因此,在这种情况下,输出范围是[0,1);相反,如果你只需要绘制整数而不是浮点数,则只需要在调用函数时添加"dtype＝tf.int32"参数。

要从一个正态分布中获得一个随机抽取的张量,可以运行以下代码:

```
randnorm_tsr = tf.random.normal([row_dim, col_dim],
                                mean = 0.0, stddev = 1.0)
```

有时,我们也希望生成正常的随机值,以确保随机值在特定范围内。truncated_normal()函数总是在指定平均值的两个标准差范围内选择正常值,如下:

```
runcnorm_tsr = tf.random.truncated_normal([row_dim, col_dim],
                                          mean = 0.0, stddev = 1.0)
```

我们也可能对随机化数组的元素感兴趣。为此,有两个函数可以帮助我们,即 random.shuffle()和 image.random_crop(),相关代码如下:

```
shuffled_output = tf.random.shuffle(input_tensor)
cropped_output = tf.image.random_crop(input_tensor, crop_size)
```

在本书的后面部分,我们将以对随机裁剪尺寸为(height,width,3)且具有 3 种颜色的频谱图像进行讲解。要修复 cropped_output 中的一个维度,就必须给它该维度的最大值:

```
height, width = (64, 64)
my_image = tf.random.uniform([height, width, 3], minval = 0,
        maxval = 255, dtype = tf.int32)
cropped_image = tf.image.random_crop(my_image,
        [height//2, width//2, 3])
```

此代码片段生成被裁剪的随机噪声图像,其将高度和宽度减半,但没有影响到深度和维度,因为已将其最大值作为参数固定了下来。

它是如何工作的

一旦决定了如何创建张量,就可以通过将张量包装在 Variable()函数中来创建相应的变量,如下所示:

```
my_var = tf.Variable(tf.zeros([row_dim, col_dim]))
```

在后面章节中有更多关于此方面的内容。

更　多

我们不局限于内置函数,可以使用 convert_to_tensor()函数将任何 NumPy 数组转换为 Python 列表,或将常量转换为张量。请注意,如果希望在函数内部推广计算,那么该函数也接受张量作为输入。

1.3 使用 eager execution

在开发深度和复杂的神经网络时,需要不断地对架构和数据进行实验。这在 TensorFlow 1.0 中被证明是困难的,因为总是需要从头到尾运行代码来检查它是否有效。TensorFlow 2.x 默认以 eager execution 模式工作,这意味着随着项目的进展,可以逐步开发和检查代码。这是一个好消息。现在,我们只需要了解如何试验 eager execution 即可。本书将会提供入门的基础知识。

准　备

TensorFlow 1.x 执行得最优,因为它在编译静态计算图之后执行计算。当编译网络时,所有的计算都分布并连接到一个图中,该图帮助 TensorFlow 执行计算,以最好的方式利用可用的资源(多个 GPU 的多核 CPU),并以最及时和有效的方式在资源之间分割操作。这就意味着,在任何情况下,一旦定义并编译了图形,就不能在运行时更改它,而必须从头开始对它实例化,从而导致产生一些额外的工作。

TensorFlow 2.x,仍然可以定义网络,并且编译它,同时以最佳的方式运行它,但 TensorFlow 开发团队现在倾向于一种更具试验性的方法,在默认情况下,允许立即评估操作,从而更容易调试和尝试网络变化。这就是所谓的 eager execution。现在操作返回具体的值,而不是指向稍后构建的计算图的某些部分的指针。更重要的是,现在可以在模型执行时使用宿主语言的所有功能,这使得编写更复杂和精密的深度学习解决方案变得更加容易。

怎么做

你基本上不需要做任何事情,eager execution 是 TensorFlow 2.x 中的默认操作方式。当你导入 TensorFlow 并开始使用它的函数时,由于你是在 eager execution 中操作,因此程序可以立即执行:

```
tf.executing_eagerly()
True
```

这就是你所有需要做的事。

它是如何工作的

只要运行 TensorFlow 操作,就会立即返回结果:

```
x = [[2.]]
m = tf.matmul(x, x)
print("the result is {}".format(m))
the result is [[4.]]
```

这就是全部!

更　多

由于 TensorFlow 现在设置为 eager execution 的默认值,所以当听到 tf. Session 已经从 TensorFlow API 中移除时就不会感到惊讶了。你不再需要在运行计算之前构建计算图,现在所要做的就是建立你的网络,并在此过程中进行测试。这打开了通向通用软件最佳实践的道路,例如记录代码,在编写代码脚本时使用面向对象编程,并将其组织成可重用的自包含模块。

1.4　使用矩阵

当通过计算图开发数据流时,理解 TensorFlow 如何与矩阵一起工作是非常重要的。在这里,我们介绍矩阵的创建,以及可以使用 TensorFlow 对其执行的基本操作。

值得强调的是矩阵在机器学习(以及一般数学)中的重要性,因为机器学习算法在计算上被表示为矩阵运算。在使用 TensorFlow 时,知道如何执行矩阵计算是一个加分项,尽管你可能不经常需要它。它的高端模块——Keras,可以处理大多数矩阵代数的幕后工作(更多关于 Keras 的内容请参见第 3 章)。

本书没有讲解矩阵性质和矩阵代数(线性代数)的数学背景,所以强烈建议不熟悉矩阵的读者要学习足够多的矩阵知识,以便熟悉矩阵代数。在"另请参见"部分,你可以找到一些资源来帮助你提升你的微积分技能或从头开始构建它们,并从 TensorFlow 中获得更多收益。

准　备

TensorFlow 为我们提供了简单易用的操作来执行这样的矩阵计算,只需导入TensorFlow,并按照本节的讲解进行操作即可。如果你不是矩阵代数专家,则可以先看看以下内容,以帮助你从中获得更多的信息。

怎么做

我们的做法如下:

1. 创建矩阵:我们可以从 NumPy 数组或嵌套列表中创建二维矩阵,如本章开头的声明以及使用变量和张量的方法所述。还可以使用张量创建函数,并为诸如 zeros()、ones()和 truncated_normal()等函数指定一个二维形状。TensorFlow 还允许我们使用 diag()函数从一维数组或列表创建一个对角矩阵,如下所示:

```
identity_matrix = tf.linalg.diag([1.0, 1.0, 1.0])
A = tf.random.truncated_normal([2, 3])
B = tf.fill([2,3], 5.0)
C = tf.random.uniform([3,2])
D = tf.convert_to_tensor(np.array([[1., 2., 3.],
                                   [-3., -7., -1.],
                                   [0., 5., -2.]]),
                         dtype = tf.float32)

print(identity_matrix)

[[ 1. 0. 0.]
 [ 0. 1. 0.]
 [ 0. 0. 1.]]

print(A)

[[ 0.96751703  0.11397751  -0.3438891 ]
 [ -0.10132604  -0.8432678  0.29810596]]

print(B)

[[ 5. 5. 5.]
 [ 5. 5. 5.]]

print(C)

[[ 0.33184157  0.08907614]
 [ 0.53189191  0.67605299]
 [ 0.95889051  0.67061249]]
```

 请注意,C 张量是以一种随机的方式创建的,可能会在你的会话中与本书中所表示的有所不同。

```
print(D)

[[  1.  2.  3.]
 [ -3. -7. -1.]
 [  0.  5. -2.]]
```

2. 加、减、乘：如果要对相同维数的矩阵进行加、减、乘运算，则 TensorFlow 可以使用以下函数：

```
print(A + B)
```

```
[[ 4.61596632  5.39771316  4.4325695 ]
 [ 3.26702736  5.14477345  4.98265553]]
```

```
print(B - B)
```

```
[[ 0. 0. 0.]
 [ 0. 0. 0.]]
```

```
print(tf.matmul(B, identity_matrix))
```

```
[[ 5. 5. 5.]
 [ 5. 5. 5.]]
```

需要注意的是，matmul()函数有一些参数来指定是否在乘法之前转置参数（布尔参数，transpose_a 和 transpose_b），或者每个矩阵是否稀疏（a_is_sparse 和 b_is_sparse）。

相反，如果你需要在两个形状和类型相同的矩阵之间进行元素级乘法（这非常重要，否则将会出错），则只需使用 tf. multiply()函数：

```
print(tf.multiply(D, identity_matrix))
```

```
[[ 1.   0.   0.]
 [-0.  -7.  -0.]
 [ 0.  0.  -2.]]
```

 注意，矩阵除法没有显式定义。虽然很多人将矩阵除法定义为乘以矩阵的逆，但它与实数除法有本质区别。

3. 转置：将矩阵转置（翻转列和行）的操作如下：

```
print(tf.transpose(C))
```

```
[[0.33184157  0.53189191  0.95889051]
 [0.08907614  0.67605299  0.67061249]]
```

再次强调，重新初始化会给我们提供不同于之前的值。

4. 行列式：要计算行列式，请使用以下代码：

```
print(tf.linalg.det(D))
```

```
-38.0
```

5. 求方阵的逆：求方阵的逆所使用的代码如下：

```
print(tf.linalg.inv(D))
```

```
[[ - 0.5         - 0.5         - 0.5       ]
 [ 0.15789474   0.05263158   0.21052632]
 [ 0.39473684   0.13157895   0.02631579]]
```

 只有当矩阵对称正定时，逆方法才基于 Cholesky 分解。如果矩阵不是对称正定的，则它基于 LU 分解。

6. 分解：对于 Cholesky 分解，使用以下代码：

```
print(tf.linalg.cholesky(identity_matrix))
[[ 1. 0. 1.]
 [ 0. 1. 0.]
 [ 0. 0. 1.]]
```

7. 特征值和特征向量：对于特征值和特征向量，使用以下代码：

```
print(tf.linalg.eigh(D))
```

```
[[ - 10.65907521   - 0.22750691     2.88658212]
 [   0.21749542     0.63250104   - 0.74339638]
 [   0.84526515     0.2587998      0.46749277]
 [ - 0.4880805      0.73004459     0.47834331]]
```

注意，tf.linalg.eigh()函数输出两个张量，在第一个张量中将找到特征值，在第二个张量中将找到特征向量。在数学中，这样的运算称为矩阵的特征分解。

它是如何工作的

TensorFlow 为我们提供了所有数值计算的工具，并将这些计算添加到我们的神经网络中。

1.5　声明操作

除了矩阵运算以外，还有很多其他的 TensorFlow 运算需要了解。本节将带你快速浏览真正需要知道的内容。

准　备

除了标准的算术运算以外，TensorFlow 还为我们提供了更多需要注意的运算。在继续讲解之前，我们应该了解它们并学会如何使用它们。同样，我们只需导入 Tensor-

Flow：

```
import tensorflow as tf
```

怎么做

TensorFlow 具有对张量的标准操作，即数学模块中的 add()、subtract()、multiply()和 division()函数。注意，本节中的所有操作都将以 elementwise 方式计算输入值，除非另有说明：

1. TensorFlow 提供了 division()及相关函数的一些变体。

2. 值得一提的是，division()的返回与输入是相同的类型。如果输入的参数是整数，那么这意味着它实际上返回的是除法的向下取整结果（类似于 Python 2）。要返回 Python 3 版本，它需要在除法之前将整数转换为浮点数，并始终返回一个浮点数。对此，TensorFlow 提供了 truediv()函数，如下所示：

```
print(tf.math.divide(3，4))

0.75

print(tf.math.truediv(3，4))

tf.Tensor(0.75，shape=()，dtype=float64)
```

3. 如果我们有浮点数并且想要整数除法，则可以使用 floordiv()函数。注意，这仍然会返回一个浮点数，但它会四舍五入到最接近的整数。该功能如下：

```
print(tf.math.floordiv(3.0,4.0))

tf.Tensor(0.0，shape=()，dtype=float32)
```

4. 另一个重要的函数是 mod()。该函数返回除法后的余数，具体如下：

```
print(tf.math.mod(22.0，5.0))

tf.Tensor(2.0，shape=()，dtype=float32)
```

5. 两个张量之间的叉积是通过 cross()函数实现的。记住，叉乘只对两个三维向量定义，所以它只接受两个三维张量。下面的代码演示了这种用法：

```
print(tf.linalg.cross([1.，0.，0.]，[0.，1.，0.]))

tf.Tensor([0. 0. 1.]，shape=(3,)，dtype=float32)
```

6. 表 1.1 所列为更常见的数学函数，所有这些函数都以 elementwise 方式操作。

表 1.1 常见数学函数

函　数	操　作
tf. math. abs()	输出张量的绝对值
tf. math. ceil()	对张量向上取整数
tf. math. cos()	求张量的余弦值
tf. math. exp()	对一个输入张量进行以自然常数 e 为底的指数运算
tf. math. floor()	对张量向下取整数
tf. linalg. inv()	张量的乘逆$(1/x)$
tf. math. log()	张量的自然对数
tf. math. maximum()	两个张量的元素最大值
tf. math. minimum()	两个张量的元素最小值
tf. math. negative()	张量的负值
tf. math. pow()	第一个张量为幂,第二个张量为底
tf. math. round()	输入张量四舍五入
tf. math. rsqrt()	张量平方根的倒数
tf. math. sign()	根据张量的符号,返回$-1,0$或 1
tf. math. sin()	张量的正弦函数
tf. math. sqrt()	张量的平方根
tf. math. square()	张量的平方

7. 专业数学函数:值得一提的是,对于机器学习中经常用到的一些特殊的数学函数,TensorFlow 为其提供了内置函数,如表 1.2 所列。同样,这些函数以 elementwise 方式操作,除非另有说明,如表 1.2 所列。

表 1.2 特殊的数学函数

函　数	说　明
tf. math. digamma()	Psi 函数,lgamma()函数的导数
tf. math. erf()	一个张量的高斯误差函数
tf. math. erfc()	一个张量的互补误差函数
tf. math. igamma()	下正则化不完全 γ 函数
tf. math. igammac()	上正则化不完全 γ 函数
tf. math. lbeta()	β 函数绝对值的自然对数
tf. math. lgamma()	γ 函数绝对值的自然对数
tf. math. squared_ difference()	计算两个张量之差的平方

它是如何工作的

了解哪些函数是可用的是很重要的,这样我们就可以将它们添加到计算图中。另外,还可以生成许多不同的自定义函数,如下所示:

```
# Tangent function (tan(pi/4) = 1)
def pi_tan(x):
    return tf.tan(3.1416/x)

print(pi_tan(4))

tf.Tensor(1.0000036, shape = (), dtype = float32)
```

构成深度神经网络的复杂层只是由前面的函数组成,所以通过学习本节内容,你就拥有了创建任何你想要的东西所需的基础。

另请参见

如果我们希望向图中添加这里没有列出的其他操作,则必须利用前面的函数创建自己的操作。下面是一个以前没有使用过的操作示例,我们可以将其添加到图中。这里添加一个自定义多项式函数,即 $3 \times x^2 - x + 10$,使用以下代码:

```
def custom_polynomial(value):
    return tf.math.subtract(3 * tf.math.square(value), value) + 10
print(custom_polynomial(11))

tf.Tensor(362, shape = (), dtype = int32)
```

现在,可以创建任意的自定义函数了,但我还是建议你先查阅 TensorFlow 文档,因为你会发现你所需要的代码都已经编写好了。

1.6　使用激活函数

激活函数是神经网络逼近非线性输出和适应非线性特征的关键,它们将非线性操作引入神经网络。如果我们仔细选择激活函数并合理放置它们的位置,那么它们将会是非常强大的操作,它们可以告诉 TensorFlow 去适应和优化。

准　备

当我们开始使用神经网络时,会经常使用激活函数,因为激活函数是神经网络的重要组成部分。使用激活函数的目的只是调整权重和偏差。在 TensorFlow 中,激活函数是作用于张量的非线性操作,它们是与前面的数学运算方式类似的函数。激活函数有很多用途,但主要用于在规范化输出时向图中引入非线性。

怎么做

激活函数存在于 TensorFlow 中的神经网络(neural network,nn)库中。除了使用内置的激活函数,还可以使用 TensorFlow 操作来设计自己的激活函数。我们可以导入预定义的激活函数(来自 tensorflow import nn),也可以显式地在函数调用中写入 nn。在这里,我们将选择对每次函数调用显式:

1. 修正线性单元(Rectified Linear Unit,ReLU)是将非线性引入神经网络的最常见也是最基本的方法。这个函数叫作 max(0,x),它是连续的,但不是平滑的。其内容如下:

```
print(tf.nn.relu([-3., 3., 10.]))
```

```
tf.Tensor([0. 3. 10.], shape=(3,), dtype=float32)
```

2. 有时想要限制前面 ReLU 激活函数中线性增加的部分,就可以通过将 max(0,x) 函数嵌套到 min() 函数中来实现。TensorFlow 的实现叫作 ReLU6 函数,它被定义为 min(max(0,x),6),这是 hard-sigmoid 函数的一个版本,计算速度更快,而且不会出现数值消失(接近零的极小值)或爆炸的情况。在后面关于卷积神经网络和循环神经网络的章节中,当我们讨论更深入的神经网络时,这将非常有用。其内容如下:

```
print(tf.nn.relu6([-3., 3., 10.]))
```

```
tf.Tensor([0. 3. 6.], shape=(3,), dtype=float32)
```

3. sigmoid() 函数是最常见的连续平滑激活函数,它也称为 logistic 函数,其形式为 $1/(1+\exp(-x))$。sigmoid() 函数由于其在训练过程中倾向于将反向传播项归零,因此不常使用。其内容如下:

```
print(tf.nn.sigmoid([-1., 0., 1.]))
```

```
tf.Tensor([0.26894143 0.5 0.7310586], shape=(3,), dtype=float32)
```

 我们应意识到一些激活函数(例如 sigmoid)不是以零为中心的。这将需要我们在大多数计算图算法中使用数据之前将其零均值化。

4. 另一个平滑激活函数是超切线。超切线函数和 sigmoid() 函数很相似,只是它的取值范围不是 0 到 1,而是-1 到 1。这个函数的形式是双曲正弦除以双曲余弦。另一种写法如下:

```
((exp(x) - exp(-x))/(exp(x) + exp(-x))
```

该激活函数的功能如下:

```
print(tf.nn.tanh([-1.,0.,1.]))
```

```
tf.Tensor([-0.7615942  0.  0.7615942], shape=(3,),dtype=float32)
```

5. softsign()函数也可以实现激活功能。该函数的形式是 $x/(|x|+1)$。softsign()函数被认为是一个连续的(但不是平滑的)近似符号函数。请参阅以下代码:

```
print(tf.nn.softsign([-1.,0.,-1.]))
```

```
tf.Tensor([-0.5  0.  -0.5], shape=(3,),dtype=float32)
```

6. 另一个函数——softplus()函数,是一个平滑版本的 ReLU 函数。该函数的形式为 $\log(\exp(x)+1)$,其表达式如下:

```
print(tf.nn.softplus([-1.,0.,-1.]))
```

```
tf.Tensor([0.31326166  0.6931472  0.31326166], shape=(3,),dtype=float32)
```

 随着输入的增加,softplus()函数趋于无穷,而 softsign()函数趋于 1。然而,随着输入的变小,softplus()函数趋近于零,而 softsign()函数趋近于-1。

7. 指数线性单位(Exponential Linear Unit,ELU)非常类似于 softplus()函数,区别是底部渐近线是-1 而不是 0。当 $x<0$ 时,函数的形式为 $\exp(x)+1$,否则函数的形式为 x。具体如下:

```
print(tf.nn.elu([-1.,0.,-1.]))
```

```
tf.Tensor([-0.63212055 0. -0.63212055], shape=(3,),dtype=float32)
```

8. 现在,你应该了解了基本的激活。目前现有的激活函数列表并不详尽,对于某些问题,可能需要尝试其中一些不太为人所知的函数。除了本节中的激活函数之外,你还可以在 Keras 激活页面上找到更多的激活函数:https://www.tensorflow.org/api_docs/python/tf/keras/activations。

它是如何工作的

这些激活函数是我们将来可以在神经网络或其他计算图中引入非线性的方法。注意,在网络中的哪个位置使用激活函数是很重要的。如果激活函数的范围是在 0 到 1 之间(sigmoid),则计算图只能输出 0 到 1 之间的值;如果激活函数存在于节点内部和隐藏层之间,那么我们需要意识到范围对张量通过时产生的影响。如果张量缩放到均值为 0,那么我们希望使用一个激活函数来尽可能多地保持方差在 0 附近。

这意味着,当我们想要选择一个激活函数时,比如双曲正切(tanh)或 softsign()函数,如果张量都被缩放为正,那么我们将理想地选择一个激活函数,且在正域内保持方差。

更　多

我们甚至可以很容易地创建自定义激活函数，如 Swish，这是 x * sigmoid(x)（参见 *Swish：a Self-Gated Activation Function*，Ramachandran et al.，2017，https://arxiv.org/abs/1710.05941），它可以作为图像和表格数据问题中 ReLU 激活的更高性能的替代品：

```
def swish(x)：
    return x * tf.nn.sigmoid(x)

print(swish([-1.，0.，1.]))

tf.Tensor([-0.26894143 0. 0.7310586 ]，shape=(3,)，dtype=float32)
```

在尝试了 TensorFlow 提出的激活函数后，下一个步骤将是复制你在深度学习中找到的或自己创建的激活函数。

1.7　使用数据源

对于本书的大部分内容，我们将依赖于使用数据集来拟合机器学习算法。本节介绍如何通过 TensorFlow 和 Python 访问这些数据集。

有些数据源依赖于外部网站的维护，以便用户能够访问数据。如果这些网站更改或删除这些数据，则可能需要更新本节中的代码。你可以在本书的 GitHub 页面上找到更新的代码：https://github. com/PacktPublishing/Machine-Learning-Using-TensorFlow-Cookbook。

准　备

本书使用的大多数数据集都可以通过 TensorFlow 数据集（TensorFlow Dataset，TFDS）访问，而其他一些则需要额外的努力，可通过使用 Python 脚本下载，或通过互联网手动下载。

TFDS 是一个可供使用的数据集（你可以在下面这个网址找到完整的列表：https://www.tensorflow.org/datasets/catalog/overview）。它自动处理数据的下载和准备，并作为 tf.data 的包装器，构建高效、快速的数据通道。

安装 TFDS 时，只需在控制台运行以下安装命令：

```
pip install tensorflow-datasets
```

现在我们可以继续探索本书中使用的核心数据集（这里不包括所有数据集，只包括最常见的数据集），其他一些非常具体的数据集将在本书的不同章节中介绍）。

怎么做

1. Iris 数据：这个数据集可以说是机器学习和所有统计例子中都使用的经典结构化数据集。它测量 3 种不同类型的鸢尾花的萼片长度、萼片宽度、花瓣长度和花瓣宽度：山鸢尾（iris setosa）、维吉尼亚鸢尾（iris virginica）和变色鸢尾（iris versicolor）。总共有 150 次测量，这意味着每个物种测量 50 次。为了在 Python 中加载数据集，我们将使用 TFDS 函数，如下所示：

```
import tensorflow_datasets as tfds
iris = tfds.load('iris', split = 'train')
```

 当第一次导入数据集时，下载数据集时会有一个栏指出你的位置。如果愿意，那么你可以输入以下代码禁用它：tfds.disable_progress_bar()。

2. 出生体重数据：这些数据最初来自马萨诸塞州斯普林菲尔德的 Baystate 医疗中心（1986 年）。该数据集包含新出生婴儿的体重、母亲的人口统计和医学测量以及家族历史等测量数据，共有 11 个变量的 189 个观测值。下述代码展示了如何将该数据作为 tf.data.dataset 访问：

```
import tensorflow_datasets as tfds


birthdata_url = 'https://raw.githubusercontent.com/PacktPublishing/TensorFlow - 2 -
Machine - Learning - Cookbook - Third - Edition/master/birthweight.dat'
path = tf.keras.utils.get_file(birthdata_url.split("/")[ - 1], birthdata_url)


def map_line(x):

    return tf.strings.to_number(tf.strings.split(x))


birth_file = (tf.data
            .TextLineDataset(path)
            .skip(1)    # Skip first header line
            .map(map_line)
            )
```

3. Boston Housing 数据：卡内基梅隆大学在他们的 StatLib 图书馆中维护着一个数据集库，该数据集库中的数据可以通过加州大学欧文分校的机器学习库轻松获取（https://archive.ics.uci.edu/ml/index.php）。该数据集库有 506 个关于房屋价值的观察数据以及各种人口统计数据和房屋属性（14 个变量）。下述代码展示了如何在 TensorFlow 中访问这些数据：

```
import tensorflow_datasets as tfds

housing_url = 'http://archive.ics.uci.edu/ml/machine - learning -
databases/housing/housing.data'
path = tf.keras.utils.get_file(housing_url.split("/")[-1], housing_url)

def map_line(x):
    return tf.strings.to_number(tf.strings.split(x))

housing = (tf.data
            .TextLineDataset(path)
            .map(map_line)
            )
```

4. MNIST 手写数据集：美国国家标准与技术混合研究所（MNIST）数据集是更大的 NIST 手写数据库的子集。MNIST 手写数据集托管在 Yann LeCun 的网站上（http://yann.lecun.com/exdb/mnist/），这是一个包含 70 000 张单个数字（0～9）图像的数据库，其中，60 000 张用于训练集，10 000 张用于测试集。该数据集在图像识别中使用得如此频繁，以至于 TensorFlow 提供了访问该数据集的内置函数。在机器学习中，提供验证数据以防止过拟合（目标泄漏）也很重要。因此，TensorFlow 在验证集中留出了 5 000 张训练集的图像。下述代码展示了如何在 TensorFlow 中访问这些数据：

```
import tensorflow_datasets as tfds

mnist = tfds.load('mnist', split = None)
mnist_train = mnist['train']
mnist_test = mnist['test']
```

5. Spam - ham 文本数据：UCI 的机器学习数据集库还包含一个 spam - ham 文本数据集，我们可以访问.zip 文件，并得到 spam - ham 文本数据，如下：

```
import tensorflow_datasets as tfds

zip_url = 'http://archive.ics.uci.edu/ml/machine - learning -
databases/00228/smsspamcollection.zip'
path = tf.keras.utils.get_file(zip_url.split("/")[-1], zip_url, extract = True)

path = path.replace("smsspamcollection.zip", "SMSSpamCollection")

def split_text(x):
    return tf.strings.split(x, sep = '\t')

text_data = (tf.data
            .TextLineDataset(path)
```

```
            .map(split_text)
      )
```

6. 电影评论数据：来自康奈尔大学的 Bo Pang 发布了一个影评数据集，可以将影评分为好坏两类。你可以在康奈尔大学的网站上找到相关数据：http://www.cs.cornell.edu/people/pabo/movie-review-data/。为了下载、提取和转换这些数据，可以运行以下代码：

```
import tensorflow_datasets as tfds

movie_data_url = 'http://www.cs.cornell.edu/people/pabo/movie-
review-data/rt-polaritydata.tar.gz'
path = tf.keras.utils.get_file(movie_data_url.split("/")[-1], movie_data_url,
extract = True)

path = path.replace('.tar.gz', '')

with open(path + filename, 'r', encoding = 'utf-8', errors = 'ignore') as movie_file:
    for response, filename in enumerate(['\\rt-polarity.neg', '\\rt-polarity.pos']):
        with open(path + filename, 'r') as movie_file:
            for line in movie_file:
                review_file.write(str(response) + '\t' + line.encode('utf-8').decode())

def split_text(x):
    return tf.strings.split(x, sep = '\t')
movies = (tf.data
        .TextLineDataset('movie_reviews.txt')
        .map(split_text)
      )
```

7. CIFAR-10 图像数据：加拿大高级研究所发布了一套图像集，其中包含 8 000 万张带标签的彩色图像（每张图像缩放为 32×32 像素），有 10 个不同的目标类别（飞机、汽车、鸟等）。CIFAR-10 是一个子集，包含 60 000 张图像。训练集中有 50 000 张图像，测试集中有 10 000 张。因为我们将以多种方式使用该数据集，而且它还是较大的数据集之一，所以我们不会在每次需要它时都运行脚本。要获得数据集，只需执行以下代码来下载 CIFAR-10 数据集（这可能需要很长时间）：

```
import tensorflow_datasets as tfds

ds, info = tfds.load('cifar10', shuffle_files = True, with_info = True)

print(info)

cifar_train = ds['train']
```

21

```
cifar_test = ds['test']
```

8. 莎士比亚作品的文本资料数据：古登堡计划是一个发布免费图书电子版的项目，他们把莎士比亚所有的作品汇集在一起。下述代码展示了如何通过 TensorFlow 访问该文本文件：

```
import tensorflow_datasets as tfds

shakespeare_url = 'https://raw.githubusercontent.com/PacktPublishing/
TensorFlow-2-Machine-Learning-Cookbook-Third-Edition/master/shakespeare.txt'
path = tf.keras.utils.get_file(shakespeare_url.split("/")[-1], shakespeare_url)

def split_text(x):
    return tf.strings.split(x, sep='\n')

shakespeare_text = (tf.data
                    .TextLineDataset(path)
                    .map(split_text)
                    )
```

9. 英德句子翻译数据：Tatoeba 项目（http://tatoeba.org）收集了许多语言的句子翻译，其数据是根据知识共享许可协议发布的。根据这些数据，ManyThings.org（http://www.manythings.org）在可下载的文本文件中编译了句子到句子的翻译。这里，我们将使用英语—德语翻译文件，你也可以将 URL 更改为任何想使用的语言：

```
import os
import pandas as pd
from zipfile import ZipFile
from urllib.request import urlopen, Request
import tensorflow_datasets as tfds

sentence_url = 'https://www.manythings.org/anki/deu-eng.zip'

r = Request(sentence_url, headers={'User-Agent': 'Mozilla/5.0 (X11;
U; Linux i686) Gecko/20071127 Firefox/2.0.0.11'})
b2 = [z for z in sentence_url.split('/') if '.zip' in z][0]
#gets just the '.zip' part of the url

with open(b2, "wb") as target:
    target.write(urlopen(r).read()) #saves to file to disk

with ZipFile(b2) as z:
    deu = [line.split('\t')[:2] for line in z.open('deu.txt').
read().decode().split('\n')]
```

```
os. remove(b2) # removes the zip file

# saving to disk prepared en – de sentence file
with open("deu. txt", "wb") as deu_file:
    for line in deu:
        data = ",". join(line) + '\n'
        deu_file. write(data. encode('utf – 8'))

def split_text(x):
    return tf. strings. split(x, sep = ',')

text_data = (tf. data
            . TextLineDataset("deu. txt")
            . map(split_text)
            )
```

通过对最后一个数据集的回顾，我们已经通过使用本书中提供的示例学习了处理常用数据集问题的方法。在每个教程的开始，我们都将提醒你如何下载相关数据集，并解释为什么它与所讨论的章节内容相关。

它是如何工作的

在后续章节中使用这些数据集时，我们将参考本节，并假设数据是按照我们刚才描述的方式加载的。如果需要进一步的数据转换或预处理，那么该代码将在相关章节中提供。

通常，当我们使用来自 TensorFlow 数据集的数据时，方法如下：

```
import tensorflow_datasets as tfds

dataset_name = "..."
data = tfds. load(dataset_name, split = None)
train = data['train']
test = data['test']
```

在任何情况下，根据数据的位置，可能需要下载、提取和转换数据。

1.8   其他资源

在本节，你将找到更多的链接、文档来源和教程，这对学习和使用 TensorFlow 将有很大帮助。

准　备

当学习如何使用 TensorFlow 时,知道从哪里寻求帮助或指导是大有益处的。本节列出了一些能够使 TensorFlow 运行并解决问题的资源。

怎么做

下面是 TensorFlow 的资源列表:

➤ 本书的代码可以在 Packt 库中找到：https://github. com/PacktPublishing/Machine-Learning-Using-TensorFlow-Cookbook。

➤ 官方的 TensorFlow Python API 文档位于 https://www. tensorflow. org/api_docs/python,这里有 TensorFlow 中的所有函数、对象和方法的文档和示例。

➤ TensorFlow 的官方教程非常全面和详细,它们位于 https://www. tensorflow. org/tutorials/index. html。官方教程从图像识别模型开始介绍,并通过 Word2Vec、RNN 模型和序列到序列模型进行讲解。它们还有额外的教程用于生成分形和解决 PDE 系统。请注意,TensorFlow 官方正在不断地向这个集合添加更多的教程和示例。

➤ TensorFlow 的官方 GitHub 库可以登录 https://github. com/tensorflow/tensorflow 查看,在这里你可以查看开放源代码,如果需要,甚至可以派生或克隆最新版本的代码。如果导航到问题目录,则还可以看到当前已归档的问题。

➤ 一个由 TensorFlow 保持最新的公共 Docker 容器可以在 Dockerhub 上获得：https://hub. docker. com/r/tensorflow/tensorflow/。

➤ Stack overflow 是一个很好的社区帮助资源,它是 TensorFlow 的一个很好的标签。随着 TensorFlow 越来越受欢迎,该标签似乎越来越受关注。要查看此标签上的活动请访问 http://stackoverflow. com/questions/tagged/Tensorflow。

➤ 虽然 TensorFlow 非常灵活,可以用于做很多事情,但 TensorFlow 最常见的用途还是深度学习。为了理解深度学习的基础、基础数学是如何工作的以及培养深度学习的能力,谷歌创建了一个在线课程,可在 Udacity 上使用。要报名参加这个视频讲座课程,请访问 https://www. udacity. com/course/deep-learning-ud730。

➤ TensorFlow 还有一个网站,在那里你可以直观地探索训练神经网络,同时改变参数和数据集。通过访问 http://playground. tensorflow. org/可以探讨不同设置对神经网络训练的影响。

➤ Andrew Ng 教授一门名为神经网络和深度学习的在线课程,网址为：https://www. coursera. org/learn/neural-networks-deep-learning。

➤ 斯坦福大学有用于视觉识别的卷积神经网络的在线教学大纲和详细的课程笔记,网址为：http://cs231n. stanford. edu/。

第 2 章　TensorFlow 操作

第 1 章介绍了 TensorFlow 是如何创建张量和使用变量的。本章将介绍如何使用 eager execution 将这些对象放在一起,从而动态地建立一个计算图。由此,我们可以设置一个简单的分类器,并查看它的性能。

 请记住,本书当前和更新的代码可以在 GitHub 上(https://github.com/PacktPublishing/Machine-Learning-Using-TensorFlow-Cookbook)获得。

本章将介绍 TensorFlow 运行的关键组件,然后,我们将把它们结合在一起,创建一个简单的分类器,并评估结果。

在本章结束时,你应该已经了解了以下内容:

➢ 使用 eager execution 的操作;
➢ 分层嵌套操作;
➢ 使用多个层;
➢ 实现损失函数;
➢ 实现反向传播;
➢ 使用批量和随机训练;
➢ 结合所有内容。

让我们通过越来越复杂的方法来演示 TensorFlow 处理和解决数据问题的方式。

2.1　使用 eager execution 的操作

通过第 1 章的学习,我们已经可以在 TensorFlow 中创建像变量这样的对象了,现在将引入作用于此类对象的操作。为了做到这一点,我们将使用一个新的基本示例返回 eager execution,该示例将展现如何操作矩阵。该示例的后续内容仍然是基础知识,但本章将把这些基础示例组合成更复杂的示例。

准　备

首先,我们应该加载 TensorFlow 和 NumPy,如下所示:

```
import TensorFlow as tf
import NumPy as np
```

怎么做

在本例中,我们将使用已学知识,发送一个列表中的所有数字,由 TensorFlow 命令计算并打印输出。

首先,声明张量和变量。这里,在使用 TensorFlow 将数据输入变量的各种方式中之前,我们将创建一个 NumPy 数组来输入变量,然后使用它进行操作:

```
x_vals = np.array([1., 3., 5., 7., 9.])
x_data = tf.Variable(x_vals, dtype = tf.float32)
m_const = tf.constant(3.)
operation = tf.multiply(x_data, m_const)
for result in operation:
    print(result.NumPy())
```

上述代码的输出如下:

```
3.0
9.0
15.0
21.0
27.0
```

一旦习惯了使用 TensorFlow 变量、常量和函数,就会很自然地从 NumPy 数组数据开始,逐步编写数据结构和操作脚本,并测试它们的结果。

它是如何工作的

使用 eager execution 时,TensorFlow 会立即计算操作值,而不是操作指向稍后编译和执行的计算图节点的符号句柄。因此,你可以只迭代乘法操作的结果,并使用 .NumPy 方法打印结果值,该方法从 TensorFlow 张量返回 NumPy 对象。

2.2 分层嵌套操作

在这个示例中,我们将学习如何使多个操作工作。要知道,如何将操作链接在一起很重要,这将使分层嵌套操作由网络执行。在这个方法中,将一个占位符乘以两个矩阵,然后执行加法。我们将以三维 NumPy 数组的形式输入两个矩阵。

还有另一个简单的方法,教你如何在 TensorFlow 中使用常见的结构,如函数或类别,来提高可读性和代码模块性。即使最终的产品是一个神经网络,我们仍然应该遵守编程的最佳实践原则来编写一个计算机程序。

准 备

和往常一样,我们只需要导入 TensorFlow 和 NumPy,如下所示:

```
import TensorFlow as tf
import NumPy as np
```

怎么做

首先输入两个 $3×5$ 的 NumPy 数组,然后将每个矩阵乘以一个 $5×1$ 的常数矩阵得到一个 $3×1$ 的矩阵,再将这个 $3×1$ 的矩阵乘以一个 $1×1$ 的矩阵得到一个新的 $3×1$ 的矩阵,最后,这个新的 $3×1$ 的矩阵再加上一个 $3×1$ 的矩阵,如下:

1. 创建要输入的数据和相应的占位符:

```
my_array = np.array([[1., 3., 5., 7., 9.],
                     [-2., 0., 2., 4., 6.],
                     [-6., -3., 0., 3., 6.]])
x_vals = np.array([my_array, my_array + 1])
x_data = tf.Variable(x_vals, dtype = tf.float32)
```

2. 创建用于矩阵乘法和加法的常量:

```
m1 = tf.constant([[1.], [0.], [-1.], [2.], [4.]])
m2 = tf.constant([[2.]])
a1 = tf.constant([[10.]])
```

3. 声明这些操作是立即执行的。为了更好地实现,我们创建函数来执行所需要的操作:

```
def prod1(a, b):
    return tf.matmul(a, b)


def prod2(a, b):
    return tf.matmul(a, b)


def add1(a, b):
    return tf.add(a, b)
```

4. 嵌套函数并显示结果:

```
result = add1(prod2(prod1(x_data, m1), m2), a1)
print(result.NumPy())
```

```
[[ 102.]
```

```
[  66.]
[  58.]]
[[ 114.]
[  78.]
[  70.]]
```

使用函数(以及将要介绍的类别)将帮助你编写更清晰的代码。这使得调试更加有效,更加易于维护,以及允许重用代码。

它是如何工作的

幸亏有了 eager execution,因此我们不再需要求助于"厨房水槽"式的编程风格(这意味着你几乎把所有的东西都放在程序的全局范围内)。在使用 TensorFlow 1.x 时,这是非常常见的(详见 https://stackoverflow.com/questions/33779296/what-is-exact-meaning-of-kitchen-sink-in-programming)。目前,你既可以采用函数式编程风格,也可以采用面向对象的编程风格,就像在这个简单的例子中展示的那样,在这里你可以以一种更合乎逻辑和更容易理解的方式安排所有的操作和计算:

```
class Operations():
    def init (self, a):
        self.result = a
    def apply(self, func, b):
        self.result = func(self.result, b)
        return self


operation = (Operations(a = x_data)
            .apply(prod1, b = m1)
            .apply(prod2, b = m2)
            .apply(add1, b = a1))


print(operation.result.NumPy())
```

通过类继承,类可以帮助你更好地组织代码并实现代码的重用,比函数有效。

更 多

在本节中的所有示例中,在通过操作运行数据之前,我们必须声明数据形状并知道操作的结果形状。但情况并非总是如此,可能有一两个维度是我们事先不知道的,或者在数据处理过程中可能会有一些变化。考虑到这一点,我们将一个或多个可以变化(或未知)的维度指定为值 None。

例如,要初始化一个变量,使其行数未知,我们会编写以下行,然后为其赋值为任意行号:

```
v = tf.Variable(initial_value = tf.random.normal(shape = (1, 5)),
                shape = tf.TensorShape((None, 5)))
```

```
v.assign(tf.random.normal(shape = (10, 5)))
```

矩阵乘法有灵活的行是很好的,因为这不会影响我们对操作的安排。当我们在不同大小的多个批中输入数据时,这将派上用场。

> 虽然使用 None 作为维度允许我们使用可变大小的维度,但我还是建议你在填写维度时尽可能明确。如果数据大小是预先知道的,那么我们应该显式地将该大小写为维数。建议将 None 作为维度的使用,以限制数据的批处理大小(无论我们一次计算的数据点有多少)。

2.3 使用多个层

前面已经介绍了多个操作,本节将介绍如何通过它们传播各个层链接的数据,以及如何更好地链接各种层,包括自定义层。我们生成和使用的数据将是具有代表性的小随机图像。通过一个简单的示例来了解这种类型的操作,并了解如何使用一些内置层来执行计算。首先探索的是一个移动窗口。我们将在二维图像上执行一个小的移动窗口平均值,然后第二层将是一个自定义操作层。

移动窗口对于所有与时间序列相关的事情都很有用。虽然有专门用于序列的层,但当你分析,例如核磁共振扫描(神经图像)或声谱图时,移动窗口将被证明是很有用的。

此外,我们将看到计算图会变得很大很难看。为了解决这个问题,我们将介绍命名操作和为层创建作用域的方法。

准 备

首先,必须使用下面的方法加载普通的资源包——NumPy 和 TensorFlow:

```
import TensorFlow as tf
import NumPy as np
```

现在让我们继续推进本节的内容,这一次,事情将变得更加复杂和有趣。

怎么做

我们按照下面的方法来做。

首先,使用 NumPy 创建示例 2D 图像,该图像是一个 4×4 像素的图像。我们将在四维空间中创建它,第一维和最后一维大小将为 1(我们保持批次维度不同,这样你就可以尝试更改第一维和最后一维的大小了)。注意,有些 TensorFlow 图像函数将对四维图像进行操作。这 4 个维度分别是图像号、高度、宽度和通道,为了使其工作于一个通道,我们显式地将最后一个维度设置为 1,如下所示:

```
batch_size = [1]
x_shape = [4, 4, 1]
x_data = tf.random.uniform(shape = batch_size + x_shape)
```

为了在 4×4 像素的图像上创建移动窗口平均值,我们将使用一个内置函数,它将在形状为 2×2 的窗口上对一个常数进行卷积。使用的函数是 conv2d(),该函数在图像处理和 TensorFlow 中经常使用。

该函数对窗口和指定的滤波器进行分段乘积。我们还必须在两个方向上为移动窗口指定一个步长。在这里,将计算 4 个移动窗口平均值:左上、右上、左下和右下 4 个像素。我们通过创建一个 2×2 的窗口,并在每个方向上设置长度为 2 的步长来实现。为了取移动窗口平均值,将 2×2 的窗口与常数 0.25 进行卷积,如下所示:

```
def mov_avg_layer(x):
    my_filter = tf.constant(0.25, shape = [2, 2, 1, 1])
    my_strides = [1, 2, 2, 1]
    layer = tf.nn.conv2d(x, my_filter, my_strides,
                         padding = 'SAME', name = 'Moving_Avg_Window')
    return layer
```

注意,我们还通过使用函数的 name 参数将该层命名为"Moving_Avg_Window"。要计算卷积层的输出大小,可以使用公式:输出 $= (W - F + 2P)/(S + 1)$,其中,W 为输入大小,F 为滤波器大小,P 为零填充,S 为步幅。

现在,定义一个自定义层,它将以移动窗口平均值的 2×2 输出为基础进行操作。自定义函数首先将输入乘以另一个 2×2 矩阵张量,然后对每个项加 1。在这之后,取每个元素的 sigmoid 型并返回 2×2 矩阵。因为矩阵乘法只作用于二维矩阵,所以需要去掉图像中大小为 1 的额外维数。TensorFlow 可以通过内置的 squeeze() 函数来实现这一点。在这里,我们定义了新层:

```
def custom_layer(input_matrix):
    input_matrix_sqeezed = tf.squeeze(input_matrix)
    A = tf.constant([[1., 2.], [-1., 3.]])
    b = tf.constant(1., shape = [2, 2])
    temp1 = tf.matmul(A, input_matrix_sqeezed)
    temp = tf.add(temp1, b) # Ax + b
    return tf.sigmoid(temp)
```

现在,必须在网络中安排下述两层。我们将通过一个接一个的调用层函数来实现,如下所示:

```
first_layer = mov_avg_layer(x_data)
second_layer = custom_layer(first_layer)
```

现在,把 4×4 的图像输入到函数中。最后,检查结果,如下:

```
print(second_layer)
```

```
tf.Tensor(
[[0.9385519  0.90720266]
 [0.9247799  0.82272065]], shape = (2, 2), dtype = float32)
```

现在让我们更深入地了解它是如何工作的。

它是如何工作的

第一层名为 Moving_Avg_Window,第二层是名为 Custom_Layer 的操作集合。这两层处理的数据首先在左边折叠,然后在右边展开。如上面的示例所示,你可以将所有层封装到函数中,然后依次调用它们,以使后面的层处理前面层的输出。

2.4　实现损失函数

本节将介绍一些可以在 TensorFlow 中使用的主要损失函数。损失函数是机器学习算法的一个关键函数,它用于测量模型输出和目标(真值)之间的距离。

为了优化机器学习算法,我们需要评估结果。在 TensorFlow 中评估结果依赖于指定一个损失函数。该损失函数告诉 TensorFlow,与期望结果相比预测的好坏。在大多数情况下,会有一组数据和一个目标来训练我们的算法,然后损失函数将目标和预测进行比较(它测量模型输出和目标真值之间的距离),并提供两者之间的数值量化。

准　备

首先,启动一个计算图,并加载 Python 绘图包 matplotlib,如下所示:

```
import matplotlib.pyplot as plt
import TensorFlow as tf
```

现在,已经准备好绘图了。

怎么做

首先,讨论回归的损失函数,这意味着预测一个连续的因变量。创建一个预测序列和一个作为张量的目标。我们将在 -1 和 1 之间的 500 个 x 值上输出结果,看看它是如何工作的,代码如下:

```
x_vals = tf.linspace( -1., 1., 500)
target = tf.constant(0.)
```

L2 范数也称为欧几里得损失函数,它是到目标的距离的平方。这里,当目标为零时,我们将计算损失函数。L2 范数是一个很好的损失函数,因为该函数曲线在目标附近非常弯曲,算法可以利用这一事实,即越接近零,就越慢地收敛到目标。我们可以这样实现:

```
def l2(y_true, y_pred):
    return tf.square(y_true - y_pred)
```

 TensorFlow 有一个 L2 范数的内置形式,称为 tf.nn.l2_loss()。这个函数实际上是 L2 范数的一半,也就是说,它与 L2 范数是一样的,但是要除以 2。

L1 范数也称为绝对损失函数,它不取差的平方,而是取绝对值。L1 范数比 L2 范数更适合于异常值,因为对于较大的值来说,它不那么陡峭。需要注意的一个问题是,L1 范数在目标处不平滑,这可能导致算法收敛不佳。其内容如下:

```
def l1(y_true, y_pred):
    return tf.abs(y_true - y_pred)
```

Pseudo-Huber 损失是胡伯损失函数的连续平滑逼近。该损失函数试图通过在目标附近凸化和对极值不太陡峭来获得 L1 和 L2 范数的最佳值。这种形式依赖于一个额外的参数 delta,它决定了陡峭程度。我们将绘制两种形式,即 delta1=0.25 和 delta2=5,以显示差异,如下:

```
def phuber1(y_true, y_pred):
    delta1 = tf.constant(0.25)
    return tf.multiply(tf.square(delta1), tf.sqrt(1. +
                       tf.square((y_true - y_pred)/delta1)) - 1.)

def phuber2(y_true, y_pred):
    delta2 = tf.constant(5.)
    return tf.multiply(tf.square(delta2), tf.sqrt(1. +
                       tf.square((y_true - y_pred)/delta2)) - 1.)
```

现在,继续介绍分类问题的损失函数。分类损失函数用于预测分类结果时的评估损失。通常,模型对于一个类别的输出是一个介于 0 到 1 之间的实数,我们会选择一个临界值(通常选择 0.5),如果数值高于临界值,就将结果归为该类别。

接下来,将考虑分类输出的各种损失函数。

首先,需要重新定义预测(x_vals)和目标。我们将保存输出并在下一节中绘制它们,代码如下:

```
x_vals = tf.linspace(-3., 5., 500)
target = tf.fill([500,], 1.)
```

铰链损失主要用于支持向量机,但也可以用于神经网络。它用来计算两个目标类 1 和 -1 之间的损失。在下面的代码中,我们使用的是目标值 1,所以我们的预测越接

近 1, 损失值越低:

```
def hinge(y_true,y_pred):
    return tf.maximum(0., 1. - tf.multiply(y_true, y_pred))
```

二元交叉熵损失有时也称为逻辑斯蒂损失函数, 它出现在预测 0 或 1 这两个类的时候。我们希望测量从实际类(0 或 1)到预测值的距离, 预测值通常是 0 到 1 之间的一个实数。为了测量这个距离, 我们可以使用信息论中的交叉熵公式, 如下所示:

```
def xentropy(y_true, y_pred):
    return ( - tf.multiply(y_true,tf.math.log(y_pred)) -
            tf.multiply((1. - y_true), tf.math.log(1. - y_pred)))
```

sigmoid 交叉熵损失与之前的损失函数非常相似, 不同的是, 我们在将 x 值放入交叉熵损失之前使用 sigmoid() 函数进行了变换, 如下所示:

```
def xentropy_sigmoid(y_true, y_pred):
    return tf.nn.sigmoid_cross_entropy_with_logits(labels = y_true,
                                                   logits = y_pred)
```

加权交叉熵损失是 sigmoid 交叉熵损失的加权形式。我们为正向目标提供权重。例如, 将正向目标的权重定为 0.5, 如下所示:

```
def xentropy_weighted(y_true, y_pred):
    weight = tf.constant(0.5)
    return tf.nn.weighted_cross_entropy_with_logits(labels = y_true,
                                                    logits = y_pred,
                                                    pos_weight = weight)
```

softmax 交叉熵损失作用于非标准化输出。该函数用于测量只有一个目标类别而不是多个目标类别时的损失。正因为如此, 该函数通过 softmax 函数将输出转换为概率分布, 然后从真实概率分布计算损失函数, 如下所示:

```
def softmax_xentropy(y_true, y_pred):
    return tf.nn.softmax_cross_entropy_with_logits(labels = y_true,
                                                   logits = y_pred)

unscaled_logits = tf.constant([[1., - 3., 10.]])
target_dist = tf.constant([[0.1, 0.02, 0.88]])
print(softmax_xentropy(y_true = target_dist,
                       y_pred = unscaled_logits))
```

`[ 1.16012561]`

稀疏 softmax 交叉熵损失与 softmax 交叉熵损失几乎相同, 区别在于目标不是概率分布, 而是真实类别的索引。我们不再使用全零的稀疏目标向量, 而是直接传入真实类别的索引, 如下所示:

```
def sparse_xentropy(y_true, y_pred):
    return tf.nn.sparse_softmax_cross_entropy_with_logits(
                                         labels = y_true,
                                         logits = y_pred)

unscaled_logits = tf.constant([[1., -3., 10.]])
sparse_target_dist = tf.constant([2])
print(sparse_xentropy(y_true = sparse_target_dist,
                      y_pred = unscaled_logits))
```

[0.00012564]

现在让我们通过在图上画出它们来更好地理解这些损失函数是如何运作的。

它是如何工作的

下面是使用 matplotlib 绘制回归损失函数的代码：

```
x_vals = tf.linspace(-1., 1., 500)
target = tf.constant(0.)
funcs = [(l2, 'b-', 'L2 Loss'),
         (l1, 'r--', 'L1 Loss'),
         (phuber1, 'k-.', 'P-Huber Loss (0.25)'),
         (phuber2, 'g:', 'P-Huber Loss (5.0)')]

for func, line_type, func_name in funcs:
    plt.plot(x_vals, func(y_true = target, y_pred = x_vals),
             line_type, label = func_name)

plt.ylim(-0.2, 0.4)
plt.legend(loc = 'lower right', prop = {'size': 11})
plt.show()
```

由上述代码可得到如图 2.1 所示的输出。

下面是使用 matplotlib 绘制各种分类损失函数的代码：

```
x_vals = tf.linspace(-3., 5., 500)
target = tf.fill([500,], 1.)

funcs = [(hinge, 'b-', 'Hinge Loss'),
         (xentropy, 'r--', 'Cross Entropy Loss'),
         (xentropy_sigmoid, 'k-.', 'Cross Entropy Sigmoid Loss'),
         (xentropy_weighted, 'g:', 'Weighted Cross Entropy Loss
(x0.5)')]
```

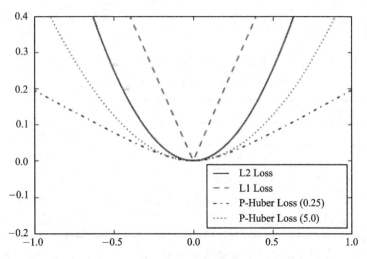

图 2.1　绘制各种回归损失函数

```
for func, line_type, func_name in funcs：
    plt.plot(x_vals, func(y_true = target, y_pred = x_vals),
            line_type, label = func_name)
plt.ylim( - 1.5, 3)
plt.legend(loc = 'lower right', prop = {'size'：11})
plt.show()
```

由上述代码可得到如图 2.2 所示的图形。

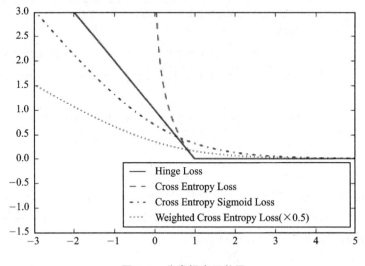

图 2.2　分类损失函数图

这些损耗曲线中的每一条都为神经网络优化提供了不同的优势。现在将进一步讨论这个问题。

更 多

表 2.1 总结了刚才用图形描述的不同损失函数的用途、优势和劣势。

表 2.1　不同损失函数的用途、优势和劣势

损失函数	用　途	优　势	劣　势
L2 范数	回归	更稳定	不那么稳健
L1 范数	回归	更稳健	不那么稳定
Pseudo – Huber 损失	回归	更加稳健、稳定	一个参数
铰链损失	分类	创建支持向量机使用的最大余量	受异常值影响的无限损失
交叉熵损失函数	分类	更稳定	无界损失，不那么稳健

其余的分类损失函数都与交叉熵损失类型有关。交叉熵 sigmoid 损失函数用于未缩放对数，比计算 sigmoid 损失和交叉熵损失更可取，因为 TensorFlow 有更好的内置方法来处理数值边缘的情况。软最大交叉熵和稀疏软最大交叉熵也是如此。

 这里描述的大多数分类损失函数是用于二分类预测。可以通过将交叉熵项在每个预测/目标上求和来扩展到多类别问题。

在评估模型时，还有许多其他指标需要考虑，表 2.2 所列为一些需要考虑的因素。

表 2.2　其他需要考虑的因素

模型度量	描　述
R 方（决定系数）	对于线性模型，这是由独立数据解释的因变量中方差的比例。对于具有大量特征的模型，考虑使用调整后的 R 方
均方根误差	对于连续模型，这是通过平均平方误差的平方根来衡量预测和实际之间的差异
混淆矩阵	对于分类模型，查看一个预测类别与实际类别的矩阵。一个完美的模型将所有的计数沿对角线排列
召回率	对于分类模型，这是真样本个数比预测为正的样本个数的分数
精度	对于分类模型，这是真样本个数比所有真样本个数的分数
F 分数	对于分类模型，这是精度和召回率的调和平均值

在选择正确的度量标准时，你必须评估必须解决的问题（因为每个度量标准的行为会有所不同，并且根据手头的问题，一些损失最小化策略将被证明比其他策略更适合我们的问题），并对神经网络的行为进行实验。

2.5　实现反向传播

使用 TensorFlow 的好处之一是它可以跟踪操作，并基于反向传播自动更新模型

变量。在本节中,将介绍如何在训练机器学习模型时利用这方面的优势。

准 备

现在,将介绍如何改变模型中的变量,以使损失函数最小化。我们已经学会了如何使用对象和操作,以及如何创建损失函数来衡量预测和目标之间的距离。现在,只需要告诉 TensorFlow 如何通过网络反向传播错误,以便以这种方式更新变量,最小化损失函数。这是通过声明一个优化函数实现的。一旦声明了一个优化函数,TensorFlow 就会遍历并找出图中所有计算的反向传播项。当输入数据并最小化损失函数时,Tensor-Flow 将相应地修改网络中的变量。

第一个例子是做一个非常简单的回归算法。从一个正态分布中抽取随机数,平均值为 1,标准差为 0.1;然后,通过一个操作来处理这些数字,也就是将它们乘以一个权值张量,再加上一个偏置张量。由此,损失函数将是输出和目标之间的 L2 范数。我们的目标将显示与我们的输入高度相关,因此任务不会太复杂,但是本例将具有有趣的演示性,并且容易对更复杂的问题重复使用。

第二个例子是一个非常简单的二元分类算法。这里,我们将从 $N(-3,1)$ 和 $N(3,1)$ 两个正态分布生成 100 个数字。来自 $N(-3,1)$ 的所有数字将属于目标类 0,而来自 $N(3,1)$ 的所有数字将属于目标类 1。区分这些类(它们是完全可分离的)的模型将再次是一个根据 sigmoid 交叉熵损失函数优化的线性模型,因此,首先对模型结果进行 sigmoid 变换,然后计算交叉熵损失函数。

指定一个良好的学习速率有助于算法的收敛,所以我们还必须指定一种优化类型。在上述两个例子中,我们使用的是标准梯度下降法,其是通过 tf. optimizers. SGD TensorFlow 函数来实现的。

怎么做

我们将从回归示例开始。首先,加载通常伴随 recipes NumPy 和 TensorFlow 的数值 Python 包:

```
import NumPy as np
import TensorFlow as tf
```

接下来,创建数据。为了使所有内容都易于复制,我们希望将随机种子设置为一个特定的值。我们将在教程中重复这个过程,所以得到了完全相同的结果。通过简单地改变种子的数量,你可以自己检查一下教程中结果的变化概率。

此外,为了保证目标和输入具有良好的相关性,绘制两个变量的散点图,代码如下:

```
np. random. seed(0)
x_vals = np. random. normal(1, 0.1, 100). astype(np. float32)
y_vals = (x_vals * (np. random. normal(1, 0.05, 100) - 0.5)). astype(np. float32)
```

```
plt.scatter(x_vals, y_vals)
plt.show()
```

x_vals 和 y_vals 的散点图如图 2.3 所示。

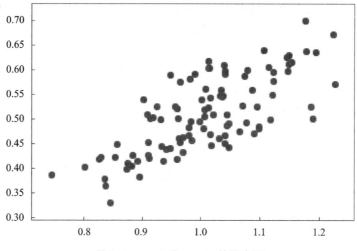

图 2.3　x_vals 和 y_vals 的散点图

我们将网络结构($bX + a$ 型线性模型)设为一个函数：

```
def my_output(X,weights, biases):
    return tf.add(tf.multiply(X, weights), biases)
```

接下来，将 L2 损失函数添加到网络的结果中：

```
def loss_func(y_true, y_pred):
    return tf.reduce_mean(tf.square(y_pred - y_true))
```

现在，必须声明一种方法来优化图中的变量。我们声明了一个优化算法。大多数优化算法都需要知道每次迭代的步长，这样的距离是由学习速率控制的，将其设置为正确的值是针对我们正在处理的问题的，因此我们只能通过实验找出合适的设置。无论如何，如果我们的学习速率太快，那么我们的算法可能会超过最小值；但是，如果我们的学习速率太慢，那么我们的算法可能会花很长时间来收敛，如下：

```
my_opt = tf.optimizers.SGD(learning_rate = 0.02)
```

学习速率对收敛有很大的影响，这将在本节的最后讨论。当我们使用标准梯度下降算法时，其实还有很多其他的选择。例如，优化算法可以根据问题的不同实现更好或更差的优化。

 关于学习速率最好的理论有很多，这是机器学习算法中最难解决的问题之一。

现在可以初始化我们的网络变量（权重和偏差）了，并设置一个记录列表（命名为 history）来帮助我们可视化优化步骤：

```
tf.random.set_seed(1)
np.random.seed(0)
weights = tf.Variable(tf.random.normal(shape = [1]))
biases = tf.Variable(tf.random.normal(shape = [1]))
history = list()
```

最后一步是循环我们的训练算法,并告诉 TensorFlow 进行多次训练。这个将迭代 100 次,并且每 25 次输出一个结果。为了训练,我们将随机选择一个 x 和 y 条目,并将其输入到图中。TensorFlow 会自动计算损失,并略微改变权重和偏差以最小化损失:

```
for i in range(100):
    rand_index = np.random.choice(100)
    rand_x = [x_vals[rand_index]]
    rand_y = [y_vals[rand_index]]
    with tf.GradientTape() as tape:
        predictions = my_output(rand_x, weights, biases)
        loss = loss_func(rand_y, predictions)
    history.append(loss.NumPy())
    gradients = tape.gradient(loss, [weights, biases])
    my_opt.apply_gradients(zip(gradients, [weights, biases]))
    if (i + 1) % 25 == 0:
        print(f'Step # {i+1} Weights: {weights.NumPy()} Biases: {biases.NumPy()}')
        print(f'Loss = {loss.NumPy()}')


Step # 25 Weights: [-0.58009654]Biases: [0.91217995]
Loss = 0.13842473924160004
Step # 50 Weights: [-0.5050226] Biases: [0.9813488]
Loss = 0.006441597361117601
Step # 75 Weights: [-0.4791306] Biases: [0.9942327]
Loss = 0.01728087291121483
Step # 100 Weights: [-0.4777394] Biases: [0.9807473]
Loss = 0.05371852591633797
```

在循环中,tf.GradientTape()允许 TensorFlow 跟踪计算,并计算关于观察变量的梯度。GradientTape()范围内的每个变量都被监视(请记住,常量不被监视,除非你使用命令 tape.watch(constant)显式地声明)。一旦完成监视,就可以计算目标相对于源列表的梯度(使用命令 tape.gradient(target,sources)),然后得到一个可以应用于最小化过程的渐变张量。这个操作会自动地以新的值更新源(在我们的例子中是权重和偏差变量)。

当训练完成时,我们可以看到优化过程是如何在连续的梯度应用中运行的:

```
plt.plot(history)
```

```
plt.xlabel('iterations')
plt.ylabel('loss')
plt.show()
```

本示例中通过迭代的 L2 损失如图 2.4 所示。

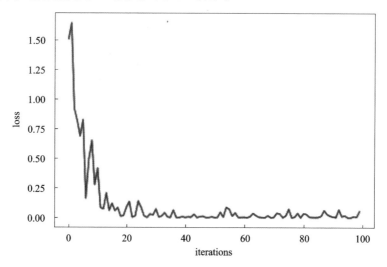

图 2.4 本示例中通过迭代的 L2 损失

在这里,我们将介绍简单分类示例的代码。我们可以使用相同的 TensorFlow 脚本,只是做了一些更新。记住,我们将试图找到一组最优的权重和偏差,将数据分成两个不同的类别。

首先,从两个不同的正态分布($N(-3,1)$ 和 $N(3,1)$)中提取数据,生成目标标签,并可视化这两个类如何沿预测变量分布:

```
np.random.seed(0)
x_vals = np.concatenate((np.random.normal(-3, 1, 50),
                         np.random.normal(3, 1, 50))
                        ).astype(np.float32)
y_vals = np.concatenate((np.repeat(0., 50), np.repeat(1., 50))).astype(np.float32)

plt.hist(x_vals[y_vals == 1],    color = 'b')
plt.hist(x_vals[y_vals == 0],    color = 'r')
plt.show()
```

x_vals 上的类分布如图 2.5 所示。

因为这个问题的特定损失函数是 sigmoid 交叉熵,所以要更新损失函数:

```
def loss_func(y_true, y_pred):
    return tf.reduce_mean(
        tf.nn.sigmoid_cross_entropy_with_logits(labels = y_true,
                                                logits = y_pred))
```

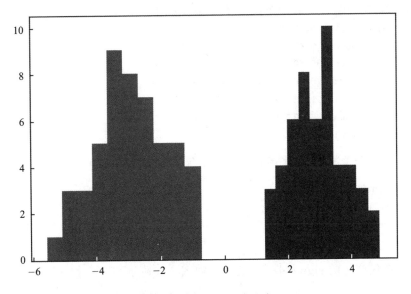

图 2.5 x_vals 上的类分布

接下来，初始化变量：

```
tf.random.set_seed(1)
np.random.seed(0)
weights = tf.Variable(tf.random.normal(shape = [1]))
biases = tf.Variable(tf.random.normal(shape = [1]))
history = list()
```

最后，对随机选择的数据点进行数百次循环，并相应地更新权重和偏差变量。正如之前所做的，每 25 次迭代后就打印出变量的值和损失：

```
for i in range(100):
    rand_index = np.random.choice(100)
    rand_x = [x_vals[rand_index]]
    rand_y = [y_vals[rand_index]]
    with tf.GradientTape() as tape:
        predictions = my_output(rand_x, weights, biases)
        loss = loss_func(rand_y, predictions)
    history.append(loss.NumPy())
    gradients = tape.gradient(loss, [weights, biases])
    my_opt.apply_gradients(zip(gradients, [weights, biases]))
    if (i + 1) % 25 == 0:
        print(f'Step {i + 1} Weights: {weights.NumPy()} Biases: {biases.NumPy()}')
        print(f'Loss = {loss.NumPy()}')
```

Step # 25 Weights：[-0.01804185] Biases：[0.44081175]

Loss = 0.5967269539833069

Step # 50 Weights：[0.49321094] Biases：[0.37732077]

Loss = 0.3199256658554077

Step # 75 Weights：[0.7071932] Biases：[0.32154965]

Loss = 0.03642747551202774

Step # 100 Weights：[0.8395616] Biases：[0.30409005]

Loss = 0.028119442984461784

同样,在这种情况下,一个图将会揭示出优化是如何进行的:

```
plt.plot(history)
plt.xlabel('iterations')
plt.ylabel('loss')
plt.show()
```

此时,迭代产生的 sigmoid 交叉熵损失如图 2.6 所示。

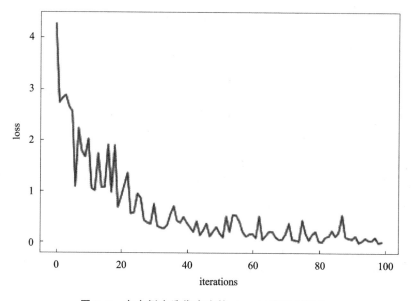

图 2.6　在本例中迭代产生的 sigmoid 交叉熵损失

图的方向性很明显,尽管轨迹有些起伏。因为我们每次只学习一个例子,因此使学习过程具有随机性。图还指出,我们需要尝试降低一点儿学习速率。

它是如何工作的

为了回顾和解释这两个例子,我们进行了以下操作:

1. 创建了数据。这两个示例都需要将数据加载到计算网络的函数所使用的特定变量中。

2. 初始化变量。我们使用了一些随机的高斯值,但是初始化本身就是一个独立的问题,因为最终的结果可能取决于如何初始化网络(只需在初始化之前更改随机种子来找出高斯值)。

3. 创建了一个损失函数。使用 L2 损失回归和交叉熵损失分类。

4. 定义了一个优化算法。两种算法都使用了梯度下降法。

5. 对随机数据样本进行迭代,以逐步更新变量。

更 多

正如前面提到的,优化算法对学习速率的选择很敏感。以简明扼要的方式总结这一选择的影响是很重要的。表 2.3 所列为学习速率快慢的优缺点。

表 2.3 学习速率快慢的优缺点

学习速率的快慢	优点/缺点	用 途
较慢的学习速率	收敛速度较慢,但结果更准确	如果解决方案不稳定,则可以先降低学习速率
较快的学习速率	不太准确,但收敛更快	对于某些问题,有助于防止解决方案停滞不前

有时,标准梯度下降算法可能会被卡住或显著变慢。当优化陷入鞍点的平坦区域时,就会发生这种情况。为了解决这个问题,解决方案考虑了动量项,它增加了前一步梯度下降值的部分。你可以随同你的学习速率在 tf. optimizers. SGD 中设置动量和 Nesterov 参数(详情请参见 https://www. TensorFlow. org/api_docs/python/tf/keras/optimizers/SGD for more details)。

另一种变体是改变模型中每个变量的优化步骤。理想情况下,我们希望对较小的移动变量采取较大的步长,对更快的变量变化采取较短的步长。我们不会深入探讨这种方法的数学原理,这种思想的常见实现方法称为 Adagrad 算法。该算法考虑了变梯度的整个过程。TensorFlow 中的这个函数叫作 AdagradOptimizer()(详情请参见 https://www. TensorFlow. org/api_docs/python/tf/keras/optimizers/Adagrad)。

有时,Adagrad 会迫使梯度过早地为零,因为它考虑到了整个过程。解决这个问题的方法是限制我们使用的步骤数量。这被称为 Adadelta 算法。我们可以通过使用 AdadeltaOptimizer()函数来实现这一点(详情请参见 https://www. TensorFlow. org/api_docs/python/tf/keras/optimizers/Adadelta)。

另外,还有一些其他不同的梯度下降算法。关于这些,请参考 TensorFlow 文档(详情请参见 https://www. TensorFlow. org/api_docs/python/tf/keras/optimizers)。

2. 6 使用批量和随机训练

当 TensorFlow 根据反向传播更新模型变量时,它可以操作任何东西,从一个数据观测(就像在之前的教程中所做的那样)到一次处理大量数据。操作一个训练示例可能会导致一个非常不稳定的学习过程,而使用太大的批处理可能会导致计算成本很高。选择正确的训练类型对于使机器学习算法优化到一个解决方案至关重要。

准　备

为了让 TensorFlow 计算反向传播的可变梯度,我们必须测量一个或多个样本上的损失。随机训练一次只对一个随机抽样的数据-目标对起作用,就像在前面的教程中所做的那样。另一种选择是每次放入较大的训练示例,并平均梯度计算的损失。训练批的大小可以不同,最高可以一次包含整个数据集。在这里,我们将展示如何把使用随机训练的先验回归示例扩展到批量训练中。

首先加载 NumPy、matplotlib 和 TensorFlow,如下所示:

```
import matplotlib as plt
import NumPy as np
import TensorFlow as tf
```

现在只需要编写代码,并在"怎么做"部分进行测试。

怎么做

首先声明一个批量的大小,这是一次通过计算图提供的数据观察:

```
batch_size = 20
```

接下来,只需对之前用于回归问题的代码进行小的修改:

```
np.random.seed(0)
x_vals = np.random.normal(1, 0.1, 100).astype(np.float32)
y_vals = (x_vals * (np.random.normal(1, 0.05, 100) - 0.5)).astype(np.float32)

def loss_func(y_true, y_pred):
    return tf.reduce_mean(tf.square(y_pred - y_true))

tf.random.set_seed(1)
np.random.seed(0)
weights = tf.Variable(tf.random.normal(shape = [1]))
biases = tf.Variable(tf.random.normal(shape = [1]))
history_batch = list()

for i in range(50):
    rand_index = np.random.choice(100, size = batch_size)
    rand_x = [x_vals[rand_index]]
    rand_y = [y_vals[rand_index]]
    with tf.GradientTape() as tape:
        predictions = my_output(rand_x, weights, biases)
```

```
        loss = loss_func(rand_y, predictions)
    history_batch.append(loss.NumPy())
    gradients = tape.gradient(loss, [weights, biases])
    my_opt.apply_gradients(zip(gradients, [weights, biases]))
    if (i + 1) % 25 == 0:
        print(f'Step # {i+1} Weights: {weights.NumPy()}\
                Biases: {biases.NumPy()}')
        print(f'Loss = {loss.NumPy()}')
```

从之前的教程,我们已经学习了如何在神经网络和损失函数中使用矩阵乘法。此时,只需要处理由多行组成的批量输入,而不是单个示例。我们甚至可以将其与之前的方法进行比较,现在将其命名为随机优化:

```
tf.random.set_seed(1)
np.random.seed(0)
weights = tf.Variable(tf.random.normal(shape = [1]))
biases = tf.Variable(tf.random.normal(shape = [1]))
history_stochastic = list()

for i in range(50):
    rand_index = np.random.choice(100, size = 1)
    rand_x = [x_vals[rand_index]]
    rand_y = [y_vals[rand_index]]
    with tf.GradientTape() as tape:
        predictions = my_output(rand_x, weights, biases)
        loss = loss_func(rand_y, predictions)
    history_stochastic.append(loss.NumPy())
    gradients = tape.gradient(loss, [weights, biases])
    my_opt.apply_gradients(zip(gradients, [weights, biases]))
    if (i + 1) % 25 == 0:
        print(f'Step # {i+1} Weights: {weights.NumPy()}\
                Biases: {biases.NumPy()}')
        print(f'Loss = {loss.NumPy()}')
```

运行代码将使用批处理重新训练我们的网络。在这一点上,我们需要评估结果,靠直觉获得一些关于它如何工作的信息,并对结果进行反思。

它是如何工作的

批量训练和随机训练在优化方法和收敛性方面存在着差异。找到一个好的批量大小可能是困难的。为了了解批量训练和随机训练之间的收敛差异,建议你将批量大小更改为不同的级别。

两种方法的可视化比较将更好地解释使用批量处理这个问题如何产生与随机训练

相同的优化,尽管在这个过程中波动更少。下面是为同一个回归问题生成随机和批量
损失图的代码。注意,批量损失更平滑,随机损失更不稳定。

```
plt.plot(history_stochastic, 'b-', label = 'Stochastic Loss')
plt.plot(history_batch, 'r--', label = 'Batch Loss')
plt.legend(loc = 'upper right', prop = {'size':11})
plt.show()
```

采用随机优化和批量优化时的 L2 损失比较如图 2.7 所示。

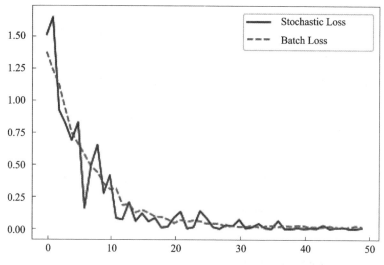

图 2.7　采用随机优化和批量优化时的 L2 损失比较

图 2.7 显示了一条平滑的趋势线,可以通过降低学习速率和调整批处理大小来解决持续存在的凸点问题。

更　多

批量训练和随机训练的优势与劣势如表 2.4 所列。

表 2.4　批量训练和随机训练的优势与劣势

训练方式	优　势	劣　势
随机	随机性可能有助于摆脱局部最小值	通常需要更多的迭代才能收敛
批量	更快地发现最小值	计算时需要更多的资源

2.7　结合所有内容

本节将结合到目前为止所演示的所有内容,为 iris 数据集创建一个分类器。其中,

iris 数据集在第 1 章中有更详细的描述。我们将加载这些数据,并制作一个简单的二元分类器来预测一朵花是否是鸢尾属植物。明确地说,这个数据集有 3 个物种,但我们只会预测一朵花是否是单一物种,是鸢尾花或不是鸢尾花。

准 备

首先加载库和数据,然后相应地转换目标。这里先加载本示例所需的库。对于 iris 数据集,需要 TensorFlow Datasets 模块,在以前的示例中没有使用过这个模块。注意,这里也加载了 matplotlib,因为想在后面绘制结果行。代码如下:

```
import matplotlib.pyplot as plt
import NumPy as np
import TensorFlow as tf
import TensorFlow_datasets as tfds
```

怎么做

首先使用一个全局变量声明批处理大小:

```
batch_size = 20
```

接下来,加载 iris 数据。我们还需要将目标数据转换为 1 或 0,无论目标是否设置为 setosa。因为虹膜数据集将 setosa 标记为 0,所以我们将所有目标的值都更改为 0 到 1,其他值都更改为 0。我们也将只使用两个特征,即花瓣长度和花瓣宽度。这两个特性是数据集每一行的第三和第四项:

```
iris = tfds.load('iris', split = 'train[:90%]', W)
iris_test = tfds.load('iris', split = 'train[90%:]',as_supervised = True)

def iris2d(features, label):
    return features[2:], tf.cast((label == 0), dtype = tf.float32)

train_generator = (iris
                    .map(iris2d)
                    .shuffle(buffer_size = 100)
                    .batch(batch_size)
                  )

test_generator = iris_test.map(iris2d).batch(1)
```

如第 1 章所述,使用 TensorFlow 数据集函数来加载和操作必要的转换时,其方法是创建一个数据生成器,它可以动态地向网络提供数据,而不是将数据保存在内存中的 NumPy 矩阵中。作为第一步,加载数据,指定我们想要拆分它(使用参数"split = 'train[:90%]'""split = 'train[90%:]'")。这允许我们保留数据集的一部分(10%)用于模型评估,使用不属于训练阶段的数据。

我们还指定了参数"as_supervised=True",这将允许我们在从数据集迭代时以特性和标签元组的形式访问数据。

现在,通过应用连续转换将数据集转换为可迭代生成器。我们对数据进行了洗牌,定义了可迭代对象返回的批处理。最重要的是,我们应用了一个自定义函数,它同时筛选和转换从数据集返回的特征和标签。

然后,定义线性模型。该模型将采用通常的形式 $bX+a$。记住,TensorFlow 有内置 sigmoid 的损失函数,所以只需要在 sigmoid 函数之前定义模型的输出:

```
def linear_model(X, A, b):
    my_output = tf.add(tf.matmul(X, A), b)
    return tf.squeeze(my_output)
```

现在,将 sigmoid 交叉熵损失函数与 TensorFlow 内置的 sigmoid_cross_entropy_with_logits() 函数一起添加:

```
def xentropy(y_true, y_pred):
    return tf.reduce_mean(
        tf.nn.sigmoid_cross_entropy_with_logits(labels = y_true,
                                                logits = y_pred))
```

我们还必须告诉 TensorFlow 如何通过声明一个优化方法来优化计算图。这里想要最小化交叉熵损失,将选择 0.02 作为学习速率:

```
my_opt = tf.optimizers.SGD(learning_rate = 0.02)
```

现在,将训练 300 次迭代的线性模型。输入所需的 3 个数据点:花瓣长度、花瓣宽度和目标变量。每 30 次迭代就打印变量值:

```
tf.random.set_seed(1)

np.random.seed(0)
A = tf.Variable(tf.random.normal(shape = [2, 1]))
b = tf.Variable(tf.random.normal(shape = [1]))
history = list()

for i in range(300):
    iteration_loss = list()
    for features, label in train_generator:
        with tf.GradientTape() as tape:
            predictions = linear_model(features, A, b)
            loss = xentropy(label, predictions)
        iteration_loss.append(loss.NumPy())
        gradients = tape.gradient(loss, [A, b])
        my_opt.apply_gradients(zip(gradients, [A, b]))
```

```
history.append(np.mean(iteration_loss))
if (i + 1) % 30 == 0:
    print(f'Step # {i + 1} Weights: {A.NumPy().T}\
            Biases: {b.NumPy()}')
    print(f'Loss = {loss.NumPy()}')
```

```
Step # 30 Weights: [[ - 1.1206311 1.2985772]] Biases: [1.0116111]
Loss = 0.4503694772720337
...
Step # 300 Weights: [[ - 1.5611029 0.11102282]] Biases: [3.6908474]
Loss = 0.10326375812292099
```

如果根据迭代计算损失,则可以从损失随时间的平滑减少中认识到,对于线性模型,学习是一项相当容易的任务:

```
plt.plot(history)
plt.xlabel('iterations')
plt.ylabel('loss')
plt.show()
```

iris settosa 数据的交叉熵误差如图 2.8 所示。

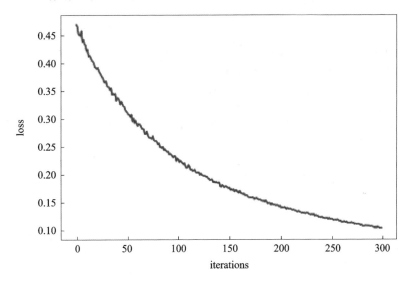

图 2.8 iris settosa 数据的交叉熵误差

最后,检查保留的测试数据的性能。这次只从测试数据集中获取示例。正如预期的那样,得到的交叉熵值与训练的交叉熵值类似:

```
predictions = list()
labels = list()
for features, label in test_generator:
    predictions.append(linear_model(features, A, b).NumPy())
```

```
labels.append(label.NumPy()[0])

test_loss = xentropy(np.array(labels), np.array(predictions)).NumPy()
print(f"test cross - entropy is {test_loss}")
```

test cross - entropy is 0.10227929800748825

下一组命令用于提取模型变量并绘制直线：

```
coefficients = np.ravel(A.NumPy())
intercept = b.NumPy()

# Plotting batches of examples
for j, (features, label) in enumerate(train_generator):
    setosa_mask = label.NumPy() == 1
    setosa = features.NumPy()[setosa_mask]
    non_setosa = features.NumPy()[~setosa_mask]
    plt.scatter(setosa[:,0], setosa[:,1], c = 'red', label = 'setosa')
    plt.scatter(non_setosa[:,0], non_setosa[:,1], c = 'blue', label = 'Non -
setosa')
    if j == 0:
        plt.legend(loc = 'lower right')

# Computing and plotting the decision function
a = -coefficients[0]/coefficients[1]
xx = np.linspace(plt.xlim()[0], plt.xlim()[1], num = 10000)
yy = a * xx - intercept/coefficients[1]
on_the_plot = (yy > plt.ylim()[0]) & (yy < plt.ylim()[1])
plt.plot(xx[on_the_plot], yy[on_the_plot], 'k--')

plt.xlabel('Petal Length')
plt.ylabel('Petal Width')
plt.show()
```

结果图见"它是如何工作的"部分，同时我们还讨论了获得结果的有效性和可重复性。

它是如何工作的

我们的目标是在鸢尾花数据点和其他两个物种之间拟合一条线。如果我们绘制这些点，并用一条线将分类为 0 的区域与分类为 1 的区域分开，则可以看到我们已经实现了这一点，如图 2.9 所示。

分隔线的定义方式取决于数据、网络架构和学习过程。不同的启动情况，即使是由于神经网络权值的随机初始化，也可能会为你提供略有不同的解决方案。

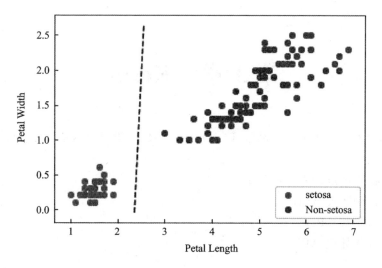

图 2. 9　在花瓣宽度与长度的图中,分别绘制了 irissetosa 和
non‑setosa 的数据点;虚线是在进行了 300 次迭代后得到的线性分离器

更　多

虽然我们实现了用一条线分隔两个类的目标,但它可能不是分隔两个类的最佳模型。例如,在添加了新的观察结果之后,我们可能会意识到我们的解决方案严重地分离了两个类。下一章将开始解决这些问题的教程,通过提供测试、随机化和专门的层来增加教程的泛化能力。

第 3 章 Keras

本章将介绍名为 Keras 的高级 TensorFlow API。学习完本章,你应该对以下内容有了更好的理解:

> Keras Sequential 顺序 API;
> Keras 函数式 API;
> Keras 子类 API;
> Keras 预处理 API。

3.1 概 述

通过学习第 2 章中介绍的 TensorFlow 的基本原理,现在我们能够建立一个计算图。本章将介绍 Keras,这是一个用 Python 编写的高级神经网络 API,支持多个后端,其中包括 TensorFlow。法国软件工程师和人工智能研究员 François Chollet 在 2015 年开源之前,他为自己的个人使用创建了 Keras。Keras 的主要目标是提供一个易于使用和可访问的库,以实现快速实验。

TensorFlow v1 受制于可用性问题,特别是一个庞大的、有时令人困惑的 API。例如,TensorFlow v1 提供了两个高级 API:

> Estimator API(在 1.1 版本中添加)用于在本地主机或分布式环境上训练模型;
> Keras API 随后被添加(1.4.0 版本),旨在用于快速进行原型构建。

借助 TensorFlow v2,Keras 成为官方的高级 API。Keras 可以扩展并适应各种用户配置文件,从研究到应用程序开发,从模型培训到部署。Keras 具有 4 个关键优势:用户友好(不以灵活性和性能为代价)、模块化、可组合和可伸缩。

TensorFlow Keras API 和 Keras API 是一样的。然而,Keras 的后端 TensorFlow 版本的实现已经针对 TensorFlow 进行了优化,它集成了 TensorFlow 特有的功能,比如 eager execution、数据管道和 Estimator。

独立库 Keras 和集成 TensorFlow 的 Keras 之间的区别只是导入它的方式不同。

下面是导入 Keras API 规范的命令:

```
import keras
```

下面是 TensorFlow 对 Keras API 规范的实现:

```
import tensorflow as tf
```

```
from tensorflow import keras
```

现在，让我们从发现 Keras 的基本构建模块开始。

3.2 理解 Keras 层

Keras 层是 Keras 模型的基本构建块。每一层接收数据作为输入，执行特定的任务，并返回输出。

Keras 包括广泛的内置层，如下：

➢ 核心层：密集、激活、扁平、输入、重塑、置换、重复向量和空间 dropout 等。
➢ 卷积神经网络的卷积层：Conv1D、Conv2D、SeparableConv1D、Conv3D 和 Cropping2D 等。
➢ 执行下采样操作以减少特征映射的池化层：MaxPooling1D、AveragePooling2D 和 GlobalAveragePooling3D。
➢ 用于递归神经网络处理递归或序列数据的递归层：RNN、SimpleRNN、GRU、LSTM 和 ConvLSTM2D 等。
➢ 嵌入层：仅作为模型的第一层，将正整数转化为固定大小的密集向量。
➢ 合并层：加、减、乘、平均、最大值和最小值等。
➢ 高级激活层：LeakyReLU、PReLU、Softmax 和 ReLU 等。
➢ 批处理规范化层：它在每个批处理中对前一层的激活进行规范化。
➢ 噪声层：GausianNoise、GausianDropout 和 AlphaDropout。
➢ 包装层：TimeDistributed 将一个层应用到输入的每个时间片和 RNN 的双向包装上。
➢ 本地连接层：LocallyConnected1D 和 LocallyConnected2D。它们像 Conv1D 或 Conv2D 一样工作，但没有共享它们的权重。

我们也可以像 3.5 节中的 Keras Subclassing API 中解释的那样编写 Keras 层。

准 备

回顾所有 Keras 层中常见的一些方法，这些方法对于了解层的配置和状态非常有用。

怎么做

1. 从层的权重开始。权重可能是一层中最重要的概念，它决定输入将对输出产生多大的影响，它表示层的状态。get_weights() 函数以 NumPy 数组列表的形式返回层的权重：

```
layer.get_weights()
```

使用 set_weights()方法从 NumPy 数组列表中确定层的权重：

```
layer.set_weights(weights)
```

2. 正如在 Keras 函数 API 教程中解释的那样，有时神经网络拓扑不是线性的。在这种情况下，一个层可以在网络中多次使用（共享层）。如果某一层是单节点（没有共享层），则使用下述命令可以很容易地得到该层的输入和输出：

```
layer.input
layer.output
```

如果该层有多个节点，则可以选择下述命令：

```
layer.get_input_at(node_index)
layer.get_output_at(node_index)
```

3. 如果一个层是单个节点（没有共享层），那么也可以通过使用下述命令轻松地获得该层的输入和输出形状：

```
layer.input_shape
layer.output_shape
```

如果该层有多个节点，则可以选择下述命令：

```
layer.get_input_shape_at(node_index)
layer.get_output_shape_at(node_index)
```

4. 讨论层的配置。由于同一层可能会实例化多次，因此配置不包括权重或连接信息。get_config()函数返回一个包含层配置的字典：

```
layer.get_config()
```

from_config()方法实例化层的配置：

```
layer.from_config(config)
```

注意，层配置存储在一个关联数组（Python 字典）中，这是一个将键映射到值的数据结构。

它是如何工作的

层是模型的构建块。Keras 提供了广泛的构建层和有用的方法，以便更多地了解正在发生的事情并进入模型内部。

使用 Keras，我们可以用 3 种方式构建模型：Sequential API、Functional API 或 Subclassing API。稍后，我们将看到只有最后两个 API 允许访问层，而第一个 API 不允许访问层。

3.3　使用 Keras Sequential API

　　Keras 的主要目标是使创建深度学习模型变得容易。Sequential API 允许我们创建 Sequential 模型，它是层的线性堆栈。一层接一层的模型可以解决很多问题。要创建一个 Sequential 模型，就必须创建一个 Sequential 类的实例，创建一些模型层，并将它们添加到其中。

　　我们将从创建 Sequential 模型到通过编译、训练和评估步骤进行预测的全过程。在本教程结束时，你将拥有一个 Keras 模型，并且可以在生产中部署。

准　备

　　本节将介绍创建 Sequential 模型的主要方法，以及使用 Keras Sequential API 组装层来构建模型的方法。

　　加载 TensorFlow 和 NumPy，如下所示：

```
import tensorflow as tf
from tensorflow import keras
from keras.layers import Dense
import numpy as np
```

怎么做

　　1. 创建一个 Sequential 模型。Keras 提供了两种创建 Sequential 模型的等效方法。让我们从将一组层实例作为数组传递给构造函数开始。我们将通过输入以下代码来构建一个多类分类器（10 个类别）全连接模型，也就是多层感知器。

```
model = tf.keras.Sequential([
    # Add a fully connected layer with 1024 units to the model
    tf.keras.layers.Dense(1024, input_dim = 64),
    # Add an activation layer with ReLU activation function
    tf.keras.layers.Activation('relu'),
    # Add a fully connected layer with 256 units to the model
    tf.keras.layers.Dense(256),
    # Add an activation layer with ReLU activation function
    tf.keras.layers.Activation('relu'),
    # Add a fully connected layer with 10 units to the model
    tf.keras.layers.Dense(10),
    # Add an activation layer with softmax activation function
    tf.keras.layers.Activation('softmax')
])
```

创建 Sequential 模型的另一种方法是实例化一个 Sequential 类，然后通过.add()方法添加层，代码如下：

```
model = tf.keras.Sequential()
    # Add a fully connected layer with 1024 units to the model
    model.add(tf.keras.layers.Dense(1024, input_dim = 64))
    # Add an activation layer with ReLU activation function
    model.add(tf.keras.layers.Activation(relu))
    # Add a fully connected layer with 256 units to the model
    model.add(tf.keras.layers.Dense(256))
    # Add an activation layer with ReLU activation function
    model.add(tf.keras.layers.Activation('relu'))
    # Add a fully connected Layer with 10 units to the model
    model.add(tf.keras.layers.Dense(10))
    # Add an activation layer with softmax activation function
    model.add(tf.keras.layers.Activation('softmax'))
```

2. 层配置。tf.keras.layers API 提供了很多内置的层，也提供了一个创建我们层的 API。在大多数情况下，我们可以将这些参数设置为层的构造函数：

❑ 通过指定内置函数的名称或作为可调用对象来添加激活函数。这个功能决定一个神经元是否应该被激活。默认情况下，某一层没有激活功能。下面是使用激活函数创建层的两种方法。注意，你不需要运行以下代码，这些层没有分配给变量。

```
# Creation of a dense layer with a sigmoid activation
function:
Dense(256, activation = 'sigmoid')
# Or:
Dense(256, activation = tf.keras.activations.sigmoid)
```

❑ 通过传递内置初始化器的字符串标识符或可调用对象来指定初始化权值（内核和偏差）的初始化策略。默认情况下，内核设置为"Glorot uniform"初始化器，偏置设置为 0。

```
# A dense layer with a kernel initialized to a truncated
normal distribution:
Dense(256, kernel_initializer = 'random_normal')
# A dense layer with a bias vector initialized with a
constant value of 5.0:
Dense(256, bias_initializer = tf.keras.initializers.
Constant(value = 5))
```

❑ 为内核和偏置指定正则化器，如 L1（也称为 Lasso）或 L2（也称为 Ridge）正则化。默认情况下，不使用正则化。正则化的目的是通过惩罚权重较大的模型来防止过拟合。这些惩罚包含在网络优化的损失函数中。

```
# A dense layer with L1 regularization of factor 0.01 applied to the kernel matrix:
Dense(256，kernel_regularizer = tf.keras.regularizers.l1(0.01))
# A dense layer with L2 regularization of factor 0.01 applied to the bias vector:
Dense(256，bias_regularizer = tf.keras.regularizers.l2(0.01))
```

3．在 Keras 中，强烈建议设置第一层的输入形状。与表象相反，输入层不是一层，而是一个张量，它的形状必须与我们的训练数据相同。下面的层执行自动形状推断，它们的形状是基于前一层的单位来计算的。

每一种类型的层都需要有一定数量的维度的输入，因此根据层的类型有不同的方法来指定输入形状。这里重点关注致密层，因此将使用 input_dim 参数。由于权重的形状取决于输入的大小，所以如果没有预先指定输入形状，模型就没有权重，也没有建立。在这种情况下，不能调用 Layer 类的任何方法，如总和、层、权重等。

在这个教程中，我们将创建具有 64 个特征的数据集，并将处理 10 个样本的批次。输入数据的形状是(10,64)，也就是(batch_size，number_of_ features)。默认情况下，Keras 模型被定义为支持任何批处理大小，因此批处理大小不是强制的。我们只需要通过第一层的 input_dim 参数来指定特性的数量：

```
Dense(256，input_dim = (64))
```

但是，为了提高效率，可以使用 batch_size 参数强制设置批处理大小，如下：

```
Dense(256，input_dim = (64)，batch_size = 10)
```

4．在学习阶段之前，需要对模型进行配置。这是通过 compile 方法完成的。我们必须明确：

❑ 一种训练神经网络的优化算法。我们可以从 tf.keras.optimizers 模块中传递一个优化器实例。例如，我们可以使用 tf.keras.optimizers.RMSprop 或 'RMSprop' 的实例，这是一个实现 RMSprop 算法的优化器。

❑ 一个被称为目标函数或优化评分函数的损失函数旨在最小化模型。它可以是一个现有的损失函数（例如 categorical_crossentropy 或 mse）、一个象征性的 TensorFlow 损失函数(tf.keras.losses.MAPE)或一个自定义的损失函数，它接受两个张量（真实张量和预测张量）作为输入，并为每个数据点返回一个标量。

❑ 用于判断模型性能的指标列表。这些指标在模型训练过程中没有使用。我们可以从 tf.keras.metrics 模块中传递字符串名称或可调用对象。

❑ 如果你想确保模型能够快速训练和评估，则可以将参数 run_eager 设置为 true。注意，图形是用 compile 方法完成的。

现在，我们将使用分类交叉熵损失的 Adam 优化器来编译模型，并显示精确度指标。具体代码如下：

```
model.compile(
```

```
        optimizer = "adam",
        loss = "categorical_crossentropy",
        metrics = ["accuracy"]
)
```

5. 生成 3 个包含 64 个随机值特征的玩具数据集,其中,一个用于训练模型(2 000 个样本),一个用于验证(500 个样本),还有一个用于测试(500 个样本)。代码如下:

```
data = np.random.random((2000, 64))
labels = np.random.random((2000, 10))
val_data = np.random.random((500, 64))
val_labels = np.random.random((500, 10))
test_data = np.random.random((500, 64))
test_labels = np.random.random((500, 10))
```

6. 在配置了模型之后,学习阶段从调用 fit(拟合)方法开始。training 配置由以下 3 个参数完成:

❑ 必须设置 epoch 的数量,也就是整个输入数据的迭代次数。

❑ 必须指定每个梯度的样本数量,称为 batch_ size 参数。请注意,如果样本总数不能被批处理整除,则最后一批可能会更小。

❑ 通过设置 validation_data 参数(输入和标签的元组)来指定验证数据集。这个数据集使得监控模型的性能变得很容易。在每个 epoch 结束时,以推断模式计算损失和度量。

现在,我们将通过调用 fit 方法在玩具数据集上训练模型:

```
model.fit(data, labels, epochs = 10, batch_size = 50,
          validation_data = (val_data, val_labels))
```

7. 在测试数据集中评估模型。我们将调用 model. evaluate 函数,在测试模式下预测模型的损失值和指标值。计算是分批完成的,它有 3 个重要的参数:输入数据、目标数据和批处理大小。model. evaluate 函数预测给定输入的输出,然后,计算度量函数(根据目标数据在 model. compile 中指定)和模型的预测,并将计算得到的度量值作为输出返回。代码如下:

```
model.evaluate(data, labels, batch_size = 50)
```

8. 用模型来做一个预测。tf. keras. Model. predict 方法只接受数据作为输入,并返回一个预测。下面是根据所提供的数据来实现推断最后一层的输出,并将输出作为 NumPy 数组:

```
result = model.predict(data, batch_size = 50)
```

由于随机生成了一个数据集,因此分析该模型的性能对该方法没有任何意义。

现在,让我们继续深入研究。

Keras 提供了 Sequential API 来创建由层的线性堆栈组成的模型。我们既可以将层实例列表作为数组传递给构造函数,也可以使用 add 方法。

Keras 提供了不同种类的图层,它们大多数共享一些常见的构造函数参数,如激活、kernel_initializer 和 bias_initializer,以及 kernel_regularizer 和 bias_regularizer。

请注意延迟构建模式:如果没有在第一层指定输入形状,那么模型将在第一次对某些输入数据调用模型时,或者在调用 fit、eval、predict 和 summary 等方法时构建。通过编译方法最终确定图形,该方法在学习阶段之前配置模型。然后,我们可以评估模型或做出预测。

3.4 使用 Keras Functional API

Keras Sequential API 在大多数情况下都非常适用于开发深度学习模型,但是,该API 有一些限制,比如线性拓扑,对此可以用 Functional API 来克服。请注意,许多高性能网络都是基于非线性拓扑结构的,如 Inception、ResNet 等。

Functional API 允许定义具有非线性拓扑、多个输入、多个输出、非顺序流的剩余连接以及共享和可重用层的复杂模型。

深度学习模型通常是一个有向无环图(Directed Acyclic Graph,DAG)。与 tf.keras.Sequential API 相比,Functional API 是一种构建层图和创建更灵活模型的方法。

本节将介绍创建 Functional 模型,使用可调用模型,操作复杂的图拓扑,共享层的主要方法,最后通过 Keras Sequential API 引入层"节点"的概念。

与之前一样,只需要像下面那样导入 TensorFlow 即可:

```
import tensorflow as tf
from tensorflow import keras
from keras.layers import Input, Dense, TimeDistributed
import keras.models
```

制作一个识别手写数字 MNIST 数据集的 Functional 模型,将从灰度图像中预测手写数字。

Ⅰ. 创建一个 Functional 模型

1. 加载 MNIST 数据集,代码如下:

```
mnist = tf.keras.datasets.mnist
(X_mnist_train, y_mnist_train), (X_mnist_test, y_mnist_test) = mnist.load_data()
```

2. 创建一个 28×28 维形状的输入节点。记住,在 Keras 中,输入层不是一层,而是一个张量,我们必须指定第一层的输入形状。这个张量必须与训练数据的形状相同。默认情况下,Keras 模型被定义为支持任何批处理大小,因此批处理大小不是强制的。Input()用于实例化 Keras 张量。代码如下:

```
inputs = tf.keras.Input(shape = (28,28))
```

3. 使用以下命令关注大小为(28,28)的图像,将产生一个 784 像素的数组。代码如下:

```
flatten_layer = keras.layers.Flatten()
```

4. 通过在输入对象上调用扁平化层在层的图中添加一个新节点:

```
flatten_output = flatten_layer(inputs)
```

"层调用"动作就像从输入到扁平化层绘制一个箭头。我们将输入"传递"到 flatten 层,结果它产生输出。层实例是可调用的(对一个张量来说),并返回一个张量。

5. 创建一个新的层实例:

```
dense_layer = tf.keras.layers.Dense(50, activation = 'relu')
```

6. 添加一个新节点:

```
dense_output = dense_layer(flatten_output)
```

7. 为了建立一个模型,需要叠加多个层。在这个例子中,我们将添加另一个密集层来完成 10 个类之间的分类任务:

```
predictions = tf.keras.layers.Dense(10, activation = 'softmax')(dense_output)
```

8. 输入张量和输出张量用来定义一个模型。模型是一个或多个输入层和一个或多个输出层的函数。模型实例形式化了数据如何从输入流到输出的计算图。代码如下:

```
model = keras.Model(inputs = inputs, outputs = predictions)
```

9. 打印结果,代码如下:

```
model.summary()
```

10. 结果如图 3.1 所示。

11. 这种模型可以通过 Keras Sequential 模型中使用的相同的编译、拟合、评估和

```
Model: "functional_1"

Layer (type)                Output Shape              Param #
=================================================================
input_1 (InputLayer)        [(None, 28, 28)]          0

flatten (Flatten)           (None, 784)               0

dense (Dense)               (None, 50)                39250

dense_1 (Dense)             (None, 10)                510
=================================================================
Total params: 39,760
Trainable params: 39,760
Non-trainable params: 0
```

图 3.1   模型结果

预测方法进行训练和评估。代码如下：

```
model.compile(optimizer = 'sgd',
              loss = 'sparse_categorical_crossentropy',
              metrics = ['accuracy'])
model.fit(X_mnist_train, y_mnist_train,
          validation_data = (X_mnist_train, y_mnist_train),
          epochs = 10)
```

在这里,我们使用 Functional API 构建了一个模型。

Ⅱ. 使用可调用的模型,例如层

让我们深入了解一下带有可调用模型的 Functional API 的细节。

1. 使用 Functional API 可以很容易地重用经过训练的模型:通过对一个张量调用,任何模型都可以被视为一层。我们将 3.3 节定义的模型重用为层来查看它的运行情况。该模型是 10 个类别的分类器,返回 10 个概率,即每个类别 1 个。它被称为 10 路软最大值。因此,通过调用上面定义的模型,可预测 10 个类中的每个输入。代码如下:

```
x = Input(shape = (784,))
# y will contain the prediction for x
y = model(x)
```

 请注意,通过调用一个模型,不仅重用了模型架构,而且重用了它的权重。

2. 如果我们面临序列问题,那么使用 Functional API 创建模型将变得非常容易。例如,我们希望处理由许多图像组成的视频,而不是处理一张图像。可以使用 Time-

Didistributed 层包装器将图像分类模型转换为视频分类模型,只需要一行代码即可。该包装器将我们之前的模型应用于输入序列的每个时间片,或者换句话说,应用于视频的每个图像。

```
from keras.layers import TimeDistributed

# Input tensor for sequences of 50 timesteps,
# Each containing a 28x28 dimensional matrix.
input_sequences = tf.keras.Input(shape = (10, 28, 28))

# We will apply the previous model to each sequence so one for each timestep.
# The MNIST model returns a vector with 10 probabilities (one for each digit).
# The TimeDistributed output will be a sequence of 50 vectors of size 10.
processed_sequences = tf.keras.layers.TimeDistributed(model)(input_ sequences)
```

我们已经看到,模型像层一样可以调用。现在,将学习如何创建复杂的非线性拓扑模型。

Ⅲ. 创建具有多个输入和输出的模型

Functional API 使得操作大量交织的数据流变得容易,这些数据流具有多个输入和输出以及非线性连接拓扑。这些不能用 Sequential API 处理,因为它不能创建一个没有顺序连接或多个输入或输出的层的模型。

现在来看一个例子。建立一个系统来预测特定房子的价格和出售前的时间。

该模型将有两个输入:

❏ 关于房子的数据,如卧室的数量、房子的大小、空调、是否安装厨房等;

❏ 房子最近的照片。

这个模型将有两个输出:

❏ 销售前经过的时间(两类:慢速或快速);

❏ 预计价格。

1. 为了构建这个系统,首先构建第一个块来处理关于房子的表格数据。

```
house_data_inputs = tf.keras.Input(shape = (128,), name = 'house_data')
x = tf.keras.layers.Dense(64, activation = 'relu')(house_data_inputs)
block_1_output = tf.keras.layers.Dense(32, activation = 'relu')(x)
```

2. 构建第二个块来处理房屋图像数据。

```
house_picture_inputs = tf.keras.Input(shape = (128,128,3), name = 'house_picture')
x = tf.keras.layers.Conv2D(64, 3, activation = 'relu', padding = 'same')
(house_picture_inputs)
x = tf.keras.layers.Conv2D(64, 3, activation = 'relu', padding = 'same')(x)
block_2_output = tf.keras.layers.Flatten()(x)
```

3. 通过连接将所有可用的特性合并成一个大向量。

```
x = tf.keras.layers.concatenate([block_1_output, block_2_output])
```

4. 在特征的基础上对价格进行逻辑回归预测。

```
price_pred = tf.keras.layers.Dense(1, name = 'price',activation = 'relu')(x)
```

5. 把时间分类器放在特征上面。

```
time_elapsed_pred = tf.keras.layers.Dense(2, name = 'elapsed_time',
activation = 'softmax')(x)
```

6. 构建模型。

```
model = keras.Model([house_data_inputs, house_picture_inputs],
                    [price_pred, time_elapsed_pred],
                    name = 'toy_house_pred')
```

7. 绘制模型。

```
keras.utils.plot_model(model, 'multi_input_and_output_model.png',
show_shapes = True)
```

8. 这将产生如图 3.2 所示的输出。

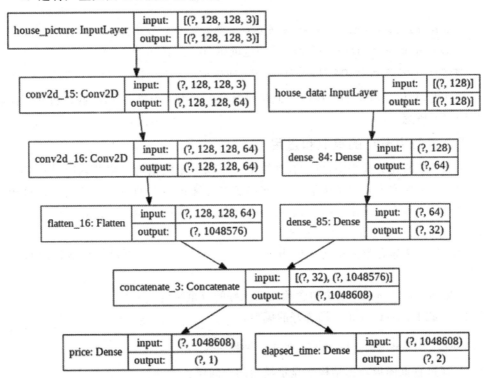

图 3.2　具有多个输入和输出的模型示意图

在这里,使用具有多个输入和输出的 Functional API 创建了一个复杂的模型,该模型用于预测特定房屋的价格和出售前经过的时间。下面,我们将引入共享层的概念。

Ⅳ. 共享层

有些模型在其体系结构中多次重用同一层。这些层实例学习与层图中多条路径对应的特性。共享层通常用于对来自相似空间的输入进行编码。

为了跨不同的输入共享一个层(权重和所有),我们只需实例化该层一次,即可在我们想要的任何输入上调用它。

考虑两种不同的文本序列,并对这两个具有相似词汇表的序列应用相同的嵌入层。代码如下:

```
# Variable-length sequence of integers
text_input_a = tf.keras.Input(shape=(None,), dtype='int32')

# Variable-length sequence of integers
text_input_b = tf.keras.Input(shape=(None,), dtype='int32')

# Embedding for 1000 unique words mapped to 128-dimensional vectors
shared_embedding = tf.keras.layers.Embedding(1000, 128)

# Reuse the same layer to encode both inputs
encoded_input_a = shared_embedding(text_input_a)
encoded_input_b = shared_embedding(text_input_b)
```

在这里,我们学习了如何在同一个模型中多次重用一个层。下面,我们将介绍提取和重用层的概念。

Ⅴ. 层图中节点的提取和重用

在 3.2 节所述的教程中,可以看到层是一个以一个张量为参数并返回另一个张量的实例。一个模型由几层实例组成,这些层实例是通过它们的层输入和输出张量相互链接的对象。每次实例化一层,该层的输出就是一个新的张量。通过在层中添加一个"节点",将输入和输出张量联系起来。

层图是一个静态数据结构。使用 Keras Functional API,可以轻松地访问和检查模型。

tf.keras.application 模块包含预先训练好的权重结构。

1. 下载 ResNet 50 预先训练好的模型:

```
resnet = tf.keras.applications.resnet.ResNet50()
```

2. 通过查询图形数据结构来显示模型的中间层:

```
intermediate_layers = [layer.output for layer in resnet.layers]
```

3．通过查询图形数据结构来显示模型的前 10 个中间层：

```
intermediate_layers[:10]
```

4．这将产生以下输出：

```
[ <tf.Tensor 'input_7:0' shape = (None, 224, 224, 3) dtype = float32>,
  <tf.Tensor 'conv1_pad/Pad:0' shape = (None, 230, 230,3)
dtype = float32>,
  <tf.Tensor 'conv1_conv/BiasAdd:0' shape = (None, 112, 112,64)
dtype = float32>,
  <tf.Tensor 'conv1_bn/cond/Identity:0' shape = (None, 112, 112,64)
dtype = float32>,
  <tf.Tensor 'conv1_relu/Relu:0' shape = (None, 112, 112,64)
dtype = float32>,
  <tf.Tensor 'pool1_pad/Pad:0' shape = (None, 114, 114,64)
dtype = float32>,
  <tf.Tensor 'pool1_pool/MaxPool:0' shape = (None, 56, 56, 64)
dtype = float32>,
  <tf.Tensor 'conv2_block1_1_conv/BiasAdd:0' shape = (None, 56, 56,64)
dtype = float32>,
  <tf.Tensor 'conv2_block1_1_bn/cond/Identity:0' shape = (None, 56, 56,
64) dtype = float32>,
  <tf.Tensor 'conv2_block1_1_relu/Relu:0' shape = (None, 56, 56, 64)
dtype = float32> ]
```

5．选择所有的特性层。这将在第 8 章详细介绍。

```
feature_layers = intermediate_layers[:-2]
```

6．重用这些节点来创建我们的特征提取模型：

```
feat_extraction_model = keras.Model(inputs = resnet.input,
outputs = feature_layers)
```

深度学习模型的一个有趣的好处是，它可以部分或全部用于类似的预测建模问题。这种技术被称为"迁移学习"：它通过减少训练时间和模型在相关问题上的性能进而显著改善训练阶段的效果。

新的模型架构基于预先训练的模型的一个或多个层。预训练模型的权重可以作为训练过程的起点。它们可以是固定的，也可以是微调的，或者是在学习阶段完全适应的。实现迁移学习的两种主要方法是权值初始化和特征提取。别担心，我们将在本书后续章节详细介绍。

在这里，我们加载了一个基于 VGG19 架构的预训练模型，并且从这个模型中提取了节点，同时在一个新模型中重用了它们。

它是如何工作的

Keras Sequential API 适用于绝大多数情况,但仅限于创建逐层模型。Functional API 更加灵活,允许提取和重用节点、共享层以及创建具有多个输入和多个输出的非线性模型。注意,许多高性能网络都是基于非线性拓扑结构的。

在这里,我们已经学习了如何使用 Keras Functional API 构建模型,使用与 Keras Sequential 模型相同的编译、拟合、评估和预测方法对这些模型进行训练和评估。

我们还了解了如何将训练好的模型作为一个层重用,如何共享层,以及如何提取和重用节点。其中,最后一种方法在迁移学习技术方面被用于加速训练和提高表现。

更 多

因为我们可以访问每一层,所以用 Keras Functional API 构建的模型具有一定的特性,如模型绘图、整个模型保存等。

使用 Functional API 构建的模型可能会很复杂,所以这里有一些建议,可以避免在这个过程中出现的一些问题:

➢ 给层命名:当显示模型图的摘要和绘图时,这将非常有用。

➢ 独立的子模型:将每个子模型看作是一个乐高积木,然后在最后与其他的结合在一起。

➢ 检查层摘要:使用 summary 方法检查每一层的输出。

➢ 查看图表:使用图表方法来显示和检查层之间的连接。

➢ 变量名一致:输入和输出层使用相同的变量名。它避免了复制-粘贴错误。

3.5 使用 Keras Subclassing API

Keras 是基于面向对象的设计原则,因此,可以继承 Model 类并创建模型体系结构。

Keras Subclassing API 是 Keras 提出的建立深度神经网络模型的第三种方法。该 API 是完全可定制的,但是这种灵活性也带来了复杂性!所以,请注意,它比 Sequential API 或 Functional API 更难使用。

但你可能想知道,既然该 API 如此难以使用,那我们为什么还需要它呢?这是因为一些模型架构和一些自定义层可能非常具有挑战性,而一些研究人员和开发人员又希望完全控制它们的模型和训练它们的方式,恰巧 Subclassing API 提供了这些特性。下面将详细介绍 Subclassing API。

准　备

在这里,我们将介绍使用 Keras Subclassing API 创建自定义层和自定义模型的主要方法。

首先,加载 TensorFlow,如下所示:

```
import tensorflow as tf
from tensorflow import keras
```

怎么做

让我们从创建图层开始。

Ⅰ. 创建自定义层

正如在 3.2 节中解释的那样,Keras 通过它的分层 API 提供了各种内置层,如密集层、卷积层、循环层和规范化层。

所有层都是 Layer 类的子类,并实现以下方法:

➤ 构建方法,它定义层的权重。

➤ 调用方法,它指定由层完成的从输入到输出的转换。

➤ 如果层修改了输入的形状,则使用 compute_output_shape 方法。这里允许 Keras 执行自动形状推断。

➤ 如果层被序列化和反序列化,则使用 get_config()和 from_config()方法。

1. 为自定义密集层创建一个子类:

```
class MyCustomDense(tf.keras.layers.Layer):
    # Initialize this class with the number of units
    def init (self, units):
        super(MyCustomDense, self). init ()
        self.units = units


    # Define the weights and the bias
    def build(self, input_shape):
        self.w = self.add_weight(shape = (input_shape[ - 1], self.units),
                           initializer = 'random_normal',
                           trainable = True)
        self.b = self.add_weight(shape = (self.units,),
                           initializer = 'random_normal',
                           trainable = True)


    # Applying this layer transformation to the input tensor
    def call(self, inputs):
        return tf.matmul(inputs, self.w) + self.b
```

```
# Function to retrieve the configuration
def get_config(self):
    return {'units': self.units}
```

2. 使用上一步创建的 MyCustomDense 层创建一个模型：

```
# Create an input layer
inputs = keras.Input((12,4))

# Add an instance of MyCustomeDense layer
outputs = MyCustomDense(2)(inputs)

# Create a model
model = keras.Model(inputs, outputs)

# Get the model config
config = model.get_config()
```

3. 从配置文件中重新加载模型：

```
new_model = keras.Model.from_config(config,
                        custom_objects = {'MyCustomDense':
                        MyCustomDense})
```

在这里，我们已经创建了图层类，现在将创建模型。

Ⅱ. 创建自定义模型

通过继承 tf.keras.Model 类，可以构建一个完全可定制的模型。

我们在 init 方法中定义了层，通过实现 call 方法，可以完全地控制模型的前向传递。训练布尔参数可用于指定训练或推断阶段的不同行为。

1. 加载 MNIST 数据集，并对灰度进行归一化：

```
mnist = tf.keras.datasets.mnist
(X_mnist_train, y_mnist_train), (X_mnist_test, y_mnist_test) = mnist.load_data()

train_mnist_features = X_mnist_train/255
test_mnist_features = X_mnist_test/255
```

2. 创建一个子类 Model 来识别 MNIST 数据：

```
class MyMNISTModel(tf.keras.Model):
    def init (self, num_classes):
        super(MyMNISTModel, self). init (name = 'my_mnist_model')
        self.num_classes = num_classes

        self.flatten_1 = tf.keras.layers.Flatten()
```

```
        self.dropout = tf.keras.layers.Dropout(0.1)
        self.dense_1 = tf.keras.layers.Dense(50, activation = 'relu')

        self.dense_2 = tf.keras.layers.Dense(10, activation = 'softmax')

    def call(self, inputs, training = False):

        x = self.flatten_1(inputs)

        # Apply dropout only during the training phase
        x = self.dense_1(x)
        if training:
            x = self.dropout(x, training = training)
        return self.dense_2(x)
```

3. 实例化模型并处理训练：

```
my_mnist_model = MyMNISTModel(10)
# Compile
my_mnist_model.compile(optimizer = 'sgd',
                       loss = 'sparse_categorical_crossentropy',
                       metrics = ['accuracy'])
# Train
my_mnist_model.fit(train_features, y_train,
                   validation_data = (test_features, y_test),
                   epochs = 10)
```

它是如何工作的

Subclassing API 是深度学习实践者使用面向对象的 Keras 设计原则来构建层次或模型的一种方式。只有当你的模型无法使用 Sequential API 或 Functional API 实现时，我们才建议使用此 API。尽管这种方式实现起来可能很复杂，但在一些情况下它仍然有用，而且对于所有开发人员和研究人员来说，了解层和模型如何在 Keras 中重新实现是很有趣的。

3.6　使用 Keras Preprocessing API

Keras Preprocessing API 收集用于数据处理和数据增强的模块。此 API 提供了用于处理序列、文本和图像数据的实用程序。数据预处理是机器学习和深度学习的重要步骤，它将原始数据转换、变换或编码为可理解、有用和有效的算法学习格式。

准 备

本节将介绍一些 Keras 为序列、文本和图像数据提供的预处理方法。
与往常一样，我们只需要像下面那样导入 TensorFlow：

```
import tensorflow as tf
from tensorflow import keras
import numpy as np
from tensorflow.keras.preprocessing.sequence import TimeseriesGenerator,
pad_sequences, skipgrams, make_sampling_table
from tensorflow.keras.preprocessing.text import text_to_word_sequence, one_hot,
hashing_trick, Tokenizer
from tensorflow.keras.models import Sequential
from tensorflow.keras.layers import Dense
```

怎么做

让我们从序列数据开始。

Ⅰ. 序列预处理

序列数据是指与顺序有关的数据，例如文本或时间序列。时间序列是由一系列按时间排序的数据点定义的序列。

Ⅱ. 时间序列发生器

Keras 提供了用于预处理序列数据（如时间序列数据）的实用程序。它接收连续的数据点，并使用时间序列参数（如步幅、历史长度等）进行转换，以返回一个 TensorFlow 数据集实例。

1. 使用一个包含 10 个整数值的玩具时间序列数据集：

```
series = np.array([i for i in range(10)])
print(series)
```

2. 这将产生以下输出：

```
array([0, 1, 2, 3, 4, 5, 6, 7, 8, 9])
```

3. 想要从最近的 5 个延迟观测中预测下一个值。因此，定义一个长度参数为 5 的生成器，该参数指定输出序列在一些时间步中的长度：

```
generator = TimeseriesGenerator(data = series,
                                targets = series,
                                length = 5,
                                batch_size = 1,
                                shuffle = False,
                                reverse = False)
```

4. 我们希望为一个预测生成由 5 个滞后观测组成的样本,玩具时间序列数据集包含 10 个值。因此,生成的样本数为 5:

```
# number of samples
print('Samples: % d' % len(generator))
```

5. 显示每个样本的输入和输出,并检查数据是否准备良好:

```
for i in range(len(generator)):
    x, y = generator[i]
    print('% s => % s' % (x, y))
```

6. 这将产生以下输出:

```
[[0 1 2 3 4]] => [5]
[[1 2 3 4 5]] => [6]
[[2 3 4 5 6]] => [7]
[[3 4 5 6 7]] => [8]
[[4 5 6 7 8]] => [9]
```

7. 创建并编译一个模型:

```
model = Sequential()
model.add(Dense(10, activation = 'relu', input_dim = 5))
model.add(Dense(1))
model.compile(optimizer = 'adam', loss = 'mse')
```

8. 把生成器作为输入数据来训练模型:

```
model.fit(generator, epochs = 10)
```

使用深度学习方法为建模准备时间序列数据可能非常具有挑战性。但幸运的是,Keras 提供了一个生成器,可以帮助我们将单变量或多变量时间序列数据集转换为可用于训练模型的数据结构。该生成器提供了许多准备数据的选项,如洗选、采样率、起始偏移和结束偏移等。我们建议咨询 Keras 官方 API 以获得更多细节。

现在,我们将重点讨论如何为变长输入序列准备数据。

Ⅲ. 填充序列

在处理序列数据时,每个样本往往具有不同的长度。为了让所有序列都符合所需的长度,解决方案是填充它们。比定义的序列长度短的序列在每个序列的末尾(默认情况下)或开头用值填充;如果序列大于所需的长度,则序列将被截断。

1. 从以下 4 条语句开始:

```
sentences = [["What", "do", "you", "like", "?"],
             ["I", "like", "basket - ball", "!"],
             ["And", "you", "?"],
             ["I", "like", "coconut", "and", "apple"]]
```

2. 构建词汇表的查找表。创建两个字典,将单词转换为整数标识符,反之亦然。代码如下:

```
text_set = set(np.concatenate(sentences))
vocab_to_int = dict(zip(text_set, range(len(text_set))))
int_to_vocab = {vocab_to_int[word]:word for word in vocab_to_int.keys()}
```

3. 在构建词汇表查找表之后,把句子编码为整数数组。代码如下:

```
encoded_sentences = []
for sentence in sentences:
    encoded_sentence = [vocab_to_int[word]for word in sentence]
    encoded_sentences.append(encoded_sentence)
encoded_sentences
```

4. 这将产生以下输出:

[[8, 4, 7, 6, 0], [5, 6, 2, 3], [10, 7, 0], [5, 6, 1, 9, 11]]

5. 使用 pad_sequences()函数轻松地截断序列并将其填充为一个普通长度的序列。默认情况下激活预序列填充。代码如下:

```
pad_sequences(encoded_sentences)
```

6. 这将产生以下输出:

```
array([[ 8, 4, 7, 6, 0],
       [ 0, 5, 6, 2, 3],
       [ 0, 0, 10, 7, 0],
       [ 5, 6, 1, 9, 11]], dtype = int32)
```

7. 将激活后序列填充并将 maxlen 参数设置为所需的长度,这里是 7。代码如下:

```
pad_sequences(encoded_sentences, maxlen = 7)
```

8. 这将产生以下输出:

```
array([[ 0, 0, 8, 4, 7, 6, 0],
       [ 0, 0, 0, 5, 6, 2, 3],
       [ 0, 0, 0, 0, 10, 7, 0],
       [ 0, 0, 5, 6, 1, 9, 11]], dtype = int32)
```

9. 序列的长度也可以修剪到所需的长度,这里是 3。默认情况下,此函数从每个序列的开始处删除时间步。代码如下:

```
pad_sequences(encoded_sentences, maxlen = 3)
```

10. 这将产生以下输出:

```
array([[ 7, 6, 0],
       [ 6, 2, 3],
```

```
     [10,7,0],
     [ 1,9,11]], dtype = int32)
```

11. 将 truncating 参数设置为 post,从每个序列的末尾删除时间步。代码如下:

```
pad_sequences(encoded_sentences, maxlen = 3,truncating = 'post')
```

12. 这将产生以下输出:

```
array([[ 8,4,7],
       [ 5,6,2],
       [10,7,0],
       [ 5,6,1]], dtype = int32)
```

当我们想要列表中的所有序列具有相同的长度时,填充是非常有用的。

下面将介绍一种非常流行的文本预处理技术。

Ⅳ. Skip–grams

Skip–grams 是自然语言处理中的一种无监督学习技术,它会为一个给定的单词找到最相关的单词,并预测这个单词的上下文单词。

Keras 提供了 skipgrams 预处理函数,它接受一个整数编码的单词序列,并返回所定义窗口中每对单词的相关性。如果这对单词是相关的,那么样本是正的,并且关联的标签设置为 1;否则,该样本被认为是负的,标签设置为 0。

一个例子胜过千言万语,所以这里以"I like coconut and apple"为例,选择第一个单词作为"上下文单词",并将窗口大小设置为 2。将上下文单词"I"与指定窗口中覆盖的单词配对,所以我们有两对单词(I, like)和(I, coconut),它们都等于 1。具体步骤如下:

1. 将句子编码为单词索引列表:

```
sentence = "I like coconut and apple"
encoded_sentence = [vocab_to_int[word] for word in sentence.split()]
vocabulary_size = len(encoded_sentence)
```

2. 调用窗口大小为 1 的 skipgrams 函数:

```
pairs, labels = skipgrams(encoded_sentence,
                          vocabulary_size,
                          window_size = 1,
                          negative_samples = 0)
```

3. 打印结果:

```
for i in range(len(pairs)):
    print("({:s} , {:s} ) ->{:d}".format(
        int_to_vocab[pairs[i][0]],
        int_to_vocab[pairs[i][1]],
```

```
        labels[i]))
```

4．这将产生以下输出：

（coconut，and）->1

（apple，！）->0

（and，coconut）->1

（apple，and）->1

（coconut，do）->0

（like，I）->1

（and，apple）->1

（like，coconut）->1

（coconut，do）->0

（I，like）->1

（coconut，like）->1

（and，do）->0

（like，coconut）->0

（I，！）->0

（like，！）->0

（and，coconut）->0

注意，非单词由词汇表中的索引 0 定义，将被跳过。建议读者参考 Keras API 来找到更多关于填充的细节。

下面将介绍一些对文本数据进行预处理的技巧。

V．文本预处理

在深度学习中，我们无法将原始文本直接输入网络，必须将文本编码为数字，并提供整数作为输入。我们的模型将生成整数作为输出，并提供对文本输入进行预处理的实用程序。

VI．将文本拆分为单词序列

Keras 提供了 text_to_word_sequence 方法，它将一个序列转换为单词或标记的列表。

1．设置下述语句：

sentence = "I like coconut，I like apple"

2．调用将句子转换为单词列表的方法。默认情况下，此方法在空白上分割文本。代码如下：

text_to_word_sequence(sentence, lower = False)

3．这将产生以下输出：

['I', 'like', 'coconut', 'I', 'like', 'apple']

4. 现在,将小写参数设置为 True,则文本将被转换为小写:

```
text_to_word_sequence(sentence, lower = True, filters = [])
```

5. 这将产生以下输出:

```
['i', 'like', 'coconut', ',', 'i', 'like', 'apple']
```

注意,默认情况下,filter 参数会过滤掉一组字符,比如标点符号。在上次代码执行中,我们删除了所有预定义的筛选器。

让我们继续用一种方法来对单词或分类特征进行编码。

Ⅶ. Tokenizer

Tokenizer 类是用于文本标记化的实用工具类。这是深度学习中首选的文本准备方法。该类接受输入:

➢ 保留的最大字数。根据词频,只保留最常见的单词。

➢ 要过滤掉的字符列表。

➢ 一个布尔值,用于将文本转换为小写或非小写。

➢ 用于分词的分隔符。

1. 设置下述语句:

```
sentences = [["What", "do", "you", "like", "?"],
             ["I", "like", "basket-ball", "!"],
             ["And","you", "?"],
             ["I", "like", "coconut", "and", "apple"]]
```

2. 创建一个 Tokenizer 实例,并将其与前面的句子匹配:

```
# create the tokenizer
t = Tokenizer()
# fit the tokenizer on the documents
t.fit_on_texts(sentences)
```

3. Tokenizer 赋予器创建关于文档的几条信息。我们可以得到一个包含每个单词计数的字典。代码如下:

```
print(t.word_counts)
```

4. 产生结果如下:

```
OrderedDict([('what', 1), ('do', 1), ('you', 2), ('like', 3), ('? ',2), ('i', 2),
('basket-ball', 1), ('! ', 1), ('and', 2), ('coconut',1), ('apple', 1)])
```

5. 我们还可以得到一个包含每个单词在其中出现的文档数的字典:

```
print(t.document_count)
```

6. 产生结果如下:

4

7. 字典包含每个单词的唯一整数标识符：

```
print(t.word_index)
```

8. 产生结果如下：

```
{'like': 1, 'you': 2, '？': 3, 'i': 4, 'and': 5, 'what': 6, 'do': 7,
'basket－ball': 8, '！': 9, 'coconut': 10, 'apple': 11}
```

9. 用于匹配 Tokenizer 的唯一文档数，代码如下：

```
print(t.word_docs)
```

10. 产生结果如下：

```
defaultdict( <class 'int'> , {'do': 1, 'like': 3, 'what': 1, 'you': 2,'？': 2, '！': 1,
'basket－ball': 1, 'i': 2, 'and': 2, 'coconut': 1,'apple': 1})
```

11. 已经准备好对文档进行编码。这要感谢 texts_to_matrix()函数,该函数提供了 4 种不同的文档编码方案来计算每个标记的系数。

让我们从二进制模式开始,该模式返回每个标记在文档中是否存在。

```
t.texts_to_matrix(sentences, mode = 'binary')
```

12. 产生结果如下：

```
[[0. 1. 1. 1. 0. 0. 1. 1. 0. 0. 0. 0.]
 [0. 1. 0. 0.1. 0. 0. 0. 1. 1. 0. 0.]
 [0. 0. 1. 1. 0. 1. 0. 0. 0. 0. 0. 0.]
 [0. 1. 0. 0. 1. 1. 0. 0. 0. 0. 1. 1.]]
```

13. Tokenizer API 提供了另一种基于单词计数的模式,它返回文档中每个单词的计数：

```
t.texts_to_matrix(sentences, mode = 'count')
```

14. 产生结果如下：

```
[[0. 1. 1. 1. 0. 0. 1. 1. 0. 0. 0. 0.]
 [0. 1. 0.0. 1. 0. 0. 0. 1. 1. 0. 0.]
 [0. 0. 1. 1. 0. 1. 0. 0. 0. 0. 0. 0.]
 [0. 1. 0. 0. 1. 1. 0. 0. 0. 0. 1. 1.]]
```

注意,我们还可以使用 tfidf 模式或频率模式,其中,第一个模式返回每个单词的词频-逆文档频率得分,第二个模式返回文档中每个单词出现的频率与文档中单词总数相关的比例。

Tokenizer API 适用于训练数据集,并在训练、验证和测试数据集中对文本数据进行编码。

这里还介绍了一些在训练和预测之前准备文本数据的技术。下面将介绍如何准备和增强图像。

Ⅷ. 图像预处理

数据预处理模块为图像数据的实时数据增强提供了一套工具。在深度学习中，神经网络的性能通常通过训练数据集中可用的示例数量来提高。Keras preprocessing API 中的 ImageDataGenerator 类允许从训练数据集创建新数据。它并不适用于验证或测试数据集，因为它的目的是用可信的新图像扩展训练数据集中的示例数量。这种技术被称为数据增强。注意，不要将数据准备与数据规范化或图像调整混淆，后者应用于与模型交互的所有数据。数据增强包括来自图像处理领域的许多转换，如旋转、水平和垂直移动、水平和垂直翻转、亮度等。

根据要实现的任务不同，策略也可能不同。例如，在包含手写数字图像的 MNIST 数据集中，应用水平翻转是没有意义的。除了数字 8 以外，这种转换是不合适的。

对于婴儿照片来说，应用这种类型的变换是有意义的，因为图像可能是从左边或右边拍摄的。

1. 让我们将理论付诸于行动，并对 CIFAR10 数据集执行数据扩充。我们将从下载 CIFAR 数据集开始。

```
# Load CIFAR10 Dataset
(x_cifar10_train, y_cifar10_train),(x_cifar10_test, y_cifar10_test)
= tf.keras.datasets.cifar10.load_data()
```

2. 现在，创建一个图像数据生成器，应用水平翻转，在 0 和 15 之间进行随机旋转，并在宽度和高度上移动 3 个像素。代码如下：

```
datagen = tf.keras.preprocessing.image.ImageDataGenerator(
    rotation_range = 15,
    width_shift_range = 3,
    height_shift_range = 3,
    horizontal_flip = True)
```

3. 在 train 数据集上创建一个迭代器。代码如下：

```
it = datagen.flow(x_cifar10_train, y_cifar10_train, batch_size = 32)
```

4. 创建一个模型并编译它。代码如下：

```
model = tf.keras.models.Sequential([
    tf.keras.layers.Conv2D(filters = 32, kernel_size = 3, padding = "same",
activation = "relu", input_shape = [32, 32, 3]),
    tf.keras.layers.Conv2D(filters = 32, kernel_size = 3, padding = "same",
activation = "relu"),
    tf.keras.layers.MaxPool2D(pool_size = 2),
    tf.keras.layers.Conv2D(filters = 64, kernel_size = 3, padding = "same",
```

```
                  activation = "relu"),
        tf.keras.layers.Conv2D(filters = 64, kernel_size = 3, padding = "same",
                  activation = "relu"),
        tf.keras.layers.MaxPool2D(pool_size = 2),
        tf.keras.layers.Flatten(),
        tf.keras.layers.Dense(128, activation = "relu"),
        tf.keras.layers.Dense(10, activation = "softmax")
])
model.compile(loss = "sparse_categorical_crossentropy",
              optimizer = tf.keras.optimizers.SGD(lr = 0.01),
              metrics = ["accuracy"])
```

5. 通过调用拟合方法进行训练。请注意设置 step_per_ epoch 参数,它指定包含一个 epoch 的样本批次的数量。代码如下:

```
history = model.fit(it, epochs = 10,
                    steps_per_epoch = len(x_cifar10_train) /32,
                    validation_data = (x_cifar10_test,
                                       y_cifar10_test))
```

使用图像数据生成器,通过创建新图像扩展原始数据集的大小。有了更多的图像,深度学习模式的训练就可以得到改善了。

它是如何工作的

Keras Preprocessing API 允许对神经网络的数据进行转换、编码和扩展。它使处理序列、文本和图像数据更加容易。

首先,介绍了 Keras Sequential Preprocessing API,并且使用时间序列生成器将单变量或多变量时间序列数据集转换为准备训练模型的数据结构。然后,关注可变长度输入序列的数据准备,也就是填充,并且用跳码技术完成了第一部分,它为给定的单词找到最相关的单词,并预测该单词的上下文单词。接下来,介绍了 Keras Text Preprocessing API,它提供了处理自然语言的完整解决方案,并且介绍了如何将文本拆分为单词,并使用二进制、单词计数、tfidf 或频率模式对单词进行标记。最后,重点介绍了使用 ImageDataGenerator 的 Image Preprocessing API,这在增加训练数据集的大小和处理图像方面是一个真正的优势。

第4章　线性回归

线性回归可能是统计学、机器学习和一般科学中最重要的算法之一。它是应用最广泛的算法之一,理解如何实现它和它的各种风格是非常重要的。线性回归与许多其他算法相比,其中的一个优点就是它的可解释性很强。每个特征最终都会得到一个数字(一个系数),这个数字将直接表示该特征是如何影响目标(所谓的因变量)的。

例如,如果你必须预测一所房子的销售价值,并且你获得了包含房屋特征(例如地块大小、房屋质量和条件的指标以及与市中心的距离)的历史销售数据集,那么你就可以很容易地应用线性回归。你可以在几个步骤中获得一个可靠的估计器,得到的模型很容易理解,并且很容易向其他人解释。事实上,线性回归首先估计一个基线值,称为截距,然后为每个特征估计一个乘法系数。每一个系数都可以将每一个特征转化为预测的正负部分。通过将基线和所有系数转换特征相加,就可以得到最终的预测结果。因此,在房屋销售价格预测问题中,你可以得到一个正的系数,代表房屋面积越大,售价越高;也可以得到一个负的系数,代表离市中心的距离,表明位于郊区的房产市场价值较低。

用 TensorFlow 计算这类模型是快速的,它适用于大数据,而且更容易投入生产,因为它将通过检查权重向量得到一般的解释。

本章将介绍如何通过 Estimator 或 Kera 在 TensorFlow 中实现线性回归的方法,然后继续提供更实用的解决方案。事实上,本章将解释如何使用不同的损失函数来调整它,如何正则化系数以实现模型中的特征选择,并且如何在分类、非线性问题以及具有大量类别变量(高基数意味着具有许多唯一值的变量)的情况下使用回归。

　记住,所有的代码都可以在 GitHub 上找到:https://github.com/PacktPublishing/Machine-Learning-Using- TensorFlow-Cookbook。

本章将介绍涉及线性回归的内容。在使用 TensorFlow 范式实现标准线性回归和变量之前,先从用矩阵求解线性回归的数学公式开始。现在将讨论以下主题:

➢ 学习 TensorFlow 回归方法;
➢ 将 Keras 模型转换为 Estimator;
➢ 理解线性回归中的损失函数;
➢ 实现 Lasso 和 Ridge 回归;
➢ 实现逻辑回归;
➢ 使用非线性解决方案;
➢ 使用 Wide & Deep 模型。

在本章结束时,你会发现使用 TensorFlow 创建线性模型(以及一些非线性模型)

是很容易的。

4.1　学习利用 TensorFlow 进行线性回归

线性回归中的统计方法,利用矩阵和数据分解的方法,都是非常强大的。在任何情况下,TensorFlow 都有另一种方法用来得到回归问题中的斜率和截距的系数。TensorFlow 可以迭代地解决这样的问题,也就是说,逐渐地学习将损失最小化的最佳线性回归参数,就像我们在前几章的教程中看到的那样。

一个有趣的事实是,利用 TensorFlow 处理回归问题时,实际上不需要从头开始写所有的代码:Estimator 和 Keras 可以帮助你做到这一点。估计器可以在 tf.estimator 中找到,这是 TensorFlow 中的一个高级 API。

在 TensorFlow 1.3 中引入了 Estimator(参见 https://github.com/tensorflow/tensorflow/releases/tag/v1.3.0-rc2),作为"Canned Estimator",预先制作的特定程序(如回归模型或基本神经网络)被用来简化训练、评估、预测和导出模型。使用预先制作的过程有助于以更简单、更直观的方式进行开发,将低级 API 留给定制或研究解决方案(例如,当你想测试在论文中找到的解决方案或当你的问题需要完全定制的方法时)。此外,Estimator 可以很容易地部署在 CPU、GPU 或 TPU 上,也可以部署在本地主机或分布式多服务器环境上,而无需对模型进行任何进一步的代码更改,使它们适合于准备生产的用例。这就是为什么 Estimator 绝对不会很快从 TensorFlow 中消失的原因,即使 Keras 是 TensorFlow 2.x 的主要高级 API。相反,越来越多的支持和开发将在 Keras 和 Estimator 之间进行集成,你很快就会意识到,在我们的教程中,你可以非常容易地将 Keras 模型转化为自己的自定义 Estimator。

Estimator 模型的开发包括 4 个步骤:

1. 使用 tf.data 函数来获得数据;
2. 实例化特性列;
3. 实例化并训练 Estimator;
4. 评估模型性能。

在我们的教程中将探索这 4 个步骤,并为每个步骤提供可重用的解决方案。

准　备

本章将循环遍历数据点的批次,并让 TensorFlow 更新斜率和 y 轴截距,同时将使用 Boston Housing 数据集,而不是重新生成数据。

Boston Housing 数据集源自 Harrison D. 和 Rubinfeld 的论文,Boston Housing 数据集可以在许多分析包(例如在 scikit-learn 中)、UCI 机器学习库中,以及原始 StatLib 存档(http://lib.stat.cmu.edu/datasets/boston)中找到。它是回归问题的经典数据集,但不是微不足道的数据集。例如,样品是有序的,当你进行列车/测试分离时,如果你不随机打乱示例,就可能会产生无效和有偏差的模型。

具体来说,该数据集由 1970 年波士顿 506 个人口普查区组成,其中包含 21 个变量,这些变量可能涉及影响房地产价值的各个方面。目标变量是房屋的货币价值中位数,以千美元表示。在可用的特征中,有许多明显的特征,如房间数量、建筑的年代和社区的犯罪率,还有一些不那么明显的特征,如污染浓度、附近学校的可用性、通往高速公路的途径以及与就业中心的距离。

回到我们的解决方案。具体地说,我们将找到一个最优的特征,这将帮助我们估计波士顿的房价。在 4.2 节讨论不同损失函数对这个问题的影响之前,我们还将介绍如何从 Keras 函数开始在 TensorFlow 中创建一个回归估计器,这为解决不同的问题提供了重要的自定义功能。

怎么做

我们将按如下步骤进行。

首先加载必要的库,然后使用 pandas 函数加载内存中的数据。我们还将从目标(MEDV,房屋中值)中分离出预测因子,并将数据分成训练集和测试集:

```python
import tensorflow as tf
import numpy as np
import pandas as pd
import tensorflow_datasets as tfds
tfds.disable_progress_bar()


housing_url = 'http://archive.ics.uci.edu/ml/machine-learning-databases/
housing/housing.data'
path = tf.keras.utils.get_file(housing_url.split("/")[-1], housing_url)


columns = ['CRIM', 'ZN', 'INDUS', 'CHAS', 'NOX', 'RM', 'AGE',
           'DIS', 'RAD', 'TAX', 'PTRATIO', 'B','LSTAT', 'MEDV']
data = pd.read_table(path, delim_whitespace = True,
                     header = None, names = columns)


np.random.seed(1)
train = data.sample(frac = 0.8).copy()
y_train = train['MEDV']
train.drop('MEDV', axis = 1, inplace = True)


test = data.loc[~data.index.isin(train.index)].copy()
y_test = test['MEDV']
test.drop('MEDV', axis = 1, inplace = True)
```

其次,为教程声明两个关键函数:

> ➢ make_input_fn：这是一个创建 tf. data 数据集的函数。它可以将 pandas Data-Frame 数据集转换为 pandas Series 的 Python 字典（特征是键，值是特征向量）。它还提供批量大小定义和随机洗牌。

> ➢ define_feature_columns：这是一个将每个列名映射到特定 tf. feature_column 的函数。tf. feature_column 是一个 TensorFlow 模块（https：//www. tensorflow. org/api_docs/python/tf/feature_column），它提供的函数可以以合适的方式处理并输入到神经网络的任何类型的数据。

make_input_fn 函数用于实例化两个数据函数：一个用于训练（数据进行了洗牌，批大小为 256，并被设置为使用 1 400 个 epoch），另一个用于测试（设置为单个 epoch，没有洗牌，因此排序是原始的）。

define_feature_columns 函数用于使用 numeric_column 函数映射数值变量（https：//www. tensorflow. org/api_docs/python/tf/feature_column/numeric_column）以及使用 categorical_column_with_vocabulary_list 的分类（https：//www. tensorflow. org/api_docs/python/tf/feature_column/categorical_column_with_vocabulary_list）。两者都将向我们的 Estimator 发送如何以最佳方式处理此类数据的信号：

```python
learning_rate = 0.05
def make_input_fn(data_df, label_df, num_epochs = 10,
                  shuffle = True, batch_size = 256):

    def input_function():
        ds = tf.data.Dataset.from_tensor_slices((dict(data_df), label_df))
        if shuffle:
            ds = ds.shuffle(1000)
        ds = ds.batch(batch_size).repeat(num_epochs)
        return ds

    return input_function

def define_feature_columns(data_df, categorical_cols, numeric_cols):
    feature_columns = []

    for feature_name in numeric_cols:
        feature_columns.append(tf.feature_column.numeric_column(
            feature_name, dtype = tf.float32))

    for feature_name in categorical_cols:
        vocabulary = data_df[feature_name].unique()
        feature_columns.append(

tf.feature_column.categorical_column_with_vocabulary_list(
```

```
                              feature_name, vocabulary))
    return feature_columns
categorical_cols = ['CHAS', 'RAD']
numeric_cols = ['CRIM', 'ZN', 'INDUS', 'NOX', 'RM', 'AGE', 'DIS', 'TAX', 'PTRATIO', 'B', 'LSTAT']
feature_columns = define_feature_columns(data, categorical_cols, numeric_ cols)

train_input_fn = make_input_fn(train, y_train, num_epochs = 1400)
test_input_fn = make_input_fn(test, y_test, num_epochs = 1, shuffle = False)
```

最后,将实例化线性回归模型的 Estimator。我们只需回忆一下线性模型的公式,$y = aX + b$,这意味着截距值有一个系数,然后每个特征或特征转换都有一个系数(例如,分类数据是一次性编码的,所以变量的每个值都有一个单一的系数):

```
linear_est = tf.estimator.LinearRegressor(feature_columns = feature_columns)
```

现在,只需要训练模型并评估它的性能。使用的度量标准是均方根误差(越少越好):

```
linear_est.train(train_input_fn)
result = linear_est.evaluate(test_input_fn)

print(result)
```

以下是报告的结果:

```
INFO:tensorflow:Loss for final step:25.013594.
...
INFO:tensorflow:Finished evaluation at 2020 - 05 - 11 - 15:48:16
INFO:tensorflow:Saving dict for global step 2800: average_loss = 32.715736,
global_step = 2800, label/mean = 22.048513, loss = 32.715736, prediction/
mean = 21.27578
```

这里是一个如何查看模型是否对数据进行过拟合或欠拟合的好地方。如果我们的数据被分解成测试集和训练集,并且训练集上的性能更高,而测试集上的性能更低,那么我们就是在对数据进行过拟合;如果在测试集和训练集上的精度仍然在增加,那么模型就是欠拟合的,我们应该继续训练。

在我们的案例中,训练结束时平均损失为 25.0,而我们的测试平均值为 32.7,这意味着我们可能过度拟合了,应该减少训练迭代次数。

当 Estimator 训练数据与测试集结果进行比较时,可以将其性能可视化(见图 4.1)。这需要使用 TensorFlow 的可视化工具 TensorBoard(https://www.tensorflow.org/tensorboard/),本书后续章节将会详细介绍。

在任何情况下,你只需使用 4. Linear Regression with TensorBoard. ipynb notebook 而不是 4. Linear Regression. ipynb 版本即可复制可视化。两者都可以在本书的 GitHub 库中找到:https://github.com/PacktPublishing/。

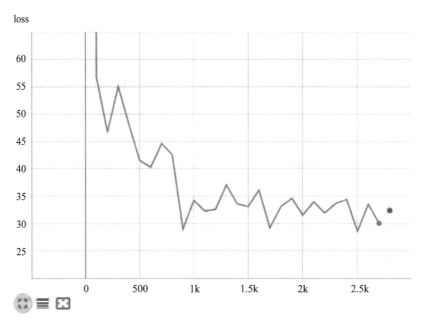

图 4.1 回归 Estimator 训练损失的 TensorBoard 可视化

可视化结果显示 Estimator 快速地拟合了问题,在 1 000 个观察批次之后达到了最优值。之后,Estimator 在达到的最小损失值附近振荡。以蓝点表示的测试性能接近最佳达到值,从而证明该模型的性能良好,即使例子不可视。

它是如何工作的

Estimator 调用适当的 TensorFlow 功能,从数据函数中筛选数据,并根据匹配的特性名称将数据转换为适当的形式。上述过程的整个工作使用 tf. feature_column 函数来实现,剩下的就是检查安装情况了。实际上,由 Estimator 找到的最优直线并不一定是最优拟合的直线。收敛到最优拟合线取决于迭代次数、批大小、学习速率和损失函数。随着时间的推移,观察损失函数是一个很好的实践,因为这可以帮助你排除问题或更改超参数。

更 多

如果你想提高线性模型的性能,那么交互作用可能是关键。这意味着你创造了两个变量之间的组合,并且这种组合与单独的特征相比,能够更好地解释目标。在 Boston Housing 数据集中,结合房屋的平均房间数和该地区低收入人口的比例,可以揭示更多关于社区类型的信息,并有助于推断该地区的住房价值。我们把这两者结合起来,只要把它们指向 tf. feature_ column. crossed_column 函数即可。Estimator 也会接收这些特性的输出,它会自动创建交互:

```
def create_interactions(interactions_list, buckets = 5):
    interactions = list()
    for (a, b) in interactions_list:
        interactions.append(tf.feature_column.crossed_column([a, b], hash_
bucket_size = buckets))
    return interactions


derived_feature_columns = create_interactions([['RM', 'LSTAT']])
linear_est = tf.estimator.LinearRegressor(feature_columns = feature_
columns + derived_feature_columns)
linear_est.train(train_input_fn)
result = linear_est.evaluate(test_input_fn)


print(result)
```

图 4.2 所示为有交互作用的回归模型的 TensorBoard 图。

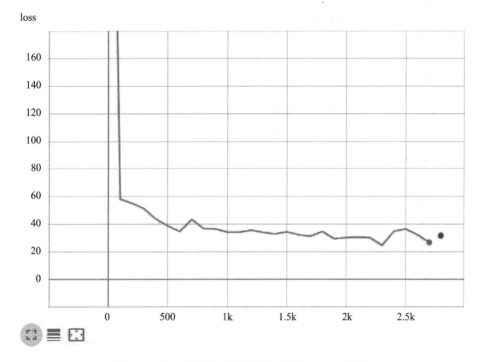

图 4.2 有交互作用的回归模型的 TensorBoard 图

观察现在的拟合是如何比以前更快、更稳定的,这表明我们为模型提供了更多的信息特性(交互)。

另一个有用的教程函数适用于处理预测:Estimator 将它们作为字典返回。一个简单的函数可以将所有内容转换为更有用的预测数组:

```
def dicts_to_preds(pred_dicts):
```

```
    return np.array([pred['predictions'] for pred in pred_dicts])
```

```
preds = dicts_to_preds(linear_est.predict(test_input_fn))
print(preds)
```

将预测结果作为数组将帮助你以比字典更方便的方式重用和导出结果。

4.2 将 Keras 模型转化为 Estimator

到目前为止,我们已经使用 tf.estimator 模块中的特定 Estimator 计算出了我们的线性回归模型。这是有明显优势的,因为我们的模型主要是自动运行的,我们可以轻松地以可伸缩的方式将它部署在云上(例如谷歌提供的谷歌云平台)和不同类型的服务器上(基于 CPU-、GPU-和 TPU-)。但是,使用 Estimator 可能会使我们的模型架构中缺乏数据问题所需的灵活性,而 Keras 模块化方法则提供了这种灵活性,我们在第3章中已经讨论过。在本教程中,我们将通过展示如何将 Keras 模型转换为 Estimator 来弥补这一点,同时利用 Estimator API 和 Keras 的通用性。

准　备

我们将使用与前一个教程中相同的 Boston Housing 数据集,同时还将使用 make_input_fn 函数。与之前一样,需要导入核心包:

```
import tensorflow as tf
import numpy as np
import pandas as pd
import tensorflow_datasets as tfds
tfds.disable_progress_bar()
```

我们还需要从 TensorFlow 导入 Keras 模块,代码如下:

```
import tensorflow.keras as keras
```

导入 tf.keras as keras 可以使你轻松重用以前使用独立 keras 包编写的任何脚本。

怎么做

第一步是重新定义创建特性列的函数。事实上,现在必须为 Keras 模型指定一个输入,这在原生 Estimator 中是没有必要的,因为它们只需要一个 tf.feature 函数映射特性:

```
def define_feature_columns_layers(data_df, categorical_cols, numeric_cols):
    feature_columns = []
    feature_layer_inputs = {}
```

```
    for feature_name in numeric_cols:
        feature_columns.append(tf.feature_column.numeric_column(feature_
name, dtype = tf.float32))

        feature_layer_inputs[feature_name] = tf.keras.Input(shape = (1,),
name = feature_name)
    for feature_name in categorical_cols:
        vocabulary = data_df[feature_name].unique()
        cat = tf.feature_column.categorical_column_with_vocabulary_
list(feature_name, vocabulary)
        cat_one_hot = tf.feature_column.indicator_column(cat)
        feature_columns.append(cat_one_hot)
        feature_layer_inputs[feature_name] = tf.keras.Input(shape = (1,),
name = feature_name, dtype = tf.int32)

    return feature_columns, feature_layer_inputs
```

互动也是如此。在这里,也需要定义 Keras 模型使用的输入(在本例中为独热编码):

```
def create_interactions(interactions_list, buckets = 5):
    feature_columns = []

    for (a, b) in interactions_list:
        crossed_feature = tf.feature_column.crossed_column([a, b], hash_
bucket_size = buckets)
        crossed_feature_one_hot = tf.feature_column.indicator_
column(crossed_feature)
        feature_columns.append(crossed_feature_one_hot)

    return feature_columns
```

在准备好必要的输入之后,就可以继续处理模型本身了。输入将在一个特征层中收集,该特征层将把数据传递给 batchNormalization 层,该层将自动对数据进行标准化。之后,数据将被定向到输出节点,输出节点将产生数字输出。代码如下:

```
def create_linreg(feature_columns, feature_layer_inputs, optimizer):

    feature_layer = keras.layers.DenseFeatures(feature_columns)
    feature_layer_outputs = feature_layer(feature_layer_inputs)
    norm = keras.layers.BatchNormalization()(feature_layer_outputs)
    outputs = keras.layers.Dense(1, kernel_initializer = 'normal',
activation = 'linear')(norm)
```

```
    model = keras.Model(inputs = [v for v in feature_layer_inputs.values()],
outputs = outputs)
    model.compile(optimizer = optimizer, loss = 'mean_squared_error')
    return model
```

此时,设置好所有必要的输入后,就会创建新的函数并运行它们:

```
categorical_cols = ['CHAS', 'RAD']
numeric_cols = ['CRIM', 'ZN', 'INDUS', 'NOX', 'RM', 'AGE', 'DIS', 'TAX',
'PTRATIO', 'B', 'LSTAT']
feature_columns, feature_layer_inputs = define_feature_columns_layers(data,
categorical_cols, numeric_cols)
interactions_columns = create_interactions([['RM', 'LSTAT']])

feature_columns += interactions_columns

optimizer = keras.optimizers.Ftrl(learning_rate = 0.02)
model = create_linreg(feature_columns, feature_layer_inputs, optimizer)
```

现在已经得到了一个可以工作的 Keras 模型。我们可以使用 model_to_estimator 函数将其转换为 Estimator。这需要为 Estimator 的输出建立一个临时目录:

```
import tempfile

def canned_keras(model):
    model_dir = tempfile.mkdtemp()
    keras_estimator = tf.keras.estimator.model_to_estimator(
        keras_model = model, model_dir = model_dir)
    return keras_estimator
estimator = canned_keras(model)
```

在将 Keras 模型装入 Estimator 之后,我们可以像之前一样继续训练模型并评估结果。代码如下:

```
train_input_fn = make_input_fn(train, y_train, num_epochs = 1400)
test_input_fn = make_input_fn(test, y_test, num_epochs = 1, shuffle = False)

estimator.train(train_input_fn)
result = estimator.evaluate(test_input_fn)

print(result)
```

当我们使用 TensorBoard 绘制拟合过程时,我们将观察到训练轨迹与之前的 Estimator 获得的轨迹是如何非常相似的,如图 4.3 所示。

Canned Keras Estimator 确实是一种将 Keras 用户自定义解决方案的灵活性和 Estimator 的高性能通过训练和部署结合在一起的快速而稳健的方法。

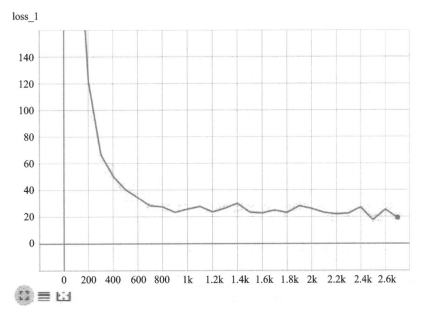

图 4.3 Canned Keras 线性估计器训练

它是如何工作的

model_to_estimator 函数不是 Keras 模型的包装器,相反,它将解析你的模型并将其转换为一个静态的 TensorFlow 图,同时允许对你的模型进行分布式训练和缩放。

更 多

使用线性模型的一个很大的优点是能够探索它们的权重,并且了解哪个特征产生了我们得到的结果。每个系数将告诉我们,鉴于输入是由批处理层进行标准化的这一事实,该特征相对于其他特征受到了何种影响(系数在绝对值方面是否可比),以及它是否对结果进行加法或减法运算(取决于正负符号):

```
weights = estimator.get_variable_value('layer_with_weights - 1/kernel/.ATTRIBUTES/
VARIABLE_VALUE')
print(weights)
```

无论如何,如果从模型中提取权重,就会发现我们不能轻易地解释它们,因为它们没有标签,并且维度不同。究其原因,是 tf.feature 函数应用了不同的转换。

我们需要一个函数,该函数可以在映射特征列时从其中提取正确的标签,然后将它们输入到我们的 Canned Estimator 中:

```
def extract_labels(feature_columns):
    labels = list()
```

```
        for col in feature_columns:
            col_config = col.get_config()
            if 'key' in col_config:
                labels.append(col_config['key'])
            elif 'categorical_column' in col_config:
                if
col_config['categorical_column']['class_name'] == 'VocabularyListCategoricalColumn':
                    key = col_config['categorical_column']['config']['key']
                    for item in
col_config['categorical_column']['config']['vocabulary_list']:
                        labels.append(key + '_val = ' + str(item))
                elif
col_config['categorical_column']['class_name'] == 'CrossedColumn':
                    keys =
col_config['categorical_column']['config']['keys']
                    for bucket in
range(col_config['categorical_column']['config']['hash_bucket_size']):
                        labels.append('x'.join(keys) + '_bkt_' + str(bucket))
        return labels
```

 该函数仅适用于 TensorFlow 2.2 或更高版本,因为在更早的 TensorFlow 2.x 版本的 tf. feature objects 中没有 get_config 方法。

现在我们可以提取所有的标签,并有意义地将输出中的每个权重与其各自的特征进行匹配:

```
labels = extract_labels(feature_columns)

for label, weight in zip(labels, weights):
    print(f"{label:15s} : {weight[0]: + .2f}")
```

一旦你有了权重,就可以很容易地通过观察符号和每个系数的大小得到每个特征对结果的贡献。然而,特征的规模可以影响大小,除非你之前通过减去平均值并除以标准差对特征进行了统计标准化。

4.3 理解线性回归中的损失函数

了解损失函数对算法收敛的影响是很重要的。在这里,我们将说明 L1 和 L2 损失函数是如何影响线性回归的收敛和预测的。这是我们应用到 Canned Keras Estimator 的第一个定制。本节中的更多教程将通过添加更多的功能来增强最初的 Estimator。

准 备

我们将使用与前一个教程相同的 Boston Housing 数据集,并利用以下功能:

* define_feature_columns_layers

* make_input_fn

* create_interactions

然后,我们将更改损失函数和学习速率,来观察收敛如何变化。

怎么做

程序的开始与上一个示例相同,即加载必要的软件包,并下载 Boston Housing 数据集:

```
import tensorflow as tf
import tensorflow.keras as keras import numpy as np
import pandas as pd
import tensorflow_datasets as tfds
tfds.disable_progress_bar()
```

然后,通过添加一个控制丢失类型的新参数来重新定义 create_linreg。默认值仍然是均方误差(L2 损失),但在实例化 Canned Estimator 时可以很容易地更改它:

```
def create_linreg(feature_columns, feature_layer_inputs, optimizer,
                  loss = 'mean_squared_error',
                  metrics = ['mean_absolute_error']):

    feature_layer = keras.layers.DenseFeatures(feature_columns)
    feature_layer_outputs = feature_layer(feature_layer_inputs)
    norm = keras.layers.BatchNormalization()(feature_layer_outputs)
    outputs = keras.layers.Dense(1, kernel_initializer = 'normal',
                                 activation = 'linear')(norm)

    model = keras.Model(inputs = [v for v in feature_layer_inputs.values()],
                        outputs = outputs)
    model.compile(optimizer = optimizer, loss = loss, metrics = metrics)
    return model
```

接着,使用具有不同学习速率的 Ftrl 优化器显式地训练我们的模型,这更适合 L1 损失(我们将损失设置为绝对误差):

```
categorical_cols = ['CHAS', 'RAD']
numeric_cols = ['CRIM', 'ZN', 'INDUS', 'NOX', 'RM', 'AGE', 'DIS', 'TAX',
'PTRATIO', 'B', 'LSTAT']
feature_columns, feature_layer_inputs = define_feature_columns_layers(data,
categorical_cols, numeric_cols)
interactions_columns = create_interactions([['RM', 'LSTAT']])

feature_columns += interactions_columns
```

```
optimizer = keras.optimizers.Ftrl(learning_rate = 0.02)
model = create_linreg(feature_columns, feature_layer_inputs, optimizer,
                      loss = 'mean_absolute_error',
                      metrics = ['mean_absolute_error',
                                 'mean_squared_error'])


estimator = canned_keras(model)
train_input_fn = make_input_fn(train, y_train, num_epochs = 1400)
test_input_fn = make_input_fn(test, y_test, num_epochs = 1, shuffle = False)

estimator.train(train_input_fn)
result = estimator.evaluate(test_input_fn)

print(result)
```

以下是通过切换 L1 损失得到的结果：

```
{'loss': 3.1208777, 'mean_absolute_error': 3.1208777, 'mean_squared_error':
27.170328, 'global_step': 2800}
```

现在可以使用 TensorBoard 沿着迭代轴可视化训练表现，如图 4.4 所示。

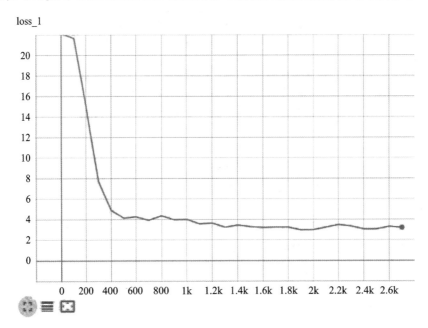

图 4.4　平均绝对误差优化

由此产生的图表显示了平均绝对误差的良好下降趋势，在 400 次迭代之后它会减慢，并在 1 400 次迭代之后趋于稳定。

它是如何工作的

当选择一个损失函数时,必须选择一个相应的学习速率来解决我们的问题。在这里,我们测试两种情况,第一种是采用 L2,第二种是采用 L1。

如果学习速率很小,那么收敛将花费很多的时间。然而,如果学习速率太大,那么算法将永远不会收敛。

更　多

为了理解发生了什么,现在来看看大的学习速率和小的学习速率是如何作用于 L1 和 L2 的。如果速率太大,L1 可能会陷入次优结果,而 L2 可能会获得更糟糕的性能。为了将其形象化,我们将研究两种规范上学习步骤的一维表示,如图 4.5 所示。

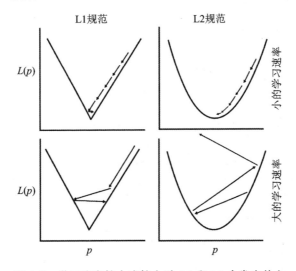

图 4.5　学习速率较大或较小时,L1 和 L2 会发生什么

如图 4.5 所示,在任何情况下,小的学习速率确实是更好的优化的保证。更大的速率对于 L2 规范不起作用,对于 L1 规范可能只是次优,因为在一段时间后会停止进一步的优化,而不会造成任何进一步的损害。

4.4　实现 Lasso 和 Ridge 回归

有一些方法可以限制系数对回归输出的影响,这些方法被称为正则化方法,其中最常见的两种正则化方法是 Lasso 和 Ridge 回归。我们将在本节介绍如何实现这两种方法。

准 备

除了添加了正则化项来限制公式中的斜率(或部分斜率)外,这可能有多种原因,但一个常见的原因是,希望限制对因变量有影响的特性的数量。

它是如何工作的

这里将再次使用 Boston Housing 数据集,并以与前面示例相同的方式设置我们的功能。特别地,我们需要 define_feature_columns_layers、make_input_ fn 和 create_interactions。这里再次首先加载库,然后定义一个新的 create_ridge_linreg,然后设置一个新的 Keras 模型,使用 keras. regularizers. l2 作为稠密层的正则化器:

```
import tensorflow as tf
import tensorflow.keras as keras
import numpy as np
import pandas as pd
import tensorflow_datasets as tfds
tfds.disable_progress_bar()

def create_ridge_linreg(feature_columns, feature_layer_inputs, optimizer,
                        loss = 'mean_squared_error',
                        metrics = ['mean_absolute_error'],
                        l2 = 0.01):

    regularizer = keras.regularizers.l2(l2)

    feature_layer = keras.layers.DenseFeatures(feature_columns)
    feature_layer_outputs = feature_layer(feature_layer_inputs)
    norm = keras.layers.BatchNormalization()(feature_layer_outputs)
    outputs = keras.layers.Dense(1,
                        kernel_initializer = 'normal',
                        kernel_regularizer = regularizer,
                        activation = 'linear')(norm)

model = keras.Model(inputs = [v for v in feature_layer_inputs.values()],
                    outputs = outputs)
model.compile(optimizer = optimizer, loss = loss, metrics = metrics)
return model
```

一旦完成,我们可以再次运行之前使用 L1 损失的线性模型,结果会有所改善:

```
categorical_cols = ['CHAS', 'RAD']
numeric_cols = ['CRIM', 'ZN', 'INDUS', 'NOX', 'RM', 'AGE', 'DIS', 'TAX',
```

```
'PTRATIO', 'B', 'LSTAT']
feature_columns, feature_layer_inputs = define_feature_columns_layers(data,
categorical_cols,numeric_cols)
interactions_columns = create_interactions([['RM', 'LSTAT']])

feature_columns += interactions_columns

optimizer = keras.optimizers.Ftrl(learning_rate = 0.02)
model = create_ridge_linreg(feature_columns, feature_layer_inputs,
optimizer,
                            loss = 'mean_squared_error',
                            metrics = ['mean_absolute_error',
                                       'mean_squared_error'],
                    l2 = 0.01)

estimator = canned_keras(model)

train_input_fn = make_input_fn(train, y_train, num_epochs = 1400)
test_input_fn = make_input_fn(test, y_test, num_epochs = 1, shuffle = False)

estimator.train(train_input_fn)
result = estimator.evaluate(test_input_fn)

print(result)
```

以下是 Ridge 回归得到的结果：

```
{'loss': 25.903751, 'mean_absolute_error': 3.27314, 'mean_squared_error':
25.676477, 'global_step': 2800}
```

图 4.6 所示为 Ridge 回归训练损失。

我们也可以通过创建一个新函数来复制 L1 正则化：

```
create_lasso_linreg.
def create_lasso_linreg(feature_columns, feature_layer_inputs, optimizer,
                        loss = 'mean_squared_error', metrics = ['mean_absolute_
                        error'],
                        l1 = 0.001):

    regularizer = keras.regularizers.l1(l1)

    feature_layer = keras.layers.DenseFeatures(feature_columns)
    feature_layer_outputs = feature_layer(feature_layer_inputs)
    norm = keras.layers.BatchNormalization()(feature_layer_outputs)
    outputs = keras.layers.Dense(1,
```

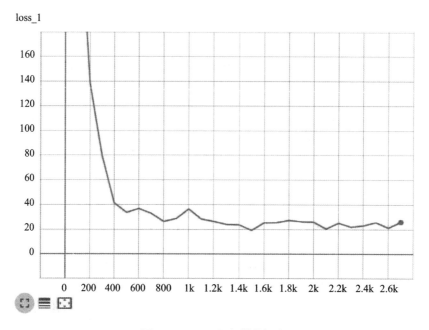

图 4.6　Ridge 回归训练损失

```
                              kernel_initializer = 'normal',
                              kernel_regularizer = regularizer,
                              activation = 'linear')(norm)
    model = keras.Model(inputs = [v for v in feature_layer_inputs.values()],
outputs = outputs)
    model.compile(optimizer = optimizer, loss = loss, metrics = metrics)
    return model


categorical_cols = ['CHAS', 'RAD']
numeric_cols = ['CRIM', 'ZN', 'INDUS', 'NOX', 'RM', 'AGE', 'DIS', 'TAX',
'PTRATIO', 'B', 'LSTAT']
feature_columns, feature_layer_inputs = define_feature_columns_layers(data,
categorical_cols, numeric_cols)
interactions_columns = create_interactions([['RM', 'LSTAT']])


feature_columns += interactions_columns


optimizer = keras.optimizers.Ftrl(learning_rate = 0.02)
model = create_lasso_linreg(feature_columns, feature_layer_inputs,
optimizer,
                              loss = 'mean_squared_error',
                              metrics = ['mean_absolute_error',
                                        'mean_squared_error'],
```

```
                              l1 = 0.001)

estimator = canned_keras(model)

train_input_fn = make_input_fn(train, y_train, num_epochs = 1400)
test_input_fn = make_input_fn(test, y_test, num_epochs = 1, shuffle = False)

estimator.train(train_input_fn)
result = estimator.evaluate(test_input_fn)

print(result)
```

以下是 Lasso 回归得到的结果：

{'loss': 24.616476, 'mean_absolute_error': 3.1985352, 'mean_squared_error': 24.59167, 'global_step': 2800}

图 4.7 所示为 Lasso 回归训练损失图。

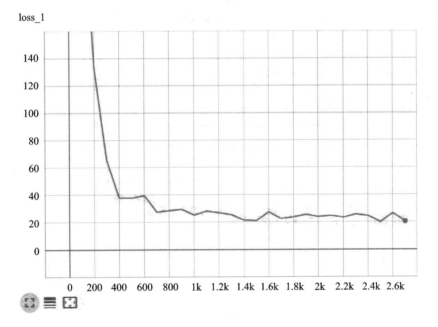

图 4.7 Lasso 回归训练损失图

比较 Ridge 和 Lasso 方法，我们注意到它们在训练损失方面不太一样，但测试结果却更偏向于 Lasso。这可以解释为，为了改进模型，必须排除一个噪声变量，因为 Lasso 经常从预测估计中排除无用的变量（通过给它们分配一个零系数），而 Ridge 只是降低了它们的权重。

它是如何工作的

通过在线性回归的损失函数中加入一个连续 Heaviside step 函数来实现 Lasso 回归。鉴于 Heaviside step 函数的陡度,我们必须小心步长。如果步长太大,它就不会收敛。对于 Ridge 回归,请参阅下一节。

更　多

ElasticNet 回归是将 Lasso 回归和 Ridge 回归结合起来的一种回归,通过在损失函数中加入 L1 和 L2 正则项来实现。

按照前面的两种方法实现 ElasticNet 回归非常简单,因为只需要更改正则化器。我们只需要创建一个 create_elasticnet_linreg 函数,它将 L1 和 L2 强度的值作为参数:

```python
def create_elasticnet_linreg(feature_columns, feature_layer_inputs,
                             optimizer,
                             loss = 'mean_squared_error',
                             metrics = ['mean_absolute_error'],
                             l1 = 0.001, l2 = 0.01):

    regularizer = keras.regularizers.l1_l2(l1 = l1, l2 = l2)

    feature_layer = keras.layers.DenseFeatures(feature_columns)
    feature_layer_outputs = feature_layer(feature_layer_inputs)
    norm = keras.layers.BatchNormalization()(feature_layer_outputs)
    outputs = keras.layers.Dense(1,
                                 kernel_initializer = 'normal',
                                 kernel_regularizer = regularizer,
                                 activation = 'linear')(norm)

    model = keras.Model(inputs = [v for v in feature_layer_inputs.values()],
                        outputs = outputs)
    model.compile(optimizer = optimizer, loss = loss, metrics = metrics)
    return model
```

最后,从数据中重新运行完整的训练步骤,得到模型性能的评价:

```python
categorical_cols = ['CHAS', 'RAD']
numeric_cols = ['CRIM', 'ZN', 'INDUS', 'NOX', 'RM', 'AGE', 'DIS', 'TAX',
'PTRATIO', 'B', 'LSTAT']
feature_columns,feature_layer_inputs = define_feature_columns_layers(data,
categorical_cols, numeric_cols)
interactions_columns = create_interactions([['RM', 'LSTAT']])
```

```
feature_columns += interactions_columns

optimizer = keras.optimizers.Ftrl(learning_rate = 0.02)
model = create_elasticnet_linreg(feature_columns, feature_layer_inputs,
                                 optimizer,
                                 loss = 'mean_squared_error',
                                 metrics = ['mean_absolute_error',
                                            'mean_squared_error'],
                                 l1 = 0.001, l2 = 0.01)

estimator = canned_keras(model)

train_input_fn = make_input_fn(train, y_train, num_epochs = 1400)
test_input_fn = make_input_fn(test, y_test, num_epochs = 1, shuffle = False)

estimator.train(train_input_fn)
result = estimator.evaluate(test_input_fn)

print(result)
```

结果如下：

{'loss': 24.910872, 'mean_absolute_error': 3.208289, 'mean_squared_error':
24.659771, 'global_step': 2800}

图 4.8 所示为 ElasticNet 模型的训练损失图。

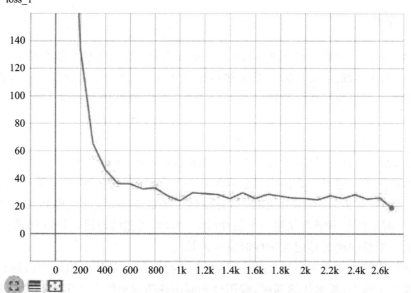

图 4.8　ElasticNet 模型的训练损失图

由 ElasticNet 回归获得的测试结果与 Ridge 和 Lasso 回归相差不大,其降落在两者之间的某个地方。如前所述,这涉及到从数据集中删除变量以提高性能的问题,正如我们现在看到的,Lasso 模型是这样做的最佳选择。

4.5　实现逻辑回归

本节将使用 breast cancer Wisconsin 数据集(https://archive.ics.uci.edu/ml/datasets/Breast+Cancer+Wisconsin+(Diagnostic))实现逻辑回归来预测患有乳腺癌的概率。我们将根据乳腺肿块细针穿刺(Fine Needle Aspiration,FNA)的数字化图像计算出的特征来预测诊断。FNA 是一种常见的乳腺癌检查方法,由小组织活检组成,可以在显微镜下检查。

由于目标变量包括 357 例良性病例和 212 例恶性病例,所以该数据集可以立即用于分类模型,而无需进一步转换。这两个类并不具有完全相同的一致性(使用回归模型进行二元分类时的一个重要需求),但它们并不是非常不同,这就允许我们构建一个简单的示例,并使用简单的准确性对其进行评估。

> 请记得检查你的类是否平衡(换句话说,有大约相同数量的案例),否则你将不得不应用特定的教程来平衡案例,例如应用权重,或者你的模型可能会提供不准确的预测(如果你只是需要进一步的细节,那么可以参考下面的堆栈溢出问题:https://datascience.stackexchange.com/questions/13490/how-to-set-class-weights-for-imbalanced-classes-in-keras)。

准　备

逻辑回归是一种将线性回归转化为二元分类的方法,它通过将线性输出转换为 sigmoid 函数来实现。sigmoid 函数将输出缩放在 0~1 之间。目标是 0~1,表示数据点属于哪类。由于我们预测的数字在 0~1 之间,所以如果预测超过了指定的截止值,则将预测分为类值 1,否则为类值 0。出于本例的目的,我们将把截止值指定为 0.5,这将使分类简单,只需将输出四舍五入即可。

无论如何,在分类时,有时需要控制所犯错误的种类,这对于医疗应用尤其如此(如我们提出的例子),但对于其他应用也可能是一个合理的问题(例如,在保险或银行部门的欺诈检测)。事实上,当你分类时,你会得到正确的猜测,但也会得到假阳性和假阴性。其中,假阳性是模型在预测一个阳性(第一类)时所犯的错误,但错误的阴性是模型将实际上是阳性的情况标记为阴性时发生的情况。

当使用阈值 0.5 来决定类(阳性或阴性类)时,实际上是将假阳性和假阴性的期望等同起来。实际上,根据你的问题,假阳性和假阴性错误可能会产生不同的后果。在检测癌症的情况下,显然你绝对不希望出现假阴性,因为这是在病人面临危及生命的情况下预测他们的健康状况。

通过将分类阈值设置得更高或更低,可以在假阳性和假阴性之间进行权衡。阈值越高,假阴性就会比假阳性多。较低的阈值会有更少的假阴性,但假阳性会更多。对于我们的教程,我们将只使用阈值 0.5。但请注意,对于模型的实际应用程序,阈值是必须考虑的。

怎么做

首先加载库并从互联网上得到数据:

```python
import tensorflow as tf
import tensorflow.keras as keras
import numpy as np
import pandas as pd
import tensorflow_datasets as tfds
tfds.disable_progress_bar()


breast_cancer = 'https://archive.ics.uci.edu/ml/machine-learning-databases/
breast-cancer-wisconsin/breast-cancer-wisconsin.data'
path = tf.keras.utils.get_file(breast_cancer.split("/")[-1],breast_cancer)


columns = ['sample_code', 'clump_thickness', 'cell_size_uniformity',
           'cell_shape_uniformity',
           'marginal_adhesion', 'single_epithelial_cell_size',
           'bare_nuclei', 'bland_chromatin',
           'normal_nucleoli', 'mitoses', 'class']


data = pd.read_csv(path, header = None, names = columns, na_values = [np.nan, '? '])
data = data.fillna(data.median())


np.random.seed(1)
train = data.sample(frac = 0.8).copy()
y_train = (train['class'] == 4).astype(int)
train.drop(['sample_code', 'class'], axis = 1, inplace = True)


test = data.loc[~data.index.isin(train.index)].copy()
y_test = (test['class'] == 4).astype(int)
test.drop(['sample_code', 'class'], axis = 1, inplace = True)
```

接下来,指定逻辑回归函数。对于我们的线性回归模型,主要修改的是将单个输出神经元的激活从线性改为 sigmoid,这足以得到一个逻辑回归,因为输出将是一个在 0.0～1.0 范围内表示的概率:

```
def create_logreg(feature_columns, feature_layer_inputs, optimizer,
                  loss = 'binary_crossentropy', metrics = ['accuracy'],
                  l2 = 0.01):

    regularizer = keras.regularizers.l2(l2)

    feature_layer = keras.layers.DenseFeatures(feature_columns)
    feature_layer_outputs = feature_layer(feature_layer_inputs)
    norm = keras.layers.BatchNormalization()(feature_layer_outputs)
    outputs = keras.layers.Dense(1,
                                 kernel_initializer = 'normal',
                                 kernel_regularizer = regularizer,
                                 activation = 'sigmoid')(norm)

    model = keras.Model(inputs = [v for v in feature_layer_inputs.values()],
outputs = outputs)
    model.compile(optimizer = optimizer, loss = loss, metrics = metrics)
    return model
```

最后,运行程序:

```
categorical_cols = []
numeric_cols = ['clump_thickness', 'cell_size_uniformity',
                'cell_shape_uniformity',
                'marginal_adhesion', 'single_epithelial_cell_size',
                'bare_nuclei', 'bland_chromatin',
                'normal_nucleoli', 'mitoses']

feature_columns, feature_layer_inputs = define_feature_columns_layers(data,
categorical_cols, numeric_cols)

optimizer = keras.optimizers.Ftrl(learning_rate = 0.007)
model = create_logreg(feature_columns, feature_layer_inputs, optimizer,
l2 = 0.01)

estimator = canned_keras(model)

train_input_fn = make_input_fn(train, y_train, num_epochs = 300, batch_size = 32)
test_input_fn = make_input_fn(test, y_test, num_epochs = 1, shuffle = False)
estimator.train(train_input_fn)
result = estimator.evaluate(test_input_fn)

print(result)
```

以下是逻辑回归报告的准确性：

{'accuracy': 0.95, 'loss': 0.16382739, 'global_step': 5400}

逻辑回归模型训练损失的 TensorBoard 图如图 4.9 所示。

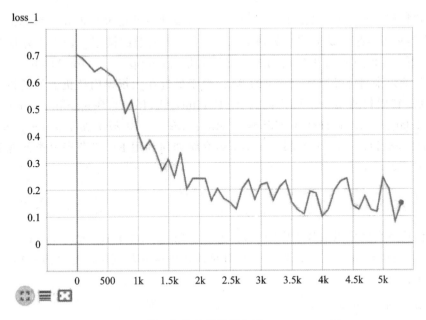

图 4.9 逻辑回归模型训练损失的 TensorBoard 图

通过使用一些命令，我们在这个问题的准确性和损失方面取得了良好的结果，尽管目标类稍微不平衡（良性病例多于恶性病例）。

它是如何工作的

逻辑回归的预测基于 sigmoid 曲线，为了相应地修改我们之前的线性模型，我们只需要切换到 sigmoid 激活。

更 多

当你预测多类或多标签时，你不需要使用不同种类的 One Versus All（OVA）策略来扩展二进制模型，而只需要扩展输出节点的数量，以匹配你需要预测的类的数量。使用 sigmoid 激活的多个神经元，可获得多标签方法；而使用 softmax 激活，可获得多类预测。你将在本书后面的章节中找到更多的示例，这些示例将说明如何使用简单的 Keras 函数来完成此操作。

4.6 诉诸非线性解决方案

给定特征列和回归系数之间的一对一关系,线性模型是可接近和可解释的。无论如何,有时你可能想尝试非线性解决方案,以检查更复杂的模型是否能更好地建模数据,并以更专业的方式解决预测问题。支持向量机(Support Vector Machines,SVM)是一种长期以来与神经网络相竞争的算法,由于最近在大规模内核机器的随机特征方面的发展,它们仍然是一个可行的选择(Rahimi,Ali,Recht,Benjamin. Random features for large-scale kernel machines 在 *Advances in neural information processing systems*(2008:1177-1184)中提到)。本节将介绍如何利用 Keras 获得分类问题的非线性解决方案。

准 备

我们仍然会使用以前教程中的函数,包括 define_feature_column_ layers 和 make_input_fn。与逻辑回归教程一样,我们将继续使用乳腺癌数据集。与之前一样,需要加载以下包:

```
import tensorflow as tf
import tensorflow.keras as keras
import numpy as np
import pandas as pd
import tensorflow_datasets as tfds
tfds.disable_progress_bar()
```

怎么做

除了前面的包以外,我们还特别导入了 RandomFourierFeatures 函数,该函数可以对输入应用非线性转换。根据损失函数,RandomFourierFeatures 层可以近似基于核的分类器和回归器。在此之后,我们只需要应用通常的单输出节点并获得预测即可。

根据 TensorFlow 2.x 版本,你可能需要从不同的模块导入它:

```
try:
    from tensorflow.python.keras.layers.kernelized import
RandomFourierFeatures
except:
    # from TF 2.2
    from tensorflow.keras.layers.experimental import RandomFourierFeatures
```

现在开发 create_svc 函数。它包含一个用于最终密集节点的 L2 正则化器,一个用于输入的批处理规范化层,以及一个插入其中的 RandomFourierFeatures 层。在这个中间层中会生成非线性,你可以设置 output_dim 参数,以确定各层将产生的非线性交互的数量。当然,你可以通过提高 L2 正则化值来对比设置更高的 output_dim 值后导致的过拟合,从而实现更多的正则化:

```
def create_svc(feature_columns, feature_layer_inputs, optimizer,
               loss = 'hinge', metrics = ['accuracy'],
               l2 = 0.01, output_dim = 64, scale = None):

    regularizer = keras.regularizers.l2(l2)

    feature_layer = keras.layers.DenseFeatures(feature_columns)
    feature_layer_outputs = feature_layer(feature_layer_inputs)
    norm = keras.layers.BatchNormalization()(feature_layer_outputs)
    rff = RandomFourierFeatures(output_dim = output_dim, scale = scale, kernel_
initializer = 'gaussian')(norm)
    outputs = keras.layers.Dense(1,
                                 kernel_initializer = 'normal',
                                 kernel_regularizer = regularizer,
                                 activation = 'sigmoid')(rff)

    model = keras.Model(inputs = [v for v in feature_layer_inputs.values()],
outputs = outputs)
    model.compile(optimizer = optimizer, loss = loss, metrics = metrics)
    return model
```

与前面的教程一样,我们定义不同的列,设置模型和优化器,准备输入函数,最后训练和评估结果:

```
categorical_cols = []
numeric_cols = ['clump_thickness', 'cell_size_uniformity',
                'cell_shape_uniformity',
                'marginal_adhesion', 'single_epithelial_cell_size',
                'bare_nuclei', 'bland_chromatin',
                'normal_nucleoli', 'mitoses']

feature_columns, feature_layer_inputs = define_feature_columns_layers(data,
categorical_cols, numeric_cols)

optimizer = keras.optimizers.Adam(learning_rate = 0.00005)
model = create_svc(feature_columns, feature_layer_inputs, optimizer,
                   loss = 'hinge', l2 = 0.001, output_dim = 512)

estimator = canned_keras(model)
```

```
train_input_fn = make_input_fn(train, y_train, num_epochs = 500, batch_
size = 512)
test_input_fn = make_input_fn(test, y_test, num_epochs = 1, shuffle = False)

estimator.train(train_input_fn)
result = estimator.evaluate(test_input_fn)

print(result)
```

以下是报道的准确性。为了得到更好的结果,你必须尝试 RandomFourierFeatures 层的输出维数和正则化项的不同组合:

{'accuracy': 0.95 'loss': 0.7390725, 'global_step': 1000}

基于 RandomFourierFeatures 模型的损失图如图 4.10 所示。

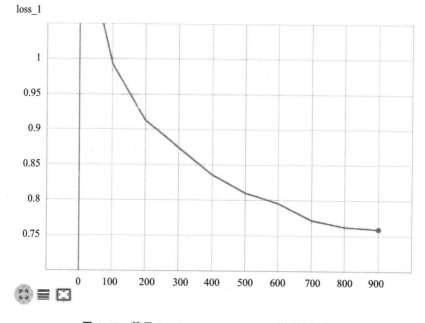

图 4.10   基于 RandomFourierFeatures 模型的损失图

图 4.10 确实很好看,这要归功于我们使用了比平常更大的批量。考虑到任务的复杂性,由于需要训练的神经元数量众多,所以大批量的神经元通常比小批量的要好。

它是如何工作的

随机傅里叶特征是一种近似支持向量机核所做工作的方法,能够实现较低的计算复杂度,使得这种方法也可用于神经网络的实现。如果你需要更深入的解释,可以阅读原文,或者在 Stack Exchange 上寻找答案:https://stats.stackexchange.com/questions/327646/how-does-a-random-kitchen-sink-work#327961。

更 多

根据损失函数,可以得到不同的非线性模型:

➤ 铰链损失(hinge loss):在支持向量机中设置模型;

➤ 逻辑损失(logistic loss):将模型转化为核逻辑回归(分类性能几乎与 SVM 相同,但核逻辑回归可以提供类别概率);

➤ 均方误差:将模型转换为核回归。

由你决定首先尝试什么损失,并决定如何设置随机傅里叶变换输出的维数。一般情况下,你可以从大量输出节点开始,并反复测试减少它们的数量时是否会改善结果。

4.7 使用 Wide & Deep 模型

与复杂模型相比,线性模型具有很大的优势:它们高效且易于解释,即使当你处理许多特性以及与彼此交互的特性时也是如此。谷歌研究人员说过这是记忆的力量,因为你的线性模型将特征和目标之间的联系记录为单个系数。另外,神经网络被赋予了泛化的力量,因为在它们的复杂性中(它们使用多层权值,并且将每个输入相互关联),它们可以设法接近控制过程结果的一般规则。

谷歌研究人员设想的 Wide & Deep 模型(https://arxiv.org/abs/1606.07792)可以混合记忆和泛化,因为它们结合了应用于数字特征的线性模型,以及应用于稀疏特征的泛化模型,如编码为稀疏矩阵的类别。因此,顾名思义,广的是回归部分,深的是神经网络方面。Wide 模型(线性模型)在 Wide & Deep 模型中与神经网络的融合如图 4.11 所示。

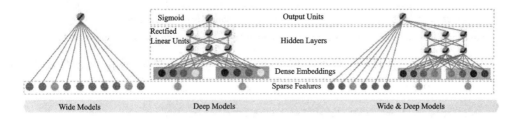

(来自 Cheng,Heng‐Tze 等人的论文:*Wide & deep learning for recommender systems. Proceedings of the 1st workshop on deep learning for recommender systems*,2016)

图 4.11 Wide 模型(线性模型)在 Wide & Deep 模型中与神经网络的融合

当处理推荐系统问题时(比如 Google Pla 中出现的问题),这种混合可以达到最佳效果。Wide & Deep 模型在推荐问题中工作得最好,因为每个部分都处理正确的数据类型。宽部分处理相对于用户特征的特征(密集的数字特征、二进制指标或它们在交互特征中的组合),这些特征随着时间的推移更加稳定;而深部分处理代表以前软件下载的特征字符串(非常大的矩阵上的稀疏输入),这些特征字符串随着时间的推移更加可变,因此需要更复杂的表示方式。

准　备

实际上,Wide & Deep 模型也可以很好地处理许多其他数据问题,推荐系统是 Wide & Deep 模型的专长,而且此类模型在 Estimator 中很容易得到(参见 https://www.tensorflow.org/api_docs/python/tf/estimator/DNNLinearCombinedEstimator)。在本教程中,我们将使用混合数据集——Adult 数据集(https://archive.ics.uci.edu/ml/datasets/Adult),也被广泛称为人口普查数据集,该数据集的目的是根据人口普查数据预测个人收入是否超过 5 万美元/年。可用的特征非常多样,从与年龄相关的连续值到具有大量类别(包括职业)的变量,我们将使用每种不同类型的特征来填充 Wide & Deep 模型的正确部分。

怎么做

首先从 UCI 下载 Adult 数据集:

```
census_dir = 'https://archive.ics.uci.edu/ml/machine-learning-databases/adult/'
train_path = tf.keras.utils.get_file('adult.data', census_dir + 'adult.data')
test_path = tf.keras.utils.get_file('adult.test', census_dir + 'adult.test')

columns = ['age', 'workclass', 'fnlwgt', 'education', 'education_num',
           'marital_status', 'occupation', 'relationship', 'race', 'gender', 'capital_
           gain', 'capital_loss', 'hours_per_week',
           'native_country', 'income_bracket']

train_data = pd.read_csv(train_path, header = None, names = columns)
test_data = pd.read_csv(test_path, header = None, names = columns, skiprows = 1)
```

然后,根据需要选择一个特性子集,提取目标变量,并将其从 string 类型转换为 int 类型:

```
predictors = ['age', 'workclass', 'education', 'education_num',
              'marital_status', 'occupation', 'relationship', 'gender']

y_train = (train_data.income_bracket == ' > 50K').astype(int)
y_test = (test_data.income_bracket == ' > 50K.').astype(int)

train_data = train_data[predictors]
test_data = test_data[predictors]
```

这个数据集需要额外的操作,因为有些字段表示缺失值。这里用平均值替换缺失

的值来处理数据集。一般的规则是,在将数据输入 TensorFlow 模型之前,我们必须填补所有缺失数据:

```
train_data[['age', 'education_num']] = train_data[['age', 'education_
num']].fillna(train_data[['age', 'education_num']].mean())
test_data[['age', 'education_num']] = test_data[['age', 'education_num']].
fillna(train_data[['age', 'education_num']].mean())
```

现在,我们可以继续通过适当的 tf.feature_column 函数来定义列:

➤ 数字列(numeric column):处理数字值(例如年龄);

➤ 分类列(categorical column):当唯一类别的数量很少(如性别)时,处理分类值;

➤ 嵌入(embedding):当唯一的类别数量很多时,通过将类别值映射到一个密集的、低维的数字空间来处理类别值。

我们还定义了便于分类列和数字列交互的函数:

```
def define_feature_columns(data_df, numeric_cols, categorical_cols,
categorical_embeds, dimension = 30):
    numeric_columns = []
    categorical_columns = []
    embeddings = []

    for feature_name in numeric_cols:
        numeric_columns.append(tf.feature_column.numeric_column(feature_
name, dtype = tf.float32))

    for feature_name in categorical_cols:
        vocabulary = data_df[feature_name].unique()
        categorical_columns.append(tf.feature_column.categorical_column_
with_vocabulary_list(feature_name, vocabulary))
    for feature_name in categorical_embeds:
        vocabulary = data_df[feature_name].unique()
        to_categorical =
tf.feature_column.categorical_column_with_vocabulary_list(feature_name,
                                                    vocabulary)
embeddings.append(tf.feature_column.embedding_column(to_categorical,

dimension = dimension))

    return numeric_columns, categorical_columns, embeddings

def create_interactions(interactions_list, buckets = 10):
    feature_columns = []
```

```
for (a, b) in interactions_list:
    crossed_feature = tf.feature_column.crossed_column([a, b],
                                        hash_bucket_size = buckets)
    crossed_feature_one_hot = tf.feature_column.indicator_column(
                                        crossed_feature)
    feature_columns.append(crossed_feature_one_hot)

return feature_columns
```

现在已经定义了所有的功能，我们将映射不同的列，并添加一些有意义的交互设置（例如将教育与职业交叉）。通过设置维数参数，将高维的分类特征映射到一个固定的 32 维的低维数值空间中：

```
numeric_columns, categorical_columns, embeddings = define_feature_
columns(train_data,

numeric_cols = ['age', 'education_num'],

categorical_cols = ['gender'],

categorical_embeds = ['workclass', 'education',

'marital_status', 'occupation',

'relationship'],

dimension = 32)

interactions = create_interactions([['education', 'occupation']],
buckets = 10)
```

映射特性之后，将它们输入到我们的 Estimator 中（参见 https://www. tensor-flow. org/api_docs/python/tf/estimator/DNNLinearCombinedClassifier），指定宽部分处理的特性列和深部分处理的特性列。对于每个部分，我们还指定了一个优化器（通常是 Ftrl 用于线性部分，Adam 用于深度部分），而对于深度部分，我们将隐藏层的架构指定为一个神经元数量列表：

```
estimator = tf.estimator.DNNLinearCombinedClassifier(
    # wide settings
    linear_feature_columns = numeric_columns + categorical_
columns + interactions,
    linear_optimizer = keras.optimizers.Ftrl(learning_rate = 0.0002),
    # deep settings
    dnn_feature_columns = embeddings,
```

```
dnn_hidden_units = [1024, 256, 128, 64],
dnn_optimizer = keras.optimizers.Adam(learning_rate = 0.0001))
```

然后,继续定义输入函数:

```
def make_input_fn(data_df, label_df, num_epochs = 10, shuffle = True, batch_size = 256):

    def input_function():
        ds = tf.data.Dataset.from_tensor_slices((dict(data_df), label_df))
        if shuffle:
            ds = ds.shuffle(1000)
        ds = ds.batch(batch_size).repeat(num_epochs)
        return ds

    return input_function
```

最后,对 Estimator 进行 1 500 步的训练,并对测试数据的结果进行评估:

```
train_input_fn = make_input_fn(train_data, y_train,
                                num_epochs = 100, batch_size = 256)
test_input_fn = make_input_fn(test_data, y_test,
                                num_epochs = 1, shuffle = False)
estimator.train(input_fn = train_input_fn, steps = 1500)
results = estimator.evaluate(input_fn = test_input_fn)
print(results)
```

我们在测试集上获得了约 0.83 的准确性,正如在 Estimator 上使用评估方法报告的那样:

```
{'accuracy': 0.83391684, 'accuracy_baseline': 0.76377374, 'auc':
0.88012385, 'auc_precision_recall': 0.68032277, 'average_loss': 0.35969484,
'label/mean': 0.23622628, 'loss': 0.35985297, 'precision': 0.70583993,
'prediction/mean': 0.21803579, 'recall': 0.5091004, 'global_step': 1000}
```

图 4.12 所示为 Wide & Deep 模型的训练损失和测试估计(蓝点)。

对于完整的预测概率,我们只需从 Estimator 使用的字典数据类型中提取它们。predict_proba 函数将返回一个 NumPy 数组,其中包含不同列中正类(收入超过 5 万美元)和负类的概率:

```
def predict_proba(predictor):
    preds = list()
    for pred in predictor:
        preds.append(pred['probabilities'])
    return np.array(preds)


predictions = predict_proba(estimator.predict(input_fn = test_input_fn))
```

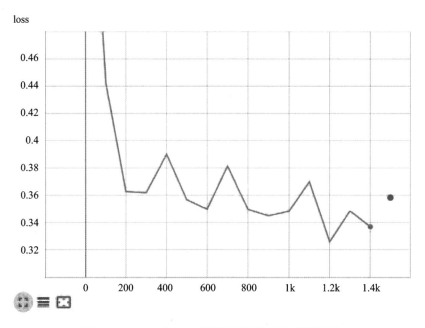

图 4.12 Wide & Deep 模型的训练损失和测试估计

它是如何工作的

Wide & Deep 模型代表一种处理线性模型和更复杂的神经网络的方法。与其他 Estimator 一样,这个 Estimator 也非常简单易用。在其他应用方面,该方法的成功关键在于定义一个输入数据函数,并使用 tf. features_columns 中最合适的函数对特征进行映射。

第 5 章　增强树

本章将介绍增强树即 TensorFlow（TF）方法来实现梯度增强。它是一类 ML 算法，以弱预测模型集合的形式产生一个预测模型，最具代表性的是决策树。该模型以分段的方式构造，并利用任意的（可微的）损失函数进行推广。梯度增强树是一种非常受欢迎的算法，因为其可以并行化（在树构建阶段），可以处理缺失值和异常值，并且能通过最少的数据进行预处理。

这里将简要地演示如何使用 BoostedTreesClassifier 来处理一个二元分类问题。我们将在一个流行的教育数据集中应用该技术，来解决一个现实的业务问题：预测哪些客户可能会取消他们的预订。这个问题（以及其他几个业务问题）的数据采用表格格式，通常包含不同特性类型的混合：数字、分类、日期等。在缺乏复杂的领域知识的情况下，梯度提升方法是创建可解释的解决方案的首选。后续内容将通过代码演示相关的建模步骤：数据准备、构造函数、通过 tf. estimator 功能构建模型以及解释结果。

怎么做

我们从加载必要的包开始：

```
import tensorflow as tf
import numpy as np
import pandas as pd
from IPython. display import clear_output
from matplotlib import pyplot as plt
import matplotlib. pyplot as plt
import seaborn as sns
sns_colors = sns. color_palette('colorblind')
from numpy. random import uniform, seed
from scipy. interpolate import griddata
from matplotlib. font_manager import FontProperties
from sklearn. metrics import roc_curve
```

原则上，分类变量可以简单地重新编码为整数（使用 scikit－learn 中的 LabelEncoder 等函数），梯度提升模型也可以工作得很好——这些对数据预处理的最低要求是树集合流行背后的原因之一。然而，在这个方法中，我们想要集中演示模型的可解释性，因此想要分析单个的指标值。为此，创建了一个函数，以 TF－friendly 格式执行：

```
def one_hot_cat_column(feature_name, vocab):
```

113

```
return tf.feature_column.indicator_column(
    tf.feature_column.categorical_column_with_vocabulary_list(feature_name,vocab))
```

正如在介绍中提到的,对于这个教程,我们将使用以下 URL 提供的酒店取消数据集:https://www.sciencedirect.com/science/article/pii/S2352340918315191。

我们选择该数据集是因为对于读者可能遇到的典型业务预测问题来说,它是相当现实的:存在时间维度,并混合了数值和分类特征。同时,它是相当干净的(没有遗漏值),这意味着我们可以专注于实际的建模,而不是数据争论:

```
xtrain = pd.read_csv('../input/hotel-booking-demand/hotel_bookings.csv')
xtrain.head(3)
```

数据集具有时间维度,因此可以在 reservation_status_date 上进行自然的训练/验证分割:

```
xvalid = xtrain.loc[xtrain['reservation_status_date'] >= '2017-08-01']
xtrain = xtrain.loc[xtrain['reservation_status_date'] < '2017-08-01']
```

将特征与目标分离:

```
ytrain, yvalid = xtrain['is_canceled'], xvalid['is_canceled']
xtrain.drop('is_canceled', axis=1, inplace=True)
xvalid.drop('is_canceled', axis=1, inplace=True)
```

我们将列分为数字列和分类列,并以 TF-expected 格式对它们进行编码。我们跳过了一些可能提高模型性能的列,那是因为它们的性质,它们引入了泄漏的风险:引入的信息可能在训练中提高模型性能,但在对未见数据进行预测时将失败。在我们的示例中就存在这样一个变量,即 arrival_date_year,如果模型非常频繁地使用这个变量,那么当我们向它提供未来更远的数据集(其中变量的特定值将显然不存在)时,它将失败。

我们从训练数据中删除了一些额外的变量——这个步骤可以在建模之前基于专家的判断进行,也可以自动进行。后一种方法将涉及运行一个小型模型以及检查全局特征的重要性:如果结果显示一个非常重要的特征优于其他特征,那么它就是一个潜在的泄漏源:

```
xtrain.drop(['arrival_date_year','assigned_room_type', 'booking_changes',
'reservation_status', 'country', 'days_in_waiting_list'], axis=1, inplace=True)


num_features = ["lead_time","arrival_date_week_number",
                "arrival_date_day_of_month",
                "stays_in_weekend_nights",
                "stays_in_week_nights","adults","children",
                "babies","is_repeated_guest", "previous_cancellations",
                "previous_bookings_not_canceled","agent","company",
                "required_car_parking_spaces",
```

```
                    "total_of_special_requests", "adr"]

cat_features = ["hotel","arrival_date_month","meal","market_segment",
                "distribution_channel","reserved_room_type",
                "deposit_type","customer_type"]

def one_hot_cat_column(feature_name, vocab):
    return tf.feature_column.indicator_column(
        tf.feature_column.categorical_column_with_vocabulary_list(feature_name,
                                                                  vocab))
feature_columns = []
for feature_name in cat_features:
    # Need to one-hot encode categorical features.
    vocabulary = xtrain[feature_name].unique()
    feature_columns.append(one_hot_cat_column(feature_name, vocabulary))

for feature_name in num_features:
    feature_columns.append(tf.feature_column.numeric_column(feature_name,
                                              dtype = tf.float32))
```

下一步需要为增强树算法创建输入函数：我们指定如何将数据读入我们的模型，以便用于训练和推断。我们在 tf.data API 中使用 from_ tensor_slices 方法，直接从 pandas 读取数据：

```
NUM_EXAMPLES = len(ytrain)

def make_input_fn(X, y, n_epochs = None, shuffle = True):

    def input_fn():

        dataset = tf.data.Dataset.from_tensor_slices((dict(X),y))
        if shuffle:

            dataset = dataset.shuffle(NUM_EXAMPLES)
        # For training, cycle thru dataset as many times as need (n_epochs = None).
        dataset = dataset.repeat(n_epochs)
        # In memory training doesn't use batching.
        dataset = dataset.batch(NUM_EXAMPLES)
        return dataset
    return input_fn

# Training and evaluation input functions.
train_input_fn = make_input_fn(xtrain, ytrain)
eval_input_fn = make_input_fn(xvalid, yvalid, shuffle = False, n_epochs = 1)
```

现在我们可以构建实际的 BoostedTrees 模型。我们设置了一个最小的参数列表（max_depth 是最重要的参数之一），没有在定义中指定的参数将保持默认值，这可以通过文档中的帮助函数找到：

```
params = {
    'n_trees': 125,
    'max_depth': 5,
    'n_batches_per_layer': 1,
    'center_bias': True
}

est = tf.estimator.BoostedTreesClassifier(feature_columns, **params)
# Train model.
est.train(train_input_fn, max_steps = 100)
```

一旦训练了一个模型，就可以用不同的度量来评估性能。BoostedTreesClassifier 包含一个评估方法和输出涵盖广泛的可能的指标；具体应用中使用哪些度量标准依赖于特定的应用程序，默认输出已经允许我们从不同的角度来评估模型（例如，如果我们正在处理一个高度不平衡的数据集，那么 auc 可能会产生一些误导，此时也应该评估损失）。要获得更详细的解释，读者可以参考文档：https://www.tensorflow.org/api_docs/python/tf/estimator/BoostedTreesClassifier。

```
# Evaluation
results = est.evaluate(eval_input_fn)
pd.Series(results).to_frame()
```

你看到的结果应该是这样的：

	0
accuracy	0.741732
accuracy_baseline	0.916010
auc	0.646061
auc_precision_recall	0.200471
average_loss	0.521212
label/mean	0.083990
loss	0.521212
precision	0.135165
prediction/mean	0.348795
recall	0.384375
global_step	100.000000

```
pred_dicts = list(est.predict(eval_input_fn))
probs = pd.Series([pred['probabilities'][1] for pred in pred_dicts])
```

我们可以在不同的普遍性水平上评估结果,全局和局部之间的差异细节如下所述。让我们从受试者工作特征(Receiver Operating Characteristic,ROC)曲线开始,这是一个显示在所有可能的分类阈值下分类模型性能的图表。我们绘制假阳性率与真阳性率的关系图:一个随机分类器应该是一条从(0,0)到(1,1)的对角线,我们离那个场景越远,越靠近左上角,分类器就越好:

```
fpr, tpr, _ = roc_curve(yvalid, probs)
plt.plot(fpr, tpr)
plt.title('ROC curve')
plt.xlabel('false positive rate')
plt.ylabel('true positive rate')
plt.xlim(0,); plt.ylim(0,); plt.show()
```

经过训练的分类器的 ROC 如图 5.1 所示。

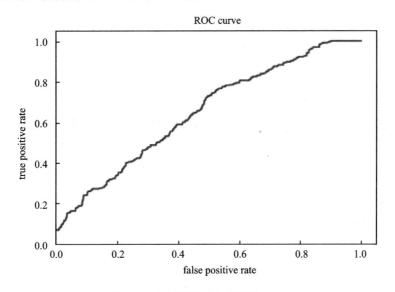

图 5.1　经过训练的分类器的 ROC

局部可解释性指的是在单个示例级别上对模型预测的理解:我们将创建并可视化每个实例的贡献。如果需要向表现出技术认知多样性的观众解释模型预测,这将尤其有用。我们将这些值称为方向特征贡献(Directional Feature Contribution,DFC):

```
pred_dicts = list(est.experimental_predict_with_explanations(eval_input_fn))

# Create DFC Pandas dataframe.
labels = yvalid.values
probs = pd.Series([pred['probabilities'][1] for pred in pred_dicts])
```

```
df_dfc = pd.DataFrame([pred['dfc'] for pred in pred_dicts])
df_dfc.describe().T
```

	count	mean	std	min	25%	50%	75%	max
arrival_date_week_number	3810.0	0.019350	0.022113	-0.030147	0.005745	0.014741	0.019361	0.13834
arrival_date_day_of_month	3810.0	0.014576	0.025335	-0.011630	0.000000	0.003322	0.004134	0.09222
lead_time	3810.0	0.005081	0.068627	-0.203443	-0.030246	0.015132	0.048495	0.15737
market_segment	3810.0	-0.011470	0.039524	-0.174266	-0.044574	-0.011785	0.025545	0.05854
agent	3810.0	0.004215	0.019723	-0.090495	-0.002943	0.002157	0.013018	0.08341
previous_cancellations	3810.0	-0.025231	0.020449	-0.070469	-0.039491	-0.026849	-0.009798	0.25100
adr	3810.0	0.015954	0.019125	-0.048982	0.001744	0.010666	0.027898	0.13844
total_of_special_requests	3810.0	-0.020157	0.051674	-0.093304	-0.051190	-0.035322	-0.005823	0.14547
deposit_type	3810.0	-0.021982	0.013524	-0.077839	-0.023315	-0.022245	-0.020574	0.14937
arrival_date_month	3810.0	0.010577	0.009856	-0.029990	0.005439	0.013877	0.017266	0.08978
customer_type	3810.0	-0.001571	0.034125	-0.128769	-0.009160	0.005580	0.017889	0.13140
required_car_parking_spaces	3810.0	-0.016367	0.037135	-0.159597	-0.016156	-0.007631	-0.003485	0.03503
adults	3810.0	-0.001510	0.003977	-0.028990	-0.003076	-0.001080	0.000000	0.06405
distribution_channel	3810.0	-0.002297	0.006363	-0.033720	-0.003365	-0.000672	0.001582	0.11527
children	3810.0	0.000147	0.003054	-0.014593	0.000000	0.000097	0.001040	0.01483
previous_bookings_not_canceled	3810.0	-0.000586	0.008589	-0.153374	-0.001013	0.000116	0.000240	0.08456
meal	3810.0	-0.000992	0.003895	-0.021380	-0.002687	-0.001077	-0.000020	0.07996
babies	3810.0	0.000000	0.000000	0.000000	0.000000	0.000000	0.000000	0.00000
company	3810.0	0.000000	0.000000	0.000000	0.000000	0.000000	0.000000	0.00000
hotel	3810.0	0.000000	0.000000	0.000000	0.000000	0.000000	0.000000	0.00000

第一眼看上去,完整的 DFC DataFrame 的完整摘要可能有些令人难以接受,而在实践中,人们最可能关注的是列的一个子集。我们在每行中得到的都是验证集中所有观察值的特性(第一行是 arrival_date_week_number,第二行是 arrival_date_day_of_month,等等)方向性贡献的汇总统计信息(平均值、标准等)。

它是如何工作的

下面的代码块演示了为特定记录提取预测所需的特性贡献的步骤。为了方便和可重用,我们定义了一个函数,首先绘制选定的记录(为了更容易解释,我们希望使用不同的颜色来绘制特性的重要性,这取决于它们的贡献是积极的还是消极的):

```
def _get_color(value):
    """To make positive DFCs plot green, negative DFCs plot red."""
    green, red = sns.color_palette()[2:4]
    if value >= 0: return green
    return red


def _add_feature_values(feature_values, ax):
    """Display feature's values on left of plot."""
    x_coord = ax.get_xlim()[0]
        OFFSET = 0.15
        for y_coord, (feat_name, feat_val) in enumerate(feature_values.
```

```
                                                    items()):
            t = plt.text(x_coord, y_coord - OFFSET, '{}'.format(feat_val),
                                                    size = 12)
            t.set_bbox(dict(facecolor = 'white', alpha = 0.5))
    from matplotlib.font_manager import FontProperties
    font = FontProperties()
    font.set_weight('bold')
    t = plt.text(x_coord, y_coord + 1 - OFFSET, 'feature\nvalue',
    fontproperties = font, size = 12)


def plot_example(example):
    TOP_N = 8 # View top 8 features.
    sorted_ix = example.abs().sort_values()[-TOP_N:].index # Sort by magnitude.
    example = example[sorted_ix]
    colors = example.map(_get_color).tolist()
    ax = example.to_frame().plot(kind = 'barh',
                                 color = [colors],
                                 legend = None,
                                 alpha = 0.75,
                                 figsize = (10,6))
    ax.grid(False, axis = 'y')
    ax.set_yticklabels(ax.get_yticklabels(), size = 14)

    # Add feature values.
    _add_feature_values(xvalid.iloc[ID][sorted_ix], ax)
    return ax
```

使用定义的样板代码,以一种直接的方式绘制特定记录的详细图:

```
ID = 10
example = df_dfc.iloc[ID] # Choose ith example from evaluation set.
TOP_N = 8 # View top 8 features.
sorted_ix = example.abs().sort_values()[-TOP_N:].index
ax = plot_example(example)
ax.set_title('Feature contributions for example {}\n pred: {:.1.2f}; label:
{}'.format(ID, probs[ID], labels[ID]))
ax.set_xlabel('Contribution to predicted probability', size = 14)
plt.show()
```

输出如图 5.2 所示。

除了在个体观察层面分析特征相关性以外,我们还可以从全局(聚合)的角度进行分析。全局可解释性指的是对模型作为一个整体的理解:我们将检索和可视化基于增益的特征重要性和排列特征重要性,并显示聚合的 DFC。

基于增益的特征重要性衡量在某一特征上分割时的损失变化,而基于排列的特征重要性计算是通过对每个特征逐个洗牌,并将模型性能的变化归因到洗牌特征上来评

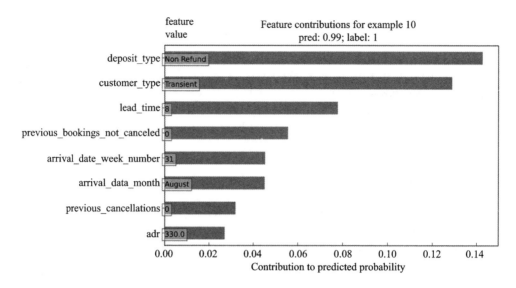

图 5.2　不同特征对预测概率的影响

估模型在评估集上的性能的。

一般来说,排列特征的重要性优先于基于增益的特征重要性,尽管在潜在预测变量的测量尺度或类别数量不同以及特征相关的情况下,这两种方法可能不可靠。

计算排列重要度的函数为

```
def permutation_importances(est, X_eval, y_eval,metric, features):
    """Column by column, shuffle values and observe effect on eval set.

    source：http://explained.ai/rf-importance/index.html
    A similar approach can be done during training. See "Drop-column importance"
    in the above article."""
    baseline = metric(est, X_eval, y_eval)
    imp = []
    for col in features:
        save = X_eval[col].copy()
        X_eval[col] = np.random.permutation(X_eval[col])
        m = metric(est, X_eval, y_eval)
        X_eval[col] = save
        imp.append(baseline - m)
    return np.array(imp)


def accuracy_metric(est, X, y):
    """TensorFlow estimator accuracy."""
    eval_input_fn = make_input_fn(X,
                                  y = y, shuffle = False,
```

```
                                n_epochs = 1)
        return est.evaluate(input_fn = eval_input_fn)['accuracy']
```

我们使用以下函数来显示最相关的列：

```
features = CATEGORICAL_COLUMNS + NUMERIC_COLUMNS
importances = permutation_importances(est, dfeval, y_eval, accuracy_metric,
                                        features)
df_imp = pd.Series(importances, index = features)


sorted_ix = df_imp.abs().sort_values().index
ax = df_imp[sorted_ix][-5:].plot(kind = 'barh', color = sns_colors[2],
figsize = (10, 6))
ax.grid(False, axis = 'y')
ax.set_title('Permutation feature importance')
plt.show()
```

输出如图 5.3 所示。

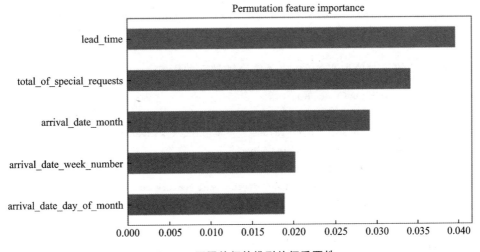

图 5.3   不同特征的排列特征重要性

我们用下面的函数以同样的方式显示增益特征重要列：

```
importances = est.experimental_feature_importances(normalize = True)
df_imp = pd.Series(importances)


# Visualize importances.
N = 8
ax = (df_imp.iloc[0:N][::-1]
    .plot(kind = 'barh',
        color = sns_colors[0],
        title = 'Gain feature importances',
```

```
                figsize = (10, 6)))
ax.grid(False, axis = 'y')
```

输出如图 5.4 所示。

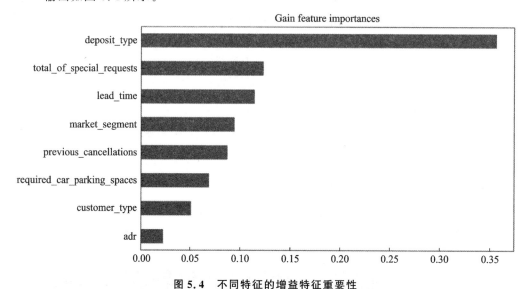

图 5.4　不同特征的增益特征重要性

可将 DFC 的绝对值取平均值，以了解全球层面的影响：

```
dfc_mean = df_dfc.abs().mean()
N = 8
sorted_ix = dfc_mean.abs().sort_values()[-N:].index # Average and sort by absolute.
ax = dfc_mean[sorted_ix].plot(kind = 'barh',
                    color = sns_colors[1],
                    title = 'Mean |directional feature contributions|',
                    figsize = (10, 6))
ax.grid(False, axis = 'y')
```

输出如图 5.5 所示。

在本示例中，我们介绍了 GradientBoostingClassifier 的 TF 实现，这是一种灵活的模型体系结构，适用于各种表格数据问题。我们还建立了一个模型来解决一个实际的业务问题，即预测客户取消酒店预订的概率，在这个过程中，我们引入了 TF boosting Trees 管道的所有相关组件：

➢ 准备与模型一起使用的数据；

➢ 使用 tf.estimator 配置 GradientBoostingClassifier；

➢ 在全局和局部水平上评估特征的重要性和模型的可解释性。

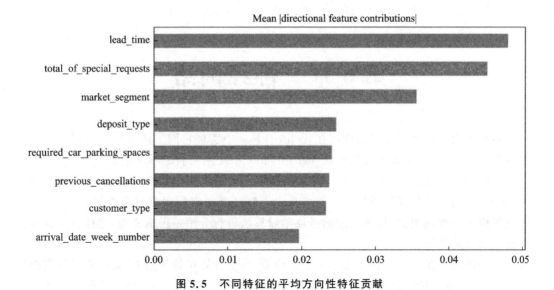

图 5.5　不同特征的平均方向性特征贡献

第6章 神经网络

本章将介绍神经网络以及如何在 TensorFlow 中实现它们。接下来的大部分章节都将基于神经网络,所以学习如何在 TensorFlow 中使用它们是非常重要的。

目前,神经网络在图像和语音识别、阅读笔迹、理解文本、图像分割、对话系统、自动驾驶等领域的使用都在打破纪录。虽然其中一些任务将在后面的章节中讨论,但将神经网络作为一种通用的、易于实现的机器学习算法进行介绍是很重要的,这样我们就可以在后面对其进行扩展了。

神经网络的概念已经存在几十年了。然而,由于计算机处理能力、算法效率和数据规模的进步,我们现在已经拥有训练大型网络的计算能力,因此神经网络只是最近才受到关注。

从根本上说,神经网络是应用于输入数据矩阵的一系列操作。这些操作通常是加法和乘法的集合,然后是非线性函数的应用。例如第 4 章中所介绍的逻辑回归,它是部分斜率–特征乘积的和,然后应用 sigmoid 函数进行了计算,其中 sigmoid 函数是非线性的。神经网络通过允许任何运算和非线性函数的组合(包括绝对值、最大值、最小值等的应用)进一步推广了这一点。

神经网络最重要的技巧是反向传播。反向传播是一个过程,它允许我们根据学习率和损失函数的输出来更新模型变量。在第 3 和 4 章中,我们使用反向传播更新了我们的模型变量。

关于神经网络,另一个需要注意的重要特征是非线性激活函数。由于大多数神经网络只是加法和乘法操作的组合,所以它们将无法为非线性数据集建模。为了解决这个问题,我们将在神经网络中使用非线性激活函数,这将使神经网络适应大多数非线性情况。

重要的是要记住,正如我们在许多算法中看到的,神经网络对我们选择的超参数是敏感的。在本章中,我们将探讨不同学习率、损失函数和优化程序的影响。

这里向大家推荐一些更多的资源来学习神经网络,它们更深入、更详细地介绍了这个主题:

➢ 描述反向传播的开创性论文是 Yann LeCun 等人的 *efficient Back Prop*。该论文的 PDF 版本可登录 http://yann. lecun. com/exdb/publis/pdf/lecun-98b. pdf 查阅。

➢ 为了介绍更实用的方法和神经网络,Andrej Karpathy 写了一篇很棒的 JavaScript 示例总结,名为 *A Hacker's Guide to Neural Networks*,可登录 http://karpathy. github. io/neuralnets/查阅。

➢ Ian Goodfellow、Yoshua Bengio 和 Aaron Courville 创办的"初学者深度学习"网站也很好地总结了深度学习,读者可登录 http://randomekek. github. io/deep/ deeplearning. html 进行学习。

在学习多层网络之前,首先介绍神经网络的基本概念。最后一节将创建一个神经网络,学习如何使用 Tic‐Tac‐Toe。

本章将介绍以下内容:

➢ 实现操作门;

➢ 使用门和激活函数;

➢ 使用单层神经网络;

➢ 实现不同的层;

➢ 使用多层网络;

➢ 改进线性模型的预测;

➢ 学习使用 Tic‐Tac‐Toe。

读者可以在 https://github. com/PacktPublishing/Machine-Learning-Using-TensorFlow-Cookbook 上找到本章的所有代码,也可以在 Packt repository 的 https:// github. com/PacktPublishing/Machine-Learning-Using- TensorFlow-Cookbook 上找到。

6.1 实现操作门

神经网络的一个最基本的概念是它作为一个操作门的功能。本节将从一个作为门的乘法操作开始,然后考虑嵌套门操作。

准 备

我们实现的第一个操作门是 $f(x) = a \cdot x$,如下:

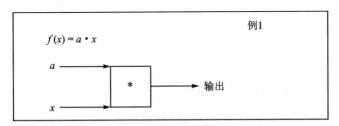

为了优化这个门,我们声明输入 a 为一个变量,x 为模型的输入张量。这意味着 TensorFlow 将尝试改变 a 值而不是 x 值。我们将创建损失函数作为输出和目标值之间的差值,目标值为 50。

第二个嵌套的操作门是 $f(x) = a \cdot x + b$,如下:

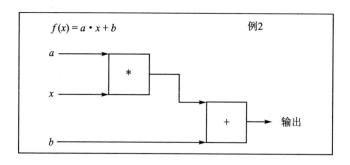

同样,我们将 a 和 b 作为变量,x 作为模型的输入张量。我们再次将输出优化为目标值 50。值得注意的是,第二个例子的解决方案不是唯一的。有许多模型变量的组合都允许输出为 50。使用神经网络,我们不太关心中间模型变量的值,而是强调期望的输出。

怎么做

为了在 TensorFlow 中实现第一个操作门 $f(x) = a \cdot x$,并且输出训练为 50 的值,我们将遵循以下步骤:

1. 从加载 TensorFlow 开始:

```
import tensorflow as tf
```

2. 声明模型变量和输入数据。我们将输入数据设为 5,以便使乘法因子为 10(即 $5 \times 10 = 50$),如下所示:

```
a = tf.Variable(4.)
x_data = tf.keras.Input(shape = (1,))
x_val = 5.
```

3. 创建一个 lambda 层来计算操作,并使用以下输入创建一个功能性 Keras 模型:

```
multiply_layer = tf.keras.layers.Lambda(lambda x:tf.multiply(a, x))
outputs = multiply_layer(x_data)
model = tf.keras.Model(inputs = x_data, outputs = outputs,
name = "gate_1")
```

4. 将优化算法声明为随机梯度下降,如下所示:

```
optimizer = tf.keras.optimizers.SGD(0.01)
```

5. 将模型输出优化为所需的值 50。我们将用损失函数作为输出和期望目标值 50 之间的 L2 距离。为此,我们不断输入 5,并反向传播损失,使模型变量向值 10 更新,如下所示:

```
print('Optimizing a Multiplication Gate Output to 50.')
for i in range(10):
```

```
# Open a GradientTape.
with tf.GradientTape() as tape:

    # Forward pass.
    mult_output = model(x_val)

    # Loss value as the difference between the output and a target value, 50.
    loss_value = tf.square(tf.subtract(mult_output, 50.))

# Get gradients of loss with reference to the variable "a" to adjust.
gradients = tape.gradient(loss_value, a)

# Update the variable "a" of the model.
optimizer.apply_gradients(zip([gradients], [a]))

print("{} * {} = {}".format(a.numpy(), x_val, a.numpy() * x_val))
```

6. 第 5 步的操作应该会产生如下输出:

```
Optimizing a Multiplication Gate Output to 50.
7.0 * 5.0 = 35.0
8.5 * 5.0 = 42.5
9.25 * 5.0 = 46.25
9.625 * 5.0 = 48.125
9.8125 * 5.0 = 49.0625
9.90625 * 5.0 = 49.5312
9.95312 * 5.0 = 49.7656
9.97656 * 5.0 = 49.8828
9.98828 * 5.0 = 49.9414
9.99414 * 5.0 = 49.9707
```

接下来,对两个嵌套的操作门 $f(x) = a \cdot x + b$ 进行相同的操作。

7. 以与前面示例完全相同的方式开始,但将初始化两个模型变量 a 和 b,如下所示:

```
import tensorflow as tf
# Initialize variables and input data
x_data = tf.keras.Input(dtype=tf.float32, shape=(1,))
x_val = 5.
a = tf.Variable(1., dtype=tf.float32)
b = tf.Variable(1., dtype=tf.float32)

# Add a layer which computes f(x) = a * x
multiply_layer = tf.keras.layers.Lambda(lambda x:tf.multiply(a, x))
```

```
# Add a layer which computes f(x) = b + x
add_layer = tf.keras.layers.Lambda(lambda x:tf.add(b, x))

res = multiply_layer(x_data)
outputs = add_layer(res)

# Build the model
model = tf.keras.Model(inputs = x_data, outputs = outputs,
name = "gate_2")

# Optimizer
optimizer = tf.keras.optimizers.SGD(0.01)
```

8. 现在对模型变量进行优化，将输出训练为目标值 50，如下所示：

```
print('Optimizing two Gate Output to 50.')
for i in range(10):

    # Open a GradientTape.
    with tf.GradientTape(persistent = True) as tape:

        # Forward pass.
        two_gate_output = model(x_val)

        # Loss value as the difference between
        # the output and a target value, 50.
        loss_value = tf.square(tf.subtract(two_gate_output, 50.))

    # Get gradients of loss with reference to
    # the variables "a" and "b" to adjust.
    gradients_a = tape.gradient(loss_value, a)
    gradients_b = tape.gradient(loss_value , b)
    # Update the variables "a" and "b" of the model.
    optimizer.apply_gradients(zip([gradients_a, gradients_b], [a,b]))

    print("Step: {} ==> {} * {} + {} = {}".format(i, a.numpy(),
                                                   x_val, b.numpy(),
                                                   a.numpy() * x_val + b.
numpy()))
```

9. 第 8 步的操作应该会产生如下输出：

```
Optimizing Two Gate Output to 50.
5.4 * 5.0 + 1.88 = 28.88
```

```
7.512  *  5.0  +  2.3024  =  39.8624
8.52576  *  5.0  +  2.50515  =  45.134
9.01236  *  5.0  +  2.60247  =  47.6643
9.24593  *  5.0  +  2.64919  =  48.8789
9.35805  *  5.0  +  2.67161  =  49.4619
9.41186  *  5.0  +  2.68237  =  49.7417
9.43769  *  5.0  +  2.68754  =  49.876
9.45009  *  5.0  +  2.69002  =  49.9405
9.45605  *  5.0  +  2.69121  =  49.9714
```

这里需要注意的是,第二个例子的解不是唯一的。这在神经网络中并不重要,因为所有参数都是为了减少损失而调整的。这里的最终解将取决于 a 和 b 的初始值。如果这些是随机初始化的,而不是 1 的值,我们将看到每次迭代的模型变量的不同结束值。

它是如何工作的

我们通过 TensorFlow 的隐式反向传播实现了计算门的优化。TensorFlow 跟踪模型的操作和变量值,并根据优化算法规范和损失函数的输出进行调整。

我们可以继续扩展操作门,同时跟踪哪些输入是变量,哪些输入是数据。记住这一点很重要,因为 TensorFlow 会改变所有变量来最小化损失,但不会改变数据。

跟踪计算图和自动更新模型变量的隐式能力是 TensorFlow 的伟大特性之一,也是它如此强大的原因。

6.2　使用门和激活函数

现在我们可以将操作门连接在一起,希望通过激活函数运行计算图形输出。本节将介绍常见的激活函数。

准　备

本节将比较和对比两种不同的激活函数:sigmoid 和 rectified linear unit(ReLU)。回想一下,这两个函数由下列方程给出:

$$\text{sigmoid}(x) = \sigma(x) = \frac{1}{1 + e^x}$$

$$\text{ReLU}(x) = \max(0, x)$$

在本例中,我们将创建两个具有相同结构的单层神经网络,其中一个通过 sigmoid 激活函数提供信息,另一个通过 ReLU 激活函数提供信息。损失函数由 L2 到值 0.75 的距离决定。我们将随机抽取批处理数据,然后将输出优化到 0.75。

怎么做

我们将按如下步骤进行：

1. 从加载必要的库开始。这也是我们如何使用 TensorFlow 设置随机种子的一个好方法。因为我们将使用 NumPy 和 TensorFlow 中的随机数生成器，所以需要为两者设置一个随机种子。使用相同的随机种子集，应该能够复制结果。通过以下输入来完成：

```
import tensorflow as tf
import numpy as np
import matplotlib.pyplot as plt
tf.random.set_seed(5)
np.random.seed(42)
```

2. 声明批大小、模型变量和数据模型输入。我们的计算图包括将正态分布的数据输入到两个相似的神经网络中，它们的区别仅在于最后的激活函数，如下所示：

```
batch_size = 50
x_data = tf.keras.Input(shape = (1,))
x_data = tf.keras.Input(shape = (1,))
a1 = tf.Variable(tf.random.normal(shape = [1,1], seed = 5))
b1 = tf.Variable(tf.random.uniform(shape = [1,1], seed = 5))
a2 = tf.Variable(tf.random.normal(shape = [1,1], seed = 5))
b2 = tf.Variable(tf.random.uniform(shape = [1,1], seed = 5))
```

3. 声明两个模型，sigmoid 激活模型和 ReLU 激活模型，如下所示：

```
class MyCustomGateSigmoid(tf.keras.layers.Layer):

def init (self, units, a1, b1):
    super(MyCustomGateSigmoid, self). init ()
    self.units = units
    self.a1 = a1
    self.b1 = b1

# Compute f(x) = sigmoid(a1 * x + b1)
def call(self, inputs):
    return tf.math.sigmoid(inputs * self.a1 + self.b1)

# Add a layer which computes f(x) = sigmoid(a1 * x + b1)
my_custom_gate_sigmoid = MyCustomGateSigmoid(units = 1, a1 = a1, b1 = b1)
output_sigmoid = my_custom_gate_sigmoid(x_data)

# Build the model
```

```
model_sigmoid = tf.keras.Model(inputs = x_data, outputs = output_
sigmoid, name = "gate_sigmoid")

class MyCustomGateRelu(tf.keras.layers.Layer):
def __init__ (self, units, a2, b2):
    super(MyCustomGateRelu, self).__init__ ()
    self.units = units
    self.a2 = a2
    self.b2 = b2

# Compute f(x) = relu(a2 * x + b2)
def call(self, inputs):
    return tf.nn.relu(inputs * self.a2 + self.b2)

# Add a layer which computes f(x) = relu(a2 * x + b2)
my_custom_gate_relu = MyCustomGateRelu(units = 1, a2 = a2, b2 = b2)
outputs_relu = my_custom_gate_relu(x_data)

# Build the model
model_relu = tf.keras.Model(inputs = x_data, outputs = outputs_relu,
name = "gate_relu")
```

4. 声明优化算法并初始化变量,如下所示:

```
optimizer = tf.keras.optimizers.SGD(0.01)
```

5. 循环进行两个模型的 750 次迭代训练,如下面的代码块所示。损失函数将是模型输出和 0.75 值之间的 L2 平均范数。我们还将保存损失输出和激活输出值,以便稍后绘图。

```
# Run loop across gate
print('\n Optimizing Sigmoid AND Relu Output to 0.75')
loss_vec_sigmoid = []
loss_vec_relu = []

activation_sigmoid = []
activation_relu = []

for i in range(500):

    rand_indices = np.random.choice(len(x), size = batch_size)
    x_vals = np.transpose([x[rand_indices]])
    # Open a GradientTape.
    with tf.GradientTape(persistent = True) as tape:
```

```
        # Forward pass.
        output_sigmoid = model_sigmoid(x_vals)
        output_relu = model_relu(x_vals)

        # Loss value as the difference as the difference between
        # the output and a target value, 0.75.
        loss_sigmoid = tf.reduce_mean(tf.square(tf.subtract(output_ sigmoid, 0.75)))
        loss_vec_sigmoid.append(loss_sigmoid)
        loss_relu = tf.reduce_mean(tf.square(tf.subtract(output_ relu, 0.75)))
        loss_vec_relu.append(loss_relu)

    # Get gradients of loss_ sigmoid with reference to the variable "a1" and "b1" to
# adjust.
        gradients_a1 = tape.gradient(loss_sigmoid, my_custom_gate_ sigmoid.a1)

        gradients_b1 = tape.gradient(loss_sigmoid , my_custom_gate_ sigmoid.b1)

        # Get gradients of loss_relu with reference to the variable "a2" and "b2" to adjust.
        gradients_a2 = tape.gradient(loss_relu, my_custom_gate_relu.a2)
        gradients_b2 = tape.gradient(loss_relu , my_custom_gate_relu.b2)

        # Update the variable "a1" and "b1" of the model.
        optimizer.apply_gradients(zip([gradients_a1, gradients_b1], [my_ custom_gate_sig-
moid.a1, my_custom_gate_sigmoid.b1]))

        # Update the variable "a2" and "b2" of the model.
        optimizer.apply_gradients(zip([gradients_a2, gradients_b2], [my_ custom_gate_relu.
a2, my_custom_gate_relu.b2]))

        output_sigmoid = model_sigmoid(x_vals)
        output_relu = model_relu(x_vals)

        activation_sigmoid.append(np.mean(output_sigmoid))
        activation_relu.append(np.mean(output_relu))

        if i % 50 == 0：
            print('sigmoid = ' + str(np.mean(output_sigmoid)) + ' relu = ' + str(np.mean
(output_relu)))
```

6. 为了绘制损失函数和激活函数,我们需要输入以下代码:

```
plt.plot(activation_sigmoid, 'k-', label = 'Sigmoid Activation')
plt.plot(activation_relu, 'r--',label = 'Relu Activation')
plt.ylim([0, 1.0])
```

```
plt.title('Activation Outputs')
plt.xlabel('Generation')
plt.ylabel('Outputs')
plt.legend(loc = 'upper right')
plt.show()
plt.plot(loss_vec_sigmoid, 'k-', label = 'Sigmoid Loss')
plt.plot(loss_vec_relu, 'r--', label = 'Relu Loss')
plt.ylim([0, 1.0])
plt.title('Loss per Generation')
plt.xlabel('Generation')
plt.ylabel('Loss')
plt.legend(loc = 'upper right')
plt.show()
```

sigmoid 激活函数的网络和 ReLU 激活函数的网络的计算图输出如图 6.1 所示。

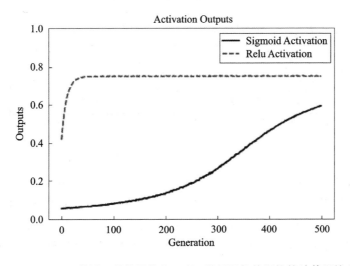

图 6.1　sigmoid 激活函数的网络和 ReLU 激活函数的网络的计算图输出

虽然这两种神经网络具有相似的架构和目标(0.75),但却具有两种不同的激活函数,即 sigmoid 和 ReLU。值得注意的是,与 sigmoid 激活函数相比,ReLU 激活函数网络收敛到目标 0.75 的速度要快得多,如图 6.2 所示。

它是如何工作的

鉴于 ReLU 激活函数的形式,它比 sigmoid 激活函数更经常地返回 0 值。我们认为这种行为是一种稀疏性。这种稀疏性导致收敛速度加快,却失去了控制梯度。另外,sigmoid 激活函数具有非常好的控制梯度,并且不会像 ReLU 激活函数那样冒极值的风险,如表 6.1 所列。

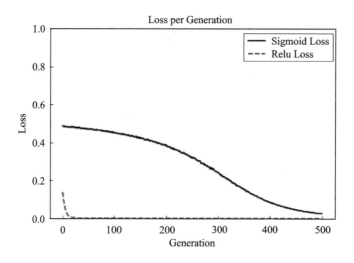

注意：在迭代开始时，ReLU 的损失是很严重的。

图 6.2　sigmoid 激活函数和 ReLU 激活函数网络的损失值

表 6.1　sigmoid 激活函数和 ReLU 激活函数优劣的比较

激活函数	优　势	劣　势
sigmoid	不那么极端的输出	收敛慢
ReLU	收敛快速	可能有极端输出值

更　多

　　本节比较了神经网络的 ReLU 激活函数和 sigmoid 激活函数。实际上，还有许多其他的激活函数用于神经网络，但大多数可分为两类：第一类包含类似于 sigmoid 函数的函数，如 arctan、hypertangent、heaviside step，等等；第二类包含类似于 ReLU 激活函数的函数，如 softplus、leaky ReLU 等。本节讨论的关于比较这两个函数的大部分内容都适用于这两类的激活函数。但需要注意的是，激活函数的选择对神经网络的收敛和输出有很大的影响。

6.3　使用单层神经网络

　　我们拥有实现对真实数据进行操作的神经网络所需的所有工具，因此本节将创建一个具有对 iris 数据集进行操作的层的神经网络。

准　备

　　本节将实现一个具有一个隐藏层的神经网络。了解全连接神经网络主要基于矩阵乘法是很重要的,因此,正确排列数据和矩阵的维度是很重要的。

由于这是一个回归问题,所以我们将使用均方误差(MSE)作为损失函数。

怎么做

我们将按如下步骤进行:

1. 为了创建计算图,我们将从加载以下必要的库开始:

```
import matplotlib.pyplot as plt
import numpy as np
import tensorflow as tf
from sklearn import datasets
```

2. 加载 iris 数据,并使用以下代码将长度存储为目标值:

```
iris = datasets.load_iris()
x_vals = np.array([x[0:3] for x in iris.data])
y_vals = np.array([x[3] for x in iris.data])
```

3. 由于数据集更小,我们将设置一个种子,使结果可重现,如下所示:

```
seed = 3
tf.set_random_seed(seed)
np.random.seed(seed)
```

4. 为了准备数据,我们将创建一个 80 - 20 的训练集和测试集划分,并通过最小、最大缩放将 x 特征标准化到 0~1 之间,如下所示:

```
train_indices = np.random.choice(len(x_vals), round(len(x_vals) * 0.8),
replace = False)
test_indices = np.array(list(set(range(len(x_vals))) - set(train_indices)))
x_vals_train = x_vals[train_indices]
x_vals_test = x_vals[test_indices]
y_vals_train = y_vals[train_indices]
y_vals_test = y_vals[test_indices]

def normalize_cols(m):
    col_max = m.max(axis = 0)
    col_min = m.min(axis = 0)
    return (m - col_min) / (col_max - col_min)

x_vals_train = np.nan_to_num(normalize_cols(x_vals_train))
x_vals_test = np.nan_to_num(normalize_cols(x_vals_test))
```

5. 使用以下代码声明批大小和数据模型输入:

```
batch_size = 50
```

```
x_data = tf.keras.Input(dtype = tf.float32, shape = (3,))
```

6. 重要的部分是使用适当的形状声明模型变量。我们可以声明隐藏层的大小为我们想要的任何大小。在下面的代码块中，设置隐藏层有 5 个隐藏节点：

```
hidden_layer_nodes = 5
a1 = tf.Variable(tf.random.normal(shape = [3, hidden_layer_nodes], seed = seed))
b1 = tf.Variable(tf.random.normal(shape = [hidden_layer_nodes], seed = seed))
a2 = tf.Variable(tf.random.normal(shape = [hidden_layer_nodes, 1], seed = seed))
b2 = tf.Variable(tf.random.normal(shape = [1], seed = seed))
```

7. 分两步声明我们的模型。第一步创建隐藏层输出，第二步创建模型的 final_output，如下所示：

```
hidden_output = tf.keras.layers.Lambda(lambda x: tf.nn.relu(tf.
add(tf.matmul(x, a1), b1)))

final_output = tf.keras.layers.Lambda(lambda x: tf.nn.relu(tf.
add(tf.matmul(x, a2), b2)))

model = tf.keras.Model(inputs = x_data, outputs = output, name = "1layer_
neural_network")
```

 注意，我们的模型从 3 个输入特征到 5 个隐藏节点，最后到一个输出值。

8. 使用以下代码声明我们的优化算法：

```
optimizer = tf.keras.optimizers.SGD(0.005)
```

9. 对训练迭代进行循环。我们还将初始化两个列表，用于存储 train 和 test_loss 函数。在每一个循环中，我们还希望从训练数据中随机抽取一批用于模型拟合，如下所示：

```
# First we initialize the loss vectors for storage.
loss_vec = []
test_loss = []
for i in range(500):
    rand_index = np.random.choice(len(x_vals_train), size = batch_size)
    rand_x = x_vals_train[rand_index]
    rand_y = np.transpose([y_vals_train[rand_index]])

    # Open a GradientTape.
    with tf.GradientTape(persistent = True) as tape:

        # Forward pass.
        output = model(rand_x)
```

```
    # Apply loss function (MSE)
    loss = tf.reduce_mean(tf.square(rand_y - output))
    loss_vec.append(np.sqrt(loss))


    # Get gradients of loss with reference to the variables to adjust.
    gradients_a1 = tape.gradient(loss, a1)
    gradients_b1 = tape.gradient(loss, b1)
    gradients_a2 = tape.gradient(loss, a2)
    gradients_b2 = tape.gradient(loss, b2)


    # Update the variables of the model.
    optimizer.apply_gradients(zip([gradients_a1, gradients_b1,
gradients_a2, gradients_b2], [a1, b1, a2, b2]))


    # Forward pass.
    output_test = model(x_vals_test)
    # Apply loss function (MSE) on test
    loss_test = tf.reduce_mean(tf.square(np.transpose([y_vals_test])
- output_test))
    test_loss.append(np.sqrt(loss_test))


    if (i + 1) % 50 == 0:
        print('Generation: ' + str(i + 1) + '. Loss = ' + str(np.mean(loss)))
        print('Generation: ' + str(i + 1) + '. Loss = ' + str(temp_loss))
```

10. 利用 matplotlib 和下面的代码来绘制损失：

```
plt.plot(loss_vec, 'k-', label = 'Train Loss')
plt.plot(test_loss, 'r--', label = 'Test Loss')
plt.title('Loss (MSE) per Generation')
plt.xlabel('Generation')
plt.ylabel('Loss')
plt.legend(loc = 'upper right')
plt.show()
```

绘制的训练和测试集的损失(MSE)如图 6.3 所示。

请注意，我们还可以看到，训练集的损失不像测试集中那样平滑。这是因为：第一使用的批大小比测试集小，尽管不是很多；第二在训练集上训练，而测试集不影响模型的变量。

它是如何工作的

我们的模型现在已经被可视化为神经网络图，如图 6.4 所示。

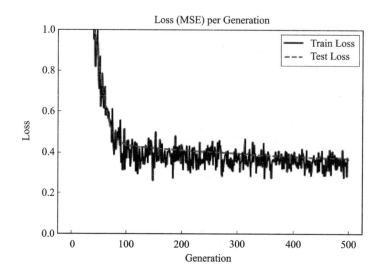

图 6.3　绘制的训练和测试集的损失（MSE）

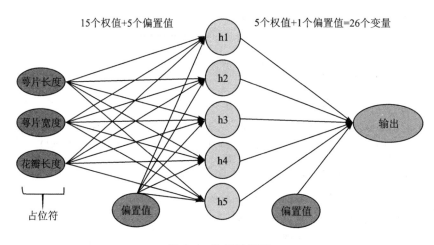

图 6.4　神经网络图

　　图 6.4 所示为神经网络的可视化，在隐层中有 5 个节点，我们选取了 3 个值：萼片长度（Sepal Length，SL）、萼片宽度（Sepal Width，SW）和花瓣长度（Petal Length，PL）。目标将是花瓣宽度。模型中总共有 26 个变量。

6.4　实现不同的层

　　了解如何实现不同的层是很重要的。在前面的教程中，我们实现了完全连接的层，本节将进一步扩展我们对各个层次的认知。

准 备

我们已经探索了如何连接数据输入和一个完全连接的隐藏层,但在 TensorFlow 中还有很多类型的层可作为内置函数使用。最常用的层是卷积层和 maxpool 层。下面将介绍如何使用输入数据和完全连接的数据创建和使用这样的层。首先,我们将了解如何在一维数据上使用这些层,然后如何在二维数据上使用这些层。

虽然神经网络可以以任何方式分层,但最常见的设计之一是首先使用卷积层和完全连接层创建特征。如果我们有太多的特性,那么通常会使用 maxpool 层。

在这些层之后,非线性层通常作为激活函数引入。卷积神经网络(Convolutional Neural Networks,CNN)将在第 8 章中介绍,其通常有卷积层、maxpool 层和激活层。

怎么做

首先来看一维数据。我们需要为这个任务生成一个随机的数据数组,步骤如下:

1. 从加载需要的库开始,如下所示:

```
import tensorflow as tf
import numpy as np
```

2. 初始化一些参数,并使用以下代码创建输入数据层:

```
data_size = 25
conv_size = 5
maxpool_size = 5
stride_size = 1
num_outputs = 5


x_input_1d = tf.keras.Input(dtype = tf.float32, shape = (data_size,1),
name = "input_layer")
```

3. 定义卷积层,如下所示:

```
my_conv_output = tf.keras.layers.Conv1D(kernel_size = (conv_size),
                                        filters = data_size,
                                        strides = stride_size,
                                        padding = "VALID",
                                        name = "convolution_layer")(x_input_1d)
```

 对于我们的示例数据,批大小为 1,宽度为 1,高度为 25,通道大小为 1。需要注意的是,我们可以用公式 output_size $= (W-F+2P)/S+1$ 计算卷积层的输出维数,其中 W 为输入尺寸,F 为滤波器尺寸,P 为填充尺寸,S 为 stride 尺寸。

4. 添加一个 ReLU 激活层,如下所示:

```
my_activation_output = tf.keras.layers.ReLU(name = "activation_layer")
```

```
(my_conv_output)
```

5. 添加一个 maxpool 层。这一层将在一维向量上的移动窗口中创建一个 max-pool。对于本例,我们将其宽度初始化为 5,如下所示:

```
my_maxpool_output = tf.keras.layers.MaxPool1D(strides = stride_size,
                                              pool_size = maxpool_size,
                                              padding = 'VALID',
                     name = "maxpool_layer")(my_activation_output)
```

 TensorFlow 的 maxpool 参数非常类似于卷积层的参数。虽然 maxpool 参数没有过滤器,但它有大小、步幅和填充选项。由于我们使用的窗口大小为 5,且采用 valid 填充(无零填充),因此输出数组将比输入数组少 4 个条目。

6. 将要连接的最后一层是全连接层。这里使用一个密集层,如下所示:

```
my_full_output = tf.keras.layers.Dense(units = num_outputs,
name = "fully_connected_layer")(my_maxpool_output)
```

7. 创建模型,并打印每层的输出,如下所示:

```
print(' >>>> 1D Data <<<< ')


model_1D = tf.keras.Model(inputs = x_input_1d, outputs = my_full_output,
name = "model_1D")
model_1D.summary()


# Input
print('\n == input_layer == ')
print('Input = array of length % d' % (x_input_1d.shape.as_list()[1]))


# Convolution
print('\n == convolution_layer == ')
print('Convolution w/filter, length = % d, stride size = % d, results
in an array of length % d' %
    (conv_size,stride_size,my_conv_output.shape.as_list()[1]))
# Activation
print('\n == activation_layer == ')
print('Input = above array of length % d' % (my_conv_output.shape.
as_list()[1]))
print('ReLU element wise returns an array of length % d' % (my_
activation_output.shape.as_list()[1]))


# Max Pool
print('\n == maxpool_layer == ')
print('Input = above array of length % d' % (my_activation_output.
```

```
shape.as_list()[1]))
print('MaxPool, window length = %d, stride size = %d, results in the
array of length %d' %
    (maxpool_size,stride_size,my_maxpool_output.shape.as_list()[1]))

# Fully Connected
print('\n== fully_connected_layer ==')
print('Input = above array of length %d' % (my_maxpool_output.shape.
as_list()[1]))
print('Fully connected layer on all 4 rowswith %d outputs' %
    (my_full_output.shape.as_list()[1]))
```

8. 第 7 步的操作应该会产生如下输出:

```
>>> 1D Data <<<
Model: "model_1D"
```

Layer (type)	Output Shape	Param #
input_layer (InputLayer)	[(None, 25, 1)]	0
convolution_layer (Conv1D)	(None, 21, 25)	150
activation_layer (ReLU)	(None, 21, 25)	0
maxpool_layer (MaxPooling1D)	(None, 17, 25)	0
fully_connected_layer (Dense	(None, 17, 5)	130

```
Total params: 280
Trainable params: 280
Non-trainable params: 0
```

```
== input_layer ==
Input = array of length 25

== convolution_layer ==
Convolution w/filter, length = 5, stride size = 1, results in an
array of length 21

== activation_layer ==
Input = above array of length 21
ReLU element wise returns an array of length 21
```

```
== maxpool_layer ==
Input = above array of length 21
MaxPool, window length = 5, stride size = 1, results in the array of
length 17

== fully_connected_layer ==
Input = above array of length 17
Fully connected layer on all 4 rows with 17 outputs
```

 对于神经网络,一维数据是非常重要的。时间序列、信号处理和一些文本嵌入被认为是一维的,且经常被用于神经网络。

现在,我们可以以等效的顺序考虑相同类型的层,但对于二维数据:

1. 从初始化变量开始,如下所示:

```
row_size = 10
col_size = 10
conv_size = 2
conv_stride_size = 2
maxpool_size = 2
maxpool_stride_size = 1
num_outputs = 5
```

2. 初始化输入数据层。由于我们的数据已经有了高度和宽度,所以只需要在两个维度上进行扩展(批大小为1,通道大小为1),如下所示:

```
x_input_2d = tf.keras.Input(dtype = tf.float32, shape = (row_size,col_
size, 1), name = "input_layer_2d")
```

3. 就像在一维示例中一样,我们现在需要添加一个 2D 卷积层。对于过滤器,我们将使用一个随机的 2×2 过滤器,在两个方向上的步幅为 2,以及有效的填充(换句话说,没有零填充)。因为我们的输入矩阵是 10×10,所以卷积输出将是 5×5,如下所示:

```
my_convolution_output_2d =
tf.keras.layers.Conv2D(kernel_size = (conv_size),
                       filters = conv_size,
                       strides = conv_stride_size,
                       padding = "VALID",
                       name = "convolution_layer_2d")(x_input_2d)
```

4. 添加一个 ReLU 激活层,如下所示:

```
my_activation_output_2d = tf.keras.layers.ReLU(name = "activation_
layer_2d")(my_convolution_output_2d)
```

5. 我们的 maxpool 层与一维的情况非常相似,除了必须为 maxpool 窗口和 stride 声明一个宽度和高度。在我们的例子中,将对所有的空间维度使用相同的值,因此设置

整数值,如下所示:

```
my_maxpool_output_2d =
tf.keras.layers.MaxPool2D(strides = maxpool_stride_size,
                          pool_size = maxpool_size,
                          padding = 'VALID',
                          name = "maxpool_layer_2d")(my_activation_output_2d)
```

6. 我们的全连接层非常类似于一维输出。这里使用密集层,如下所示:

```
my_full_output_2d = tf.keras.layers.Dense(units = num_outputs,

name = "fully_connected_layer_2d")(my_maxpool_output_2d)
```

7. 创建模型,并打印每层的输出,如下所示:

```
print(' >>>  2D Data  <<< ')

model_2D = tf.keras.Model(inputs = x_input_2d, outputs = my_full_
output_2d, name = "model_2D")
model_2D.summary()

# Input
print('\n == input_layer == ')
print('Input = % s array' % (x_input_2d.shape.as_list()[1:3]))

# Convolution
print('\n == convolution_layer == ')
print('% s Convolution, stride size = [% d, % d], results in the % s
array' %
    ([conv_size,conv_size],conv_stride_size,conv_stride_size,my_ convolution_output_
2d.shape.as_list()[1:3]))

# Activation
print('\n == activation_layer == ')
print('Input = the above % s array' % (my_convolution_output_2d.
shape.as_list()[1:3]))
print('ReLU element wise returns the % s array' % (my_activation_
output_2d.shape.as_list()[1:3]))

# Max Pool
print('\n == maxpool_layer == ')
print('Input = the above % s array' % (my_activation_output_2d.shape.
as_list()[1:3]))
print('MaxPool, stride size = [% d, % d], results in % s array' %
```

```
    (maxpool_stride_size,maxpool_stride_size,my_maxpool_output_2d.
shape.as_list()[1:3]))

# Fully Connected
print('\n == fully_connected_layer == ')
print('Input = the above % s array' % (my_maxpool_output_2d.shape.
as_list()[1:3]))
print('Fully connected layer on all % d rows results in % s outputs' %
    (my_maxpool_output_2d.shape.as_list()[1],my_full_output_2d.
shape.as_list()[3]))

feed_dict = {x_input_2d: data_2d}
```

8. 第 7 步的操作应该会产生如下输出：

```
>>>> 2D Data <<<<
Model: "model_2D"
```

Layer (type)	Output Shape	Param #
input_layer_2d (InputLayer)	[(None, 10, 10, 1)]	0
convolution_layer_2d (Conv2D	(None, 5, 5, 2)	10
activation_layer_2d (ReLU)	(None, 5, 5, 2)	0
maxpool_layer_2d (MaxPooling	(None, 4, 4, 2)	0
fully_connected_layer_2d (De	(None, 4, 4, 5)	15

```
Total params: 25
Trainable params: 25
Non-trainable params: 0
```

```
== input_layer ==
Input = [10, 10] array

== convolution_layer ==
[2, 2] Convolution, stride size = [2, 2] , results in the [5, 5]
array

== activation_layer ==
Input = the above [5, 5] array
ReLU element wise returns the [5, 5] array
```

```
 == maxpool_layer ==
Input = the above [5, 5] array
MaxPool, stride size = [1, 1], results in [4, 4] array

 == fully_connected_layer ==
Input = the above [4, 4] array
Fully connected layer on all 4 rows results in 5 outputs
```

它是如何工作的

现在我们应该知道如何在 TensorFlow 中使用卷积层和 maxpool 层来处理一维和二维数据。不管输入的形状如何,我们最终得到的输出都是相同的大小,这对说明神经网络层的灵活性很重要。本节还应该再次强调神经网络操作中形状和大小的重要性。

6.5 使用多层网络

现在,将通过在低出生体重数据集上使用多层神经网络,将不同层的知识应用到实际数据中。

准 备

现在我们知道了如何创建神经网络和处理层,现在将应用这种方法在低出生体重数据集中预测出生体重。我们将创建一个有三层隐藏层的神经网络。低出生体重数据集包括实际出生体重和一个指标变量,用于判断给定的出生体重是高于还是低于2 500 g。在这个例子中,我们将实际出生体重作为目标(回归),然后看看最后分类的准确性。最后,我们的模型应该能够确定出生体重是否会小于 2 500 g。

怎么做

我们将按如下步骤进行:
1. 从利用如下方式加载库开始。

```
import tensorflow as tf
import matplotlib.pyplot as plt
import csv
import random
import numpy as np
import requests
import os
```

2. 使用请求模块从网站加载数据。将数据分解为感兴趣特征和目标值，如下所示：

```python
# name of data file
birth_weight_file = 'birth_weight.csv'

# download data and create data file if file does not exist in
# current directory
if not os.path.exists(birth_weight_file):
    birthdata_url = https://github.com/PacktPublishing/Machine-
Learning-Using-TensorFlow-Cookbook/blob/master/ch6/06_Using_
Multiple_Layers/birth_weight.csv
    birth_file = requests.get(birthdata_url)
    birth_data = birth_file.text.split('\r\n')
    birth_header = birth_data[0].split('\t')
    birth_data = [[float(x) for x in y.split('\t') if
                                    len(x) >= 1]
for y in birth_data[1:] if len(y) >= 1]
    with open(birth_weight_file, "w") as f:
        writer = csv.writer(f)
        writer.writerows([birth_header])
        writer.writerows(birth_data)
        f.close()

# read birth weight data into memory
birth_data = []
with open(birth_weight_file, newline='') as csvfile:
    csv_reader = csv.reader(csvfile)
    birth_header = next(csv_reader)
    for row in csv_reader:
        birth_data.append(row)

birth_data = [[float(x) for x in row] for row in birth_data]

# Extract y-target (birth weight)
y_vals = np.array([x[8] for x in birth_data])

# Filter for features of interest
cols_of_interest = ['AGE', 'LWT', 'RACE','SMOKE', 'PTL', 'HT', 'UI']
x_vals = np.array([[x[ix] for ix, feature in enumerate(birth_header)
if feature in cols_of_interest] for x in birth_data])
```

3. 为了帮助实现可重复性，现在需要为 NumPy 和 TensorFlow 设置随机种子。声明的批大小如下：

```
# make results reproducible
seed = 3
np.random.seed(seed)
tf.random.set_seed(seed)
# set batch size for training
batch_size = 150
```

4. 将数据分成 80 - 20 的训练集和测试集，然后规范化输入特征，使它们在最小到最大缩放范围内介于 0 和 1 之间，如下所示：

```
train_indices = np.random.choice(len(x_vals), round(len(x_
vals) * 0.8), replace = False)
test_indices = np.array(list(set(range(len(x_vals))) - set(train_ indices)))
x_vals_train = x_vals[train_indices]
x_vals_test = x_vals[test_indices]
y_vals_train = y_vals[train_indices]
y_vals_test = y_vals[test_indices]


# Record training column max and min for scaling of non - training
# data
train_max = np.max(x_vals_train, axis = 0)
train_min = np.min(x_vals_train, axis = 0)


# Normalize by column (min - max norm to be between 0 and 1)
def normalize_cols(mat, max_vals, min_vals):
    return (mat - min_vals)/(max_vals - min_vals)


x_vals_train = np.nan_to_num(normalize_cols(x_vals_train, train_max, train_min))
x_vals_test = np.nan_to_num(normalize_cols(x_vals_test, train_max, train_min))
```

 对输入特征进行规范化是一种常见的特征转换，对神经网络尤其有用。如果我们的数据集中在激活函数的 0~1 之间，这将有助于收敛。

5. 因为有多个层，它们都有类似的初始化变量，所以现在需要创建一个函数来初始化权重和偏差。使用下面的代码来实现：

```
# Define Variable Functions (weights and bias)
def init_weight(shape, st_dev):
    weight = tf.Variable(tf.random.normal(shape, stddev = st_dev))
    return(weight)


def init_bias(shape, st_dev):
    bias = tf.Variable(tf.random.normal(shape, stddev = st_dev))
    return(bias)
```

6. 初始化输入数据层。这里将会有 7 个输入特性,输出是出生体重(以克为单位):

```
x_data = tf.keras.Input(dtype = tf.float32, shape = (7,))
```

7. 全连接层将对所有三个隐藏层使用三次。为了防止重复代码,我们将创建一个层函数,在初始化模型时使用,如下所示:

```
# Create a fully connected layer:

def fully_connected(input_layer, weights, biases):

    return tf.keras.layers.Lambda(lambda x: tf.nn.relu(tf.add(tf.
matmul(x, weights), biases)))(input_layer)
```

8. 创建模型。对于每一层(和输出层),我们将初始化一个权值矩阵、偏置矩阵和全连接层。在本例中,将使用大小为 25、10 和 3 的隐藏层:

```
# -------- Create the first layer (25 hidden nodes) --------
weight_1 = init_weight(shape = [7,25], st_dev = 5.0)
bias_1 = init_bias(shape = [25], st_dev = 10.0)
layer_1 = fully_connected(x_data, weight_1, bias_1)


# -------- Create second layer (10 hidden nodes) --------
weight_2 = init_weight(shape = [25, 10], st_dev = 5.0)
bias_2 = init_bias(shape = [10], st_dev = 10.0)
layer_2 = fully_connected(layer_1, weight_2, bias_2)


# -------- Create third layer (3 hidden nodes) --------
weight_3 = init_weight(shape = [10, 3], st_dev = 5.0)
bias_3 = init_bias(shape = [3], st_dev = 10.0)
layer_3 = fully_connected(layer_2, weight_3, bias_3)


# -------- Create output layer (1 output value) --------
weight_4 = init_weight(shape = [3, 1], st_dev = 5.0)
bias_4 = init_bias(shape = [1], st_dev = 10.0)
final_output = fully_connected(layer_3, weight_4, bias_4)


model = tf.keras.Model(inputs = x_data, outputs = final_output,
name = "multiple_layers_neural_network")
```

 我们使用的模型将有 522 个变量来拟合。为了得到这个数字,我们可以看到在数据和第一隐藏层之间有 $7 \times 25 + 25 = 200$ 个变量。如果继续这样叠加,我们将有 $200 + 260 + 33 + 4 = 497$ 个变量。这比我们在这个数据上的逻辑回归模型中使用的 9 个变量要大得多。

9. 声明优化器(使用 Adam 优化),并循环通过我们的训练迭代。我们将使用 L1 损失函数(绝对值),还将初始化两个列表,用于存储 train 和 test_loss 函数。在每个循环中,我们还希望从训练数据中随机抽取一批用于模型拟合,每 25 代打印一次状态,如下所示:

```python
# Declare Adam optimizer
optimizer = tf.keras.optimizers.Adam(0.025)


# Training loop
loss_vec = []
test_loss = []
for i in range(200):
    rand_index = np.random.choice(len(x_vals_train), size=batch_size)
    rand_x = x_vals_train[rand_index]
    rand_y = np.transpose([y_vals_train[rand_index]])

    # Open a GradientTape.
    with tf.GradientTape(persistent=True) as tape:

        # Forward pass.
        output = model(rand_x)

        # Apply loss function (MSE)
        loss = tf.reduce_mean(tf.abs(rand_y - output))
        loss_vec.append(loss)

    # Get gradients of loss with reference to the weights and bias variables to adjust.
    gradients_w1 = tape.gradient(loss, weight_1)
    gradients_b1 = tape.gradient(loss, bias_1)
    gradients_w2 = tape.gradient(loss, weight_2)
    gradients_b2 = tape.gradient(loss, bias_2)
    gradients_w3 = tape.gradient(loss, weight_3)
    gradients_b3 = tape.gradient(loss, bias_3)
    gradients_w4 = tape.gradient(loss, weight_4)
    gradients_b4 = tape.gradient(loss, bias_4)

    # Update the weights and bias variables of the model.
    optimizer.apply_gradients(zip([gradients_w1, gradients_b1,
                                   gradients_w2, gradients_b2,
                                   gradients_w3, gradients_b3,
                                   gradients_w4, gradients_b4],
                                  [weight_1, bias_1, weight_2,
                                   bias_2, weight_3, bias_3, weight_4, bias_4]))
```

```
    # Forward pass.
    output_test = model(x_vals_test)
    # Apply loss function (MSE) on test
    temp_loss = tf.reduce_mean(tf.abs(np.transpose([y_vals_test]) -
output_test))
    test_loss.append(temp_loss)

    if(i+1) % 25 == 0:
        print('Generation: ' + str(i+1) + '. Loss = ' + str(loss.numpy()))
```

10. 第 9 步的操作应该会产生如下输出：

```
Generation: 25. Loss = 1921.8002
Generation: 50. Loss = 1453.3898
Generation: 75. Loss = 987.57074
Generation: 100. Loss = 709.81696
Generation: 125. Loss = 508.625
Generation: 150. Loss = 541.36774
Generation: 175. Loss = 539.6093
Generation: 200. Loss = 441.64032
```

11. 下面是用 matplotlib 绘制训练和测试损失的代码片段：

```
plt.plot(loss_vec, 'k-', label = 'Train Loss')
plt.plot(test_loss, 'r--', label = 'Test Loss')
plt.title('Loss per Generation')
plt.xlabel('Generation')
plt.ylabel('Loss')
plt.legend(loc = 'upper right')
plt.show()
```

我们通过绘制如图 6.5 所示的图形来继续讲解。

12. 输出训练和测试回归结果，并通过创建一个指标来判断它们是高于还是低于 2 500 g，将其转化为分类结果。为了检验模型的准确性，需要使用以下代码：

```
# Model Accuracy
actuals = np.array([x[0] for x in birth_data])
test_actuals = actuals[test_indices]
train_actuals = actuals[train_indices]
test_preds = model(x_vals_test)
train_preds = model(x_vals_train)
test_preds = np.array([1.0 if x < 2500.0 else 0.0 for x intest_preds])
train_preds = np.array([1.0 if x < 2500.0 else 0.0 for x intrain_preds])
# Print out accuracies
test_acc = np.mean([x == y for x, y in zip(test_preds, test_actuals)])
```

```
train_acc = np.mean([x == y for x, y in zip(train_preds,train_ actuals)])
print('On predicting the category of low birthweight from regression output ( < 2500g):')
print('Test Accuracy: {}'.format(test_acc))
print('Train Accuracy: {}'.format(train_acc))
```

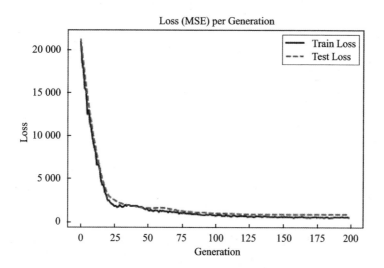

请注意,在大约 30 代之后,我们得到了一个良好的模型。

图 6.5 预测出生体重克数的神经网络的训练和测试损失

13. 第 12 步的操作应该会产生如下输出:

```
Test Accuracy: 0.7631578947368421
Train Accuracy: 0.7880794701986755
```

正如你所看到的,训练集的准确性和测试集的准确性都是相当好的,模型学习时没有过小拟合或过大拟合。

它是如何工作的

在这个教程,我们创建了一个回归神经网络,其包含三个完全连接的隐藏层,以预测低出生体重数据集的出生体重。在下一个教程中,我们将尝试改进我们的逻辑回归,使其成为一个多层的、逻辑类型的神经网络。

6.6 改进线性模型的预测

本节将尝试通过提高低出生体重预测的准确性来改进我们的逻辑模型,这里将使用神经网络。

准　备

对于这个教程，我们将加载低出生体重数据，并使用一个具有两个隐藏的完全连接层的 sigmoid 激活函数的神经网络来拟合低出生体重的概率。

怎么做

我们将按如下步骤进行：

1. 加载库并初始化我们的计算图，如下所示：

```
import matplotlib.pyplot as plt
import numpy as np
import tensorflow as tf
import requests
import os.path
import csv
```

2. 按照前面的方法加载、提取数据并对数据进行规范化，只是这里将使用低出生体重指标变量作为目标，而不是实际出生体重，如下所示：

```
# Name of data file
birth_weight_file = 'birth_weight.csv'
birthdata_url = 'https://github.com/PacktPublishing/Machine-
Learning-Using-TensorFlow-Cookbook/blob/master/ch6/06_Using_
Multiple_Layers/birth_weight.csv'

# Download data and create data file if file does not exist in current directory
if not os.path.exists(birth_weight_file):
    birth_file = requests.get(birthdata_url)
    birth_data = birth_file.text.split('\r\n')
    birth_header = birth_data[0].split('\t')
    birth_data = [[float(x) for x in y.split('\t') if len(x) >= 1]
                  for y in birth_data[1:] if len(y) >= 1]
    with open(birth_weight_file, "w") as f:
        writer = csv.writer(f)
        writer.writerows([birth_header])
        writer.writerows(birth_data)

# read birth weight data into memory
birth_data = []
with open(birth_weight_file, newline='') as csvfile:
    csv_reader = csv.reader(csvfile)
    birth_header = next(csv_reader)
```

```
    for row in csv_reader:
        birth_data.append(row)

birth_data = [[float(x) for x in row] for row in birth_data]

# Pull out target variable
y_vals = np.array([x[0] for x in birth_data])
# Pull out predictor variables (not id, not target, and not birthweight)
x_vals = np.array([x[1:8] for x in birth_data])

train_indices = np.random.choice(len(x_vals), round(len(x_
vals) * 0.8), replace = False)
test_indices = np.array(list(set(range(len(x_vals))) - set(train_ indices)))
x_vals_train = x_vals[train_indices]
x_vals_test = x_vals[test_indices]
y_vals_train = y_vals[train_indices]
y_vals_test = y_vals[test_indices]

def normalize_cols(m, col_min = np.array([None]), col_max = np.array([None])):
    if not col_min[0]:
        col_min = m.min(axis = 0)
    if not col_max[0]:
        col_max = m.max(axis = 0)
    return (m - col_min) /(col_max - col_min), col_min, col_max

x_vals_train, train_min, train_max = np.nan_to_num(normalize_cols(x_ vals_train))
x_vals_test, _, _ = np.nan_to_num(normalize_cols(x_vals_test, train_ min, train_max))
```

3. 声明批大小,以便我们的种子获得可复制的结果,输入数据层如下:

```
batch_size = 90

seed = 98
np.random.seed(seed)
tf.random.set_seed(seed)

x_data = tf.keras.Input(dtype = tf.float64, shape = (7,))
```

4. 与前面一样,现在需要声明函数来初始化模型中的变量和层。为了创建更好的逻辑函数,我们需要创建在输入层上返回逻辑层的函数。换句话说,我们将只使用一个完全连接的层,并为每一层返回一个 sigmoid 元素。重要的是要记住,我们的损失函数将包含最终的 sigmoid,所以我们希望在最后一层指定不返回输出的 sigmoid,如下所示:

```
# Create variable definition
def init_variable(shape):
    return(tf.Variable(tf.random.normal(shape = shape,
dtype = "float64", seed = seed)))

# Create a logistic layer definition
def logistic(input_layer, multiplication_weight, bias_weight,
activation = True):

    # We separate the activation at the end because the loss function will
    # implement the last sigmoid necessary
    if activation:
        return tf.keras.layers.Lambda(lambda x: tf.nn.sigmoid(tf.add(tf.matmul(x, mul-
tiplication_weight), bias_weight)))(input_layer)
    else:
        return tf.keras.layers.Lambda(lambda x: tf.add(tf.matmul(x, multiplication_
weight), bias_weight))(input_layer)
```

5. 声明三个层(两个隐藏层和一个输出层),开始初始化每个层的权重和偏差矩阵,并定义层操作如下:

```
# First logistic layer (7 inputs to 14 hidden nodes)
A1 = init_variable(shape = [7,14])
b1 = init_variable(shape = [14])
logistic_layer1 = logistic(x_data, A1, b1)

# Second logistic layer (14 hidden inputs to 5 hidden nodes)
A2 = init_variable(shape = [14,5])
b2 = init_variable(shape = [5])
logistic_layer2 = logistic(logistic_layer1, A2, b2)

# Final output layer (5 hidden nodes to 1 output)
A3 = init_variable(shape = [5,1])
b3 = init_variable(shape = [1])
final_output = logistic(logistic_layer2, A3, b3, activation = False)
# Build the model
model = tf.keras.Model(inputs = x_data, outputs = final_output,
name = "improving_linear_reg_neural_network")
```

6. 定义一个损失函数(交叉熵),并声明优化算法,如下所示:

```
# Loss function (Cross Entropy loss)
def cross_entropy(final_output, y_target):
    return tf.reduce_mean(tf.nn.sigmoid_cross_entropy_with_ logits(logits = final_out-
put, labels = y_target))
```

```
# Declare optimizer
optimizer = tf.keras.optimizers.Adam(0.002)
```

 交叉熵是一种测量概率之间距离的方法。这里,想测量确定性(0 或 1)和模型概率(0 < x < 1)之间的差异。TensorFlow 通过内置的 sigmoid 函数实现交叉熵。作为超参数调优的一部分,这也很重要,因为这样更有可能找到手头问题的最佳损失函数、学习速率和优化算法。为了简单起见,不包括超参数调优。

7. 为了评估和比较我们的模型与以前的模型,需要在图上创建一个预测和准确性操作。这将允许我们输入整个测试集,并确定精度,如下所示:

```
# Accuracy
def compute_accuracy(final_output, y_target):
    prediction = tf.round(tf.nn.sigmoid(final_output))
    predictions_correct = tf.cast(tf.equal(prediction, y_target),
tf.float32)
    return tf.reduce_mean(predictions_correct)
```

8. 开始训练循环。我们将训练 1 500 代,将模型损失和训练测试精度留到以后绘制。循环训练由以下代码开始:

```
# Training loop
loss_vec = []
train_acc = []
test_acc = []
for i in range(1500):
    rand_index = np.random.choice(len(x_vals_train), size = batch_ size)
    rand_x = x_vals_train[rand_index]
    rand_y = np.transpose([y_vals_train[rand_index]])

    # Open a GradientTape.
    with tf.GradientTape(persistent = True) as tape:

        # Forward pass.
        output = model(rand_x)

        # Apply loss function (Cross Entropy loss)
        loss = cross_entropy(output, rand_y)
        loss_vec.append(loss)

    # Get gradients of loss with reference to the weights and bias variables to adjust.
    gradients_A1 = tape.gradient(loss, A1)
    gradients_b1 = tape.gradient(loss, b1)
    gradients_A2 = tape.gradient(loss, A2)
```

```
        gradients_b2 = tape.gradient(loss, b2)
        gradients_A3 = tape.gradient(loss, A3)
        gradients_b3 = tape.gradient(loss, b3)

        # Update the weights and bias variables of the model.
        optimizer.apply_gradients(zip([gradients_A1, gradients_ b1,gradients_A2, gradients_
b2, gradients_A3, gradients_b3],
                                [A1, b1, A2, b2, A3,b3]))

        temp_acc_train = compute_accuracy(model(x_vals_train),
    np.transpose([y_vals_train]))
        train_acc.append(temp_acc_train)

        temp_acc_test = compute_accuracy(model(x_vals_test),
    np.transpose([y_vals_test]))
        test_acc.append(temp_acc_test)

        if (i + 1) % 150 == 0:
            print('Loss = ' + str(loss.numpy()))
```

9. 第 8 步操作应该会产生如下输出：

```
Loss = 0.5885411040188063
Loss = 0.581099555117532
Loss = 0.6071769535895101
Loss = 0.5043174136225906
Loss = 0.5023625777095964
Loss = 0.485112570717733
Loss = 0.5906992621835641
Loss = 0.4280814147901789
Loss = 0.5425164697605331
Loss = 0.35608561907724867
```

10. 以下代码块说明如何使用 matplotlib 绘制交叉熵损失和训练集与测试集准确率图：

```
# Plot loss over time
plt.plot(loss_vec, 'k-')
plt.title('Cross Entropy Loss perGeneration')
plt.xlabel('Generation')
plt.ylabel('CrossEntropy Loss')
plt.show()
# Plot train and test accuracy
plt.plot(train_acc, 'k-', label = 'Train Set Accuracy')
plt.plot(test_acc, 'r--', label = 'Test Set Accuracy')
```

```
plt.title('Train and Test Accuracy')
plt.xlabel('Generation')
plt.ylabel('Accuracy')
plt.legend(loc = 'lower right')
plt.show()
```

我们得到的每一代交叉熵损失如图 6.6 所示。

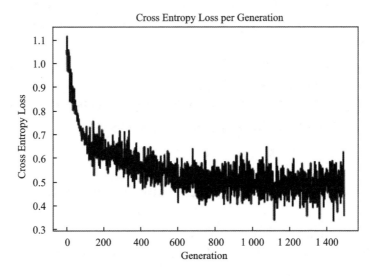

图 6.6　1 500 次迭代中的训练损失

在大约 150 代的时间里，已经形成了一个很好的模型。当继续训练时，可以看到在剩下的迭代中收获很少，如图 6.7 所示。

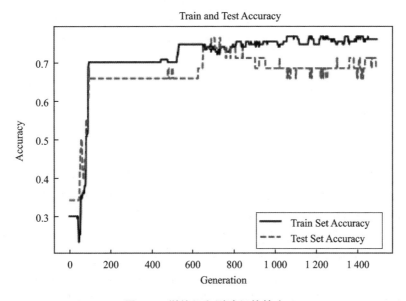

图 6.7　训练组和测试组的精度

正如图 6.6 和图 6.7 所示,我们很快就得到了一个很好的模型。

它是如何工作的

在考虑使用神经网络建模数据时,必须考虑其优点和缺点。虽然我们的模型比以前的模型收敛得更快,而且精度可能更高,但这是有代价的;我们正在训练更多的模型变量,这增加了过拟合的风险。为了检查是否发生过拟合,可以查看测试和训练集的准确性。如果训练集的精度继续增加,而测试集的精度保持不变,甚至略有下降,那么可以假设发生过拟合。

为了克服不足,可以增加模型的深度,或者训练模型进行更多的迭代。为了解决过拟合问题,可以在模型中添加更多的数据或正则化技术。

同样重要的是,我们的模型变量不像线性模型那样可解释。神经网络模型的系数比线性模型更难解释,因为它们解释了模型中特征的重要性。

6.7 学习玩 Tic – Tac – Toe 游戏

为了展示神经网络的适应性,现在将尝试使用神经网络来学习 Tic – Tac – Toe 的最佳移动。我们知道,Tic – Tac – Toe 是一款确定性游戏,并且已经知道其最佳操作。

准 备

为了训练我们的模型,我们将使用一个董事会职位列表,然后针对不同的董事会给出最佳反应。我们可以通过只考虑对称性不同的板位来减少训练板的数量。Tic – Tac – Toe 板的非一致性转换是 90°、180° 和 270° 的旋转(任意方向),水平反射和垂直反射。根据这个想法,我们将使用一个带有最优移动的候选板列表,应用两个随机变换,将其输入到我们的神经网络中进行学习。

 因为 Tic – Tac – Toe 是一款确定性游戏,所以需要注意的是,谁先走,谁就会赢或平局。我们希望有一个模型能够对我们的动作做出最优的反应,并最终导致平局。

如果我们用 1 表示 ×,用 -1 表示 ○,用 0 表示空白,那么图 6.8 就说明了我们如何用一行数据来考虑一个板的位置和一个最优移动。

除了模型损失之外,为了检查我们的模型如何运行,我们将做两件事:第一件,从训练集中移除一个位置和一个最优移动行,这将使我们能够看到神经网络模型是否能够推广它以前从未见过的动作;第二件,在游戏最后与之对抗。

读者可以在 GitHub 目录中（https://github. com/PacktPublishing/Machine-Learning-Using-TensorFlow-Cookbook/tree/master/ch6/08_Learning_Tic_Tac_Toe）或在 packit 资源库中（https://github. com/PacktPublishing/Machine-Learning-Using-TensorFlow-Cookbook）找到这个教程的可能的板和最佳的移动列表。

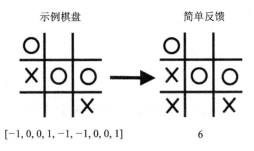

注意，× = 1，○ = −1，空白为 0，我们从 0 开始索引。

图 6.8 演示如何用一行数据来考虑一个板的位置和一个最优移动

怎么做

我们将按如下步骤进行：

1. 先为这个训练加载必要的库，如下所示：

```
import tensorflow as tf
import matplotlib.pyplot as plt
import csv
import numpy as np
import random
```

2. 声明以下批大小来训练我们的模型：

```
batch_size = 50
```

3. 为了更容易地可视化这些板，将创建一个函数来输出带有×和○的 Tic‐Tac‐Toe 板，代码如下：

```
def print_board(board):
    symbols = ['O', ' ', 'X']
    board_plus1 = [int(x) + 1 for x in board]
    board_line1 = '{} | {} |
                             {}'.format(symbols[board_plus1[0]],
                                 symbols[board_plus1[1]],
                                 symbols[board_plus1[2]])
    board_line2 = '{} | {} |
```

```
                                  {}'.format(symbols[board_plus1[3]],
                                             symbols[board_plus1[4]],
                                             symbols[board_plus1[5]])
    board_line3 = '{} | {} |
                                  {}'.format(symbols[board_plus1[6]],
                                             symbols[board_plus1[7]],
                                             symbols[board_plus1[8]])
    print(board_line1)
    print('_____')
    print(board_line2)
    print('_____')
    print(board_line3)
```

4. 创建一个函数,它将返回一个新的板和在转换下的最佳响应位置,代码如下:

```
def get_symmetry(board, response, transformation):
    '''
    :param board: list of integers 9 long:
    opposing mark = -1
    friendly mark = 1
    empty space = 0
    :param transformation: one of five transformations on a
                                          board:
    rotate180, rotate90, rotate270, flip_v, flip_h
    :return: tuple: (new_board, new_response)
    '''

    if transformation == 'rotate180':
        new_response = 8 - response
        return board[::-1], new_response

    elif transformation == 'rotate90':
        new_response = [6, 3, 0, 7, 4, 1, 8, 5, 2].index(response)
        tuple_board = list(zip(*[board[6:9], board[3:6],
board[0:3]]))
        return [value for item in tuple_board for value in item], new_response

    elif transformation == 'rotate270':
        new_response = [2, 5, 8, 1, 4, 7, 0, 3, 6].index(response)
        tuple_board = list(zip(*[board[0:3], board[3:6],
board[6:9]]))[::-1]
        return[value for item in tuple_board for value in item], new_response

    elif transformation == 'flip_v':
```

```
        new_response = [6, 7, 8, 3, 4, 5, 0, 1, 2].index(response)
        return board[6:9] + board[3:6] + board[0:3], new_response

    elif transformation == 'flip_h':
    # flip_h = rotate180, then flip_v
        new_response = [2, 1, 0, 5, 4, 3, 8, 7, 6].index(response)
        new_board = board[::-1]
        return new_board[6:9] + new_board[3:6] + new_board[0:3], new_response
    else:
        raise ValueError('Method not implmented.')
```

5. 在 https://github.com/nfmcclure/tensorflow_ cookbook 的 GitHub 存储库或 https://github.com/PacktPublishing/TensorFlow-Machine-Learning-Cookbook-Second-Edition 的 Packt 存储库中,可以找到板的列表和它们的最佳响应。我们将创建一个函数来加载包含 board 和 responses 的文件,并将其存储为一个元组列表,如下所示:

```
def get_moves_from_csv(csv_file):
    '''
    :param csv_file: csv file location containing the boards w/responses
    :return: moves: list of moves with index of best response
    '''
    moves = []
    with open(csv_file, 'rt') as csvfile:
        reader = csv.reader(csvfile, delimiter=',')
        for row in reader:
            moves.append(([int(x) for x in
row[0:9]],int(row[9])))
    return moves
```

6. 将所有东西联系在一起,创建一个函数,返回一个随机转换的板和响应。代码如下:

```
def get_rand_move(moves, rand_transforms=2):
    # This function performs random transformations on a board.
    (board, response) = random.choice(moves)
    possible_transforms = ['rotate90', 'rotate180', 'rotate270',
'flip_v', 'flip_h']
    for i in range(rand_transforms):
        random_transform = random.choice(possible_transforms)
        (board, response) = get_symmetry(board, response, random_transform)
    return board, response
```

7. 加载数据并创建一个训练集,如下所示:

```
moves = get_moves_from_csv('base_tic_tac_toe_moves.csv')
```

```
# Create a train set:
train_length = 500
train_set = []
for t in range(train_length):
    train_set.append(get_rand_move(moves))
```

8. 记住,我们想从训练集中去掉一块板和一个最优反应来看看模型是否能一般化地做出最好的一步。对下面一步来说,最好的做法是在指数 6 处下注:

```
test_board = [-1, 0, 0, 1, -1, -1, 0, 0, 1]
train_set = [x for x in train_set if x[0] != test_board]
```

9. 初始化权重和偏差并创建我们的模型:

```
def init_weights(shape):
    return tf.Variable(tf.random_normal(shape))

A1 = init_weights([9, 81])
bias1 = init_weights([81])
A2 = init_weights([81, 9])
bias2 = init_weights([9])
```

10. 创建模型。请注意,我们没有在以下模型中包含 softmax() 激活函数,因为它被包含在损失函数中:

```
# Initialize input data
X = tf.keras.Input(dtype=tf.float32, batch_input_shape=[None, 9])
hidden_output = tf.keras.layers.Lambda(lambda x: tf.nn.sigmoid(tf.add(tf.matmul(x, A1), bias1)))(X)
final_output = tf.keras.layers.Lambda(lambda x: tf.add(tf.matmul(x, A2), bias2))(hidden_output)
model = tf.keras.Model(inputs=X, outputs=final_output, name="tic_tac_toe_neural_network")
```

11. 声明优化器,如下所示:

```
optimizer = tf.keras.optimizers.SGD(0.025)
```

12. 使用以下代码循环通过神经网络的训练。注意,我们的损失函数将是最终输出对数(非标准化输出)的 softmax 平均值。

```
# Initialize variables
loss_vec = []
for i in range(10000):
    rand_indices = np.random.choice(range(len(train_set)), batch_size, replace=False)
    batch_data = [train_set[i] for i in rand_indices]
```

```
x_input = [x[0] for x in batch_data]
y_target = np.array([y[1] for y in batch_data])

# Open a GradientTape.
with tf.GradientTape(persistent = True) as tape：

    # Forward pass.
    output = model(np.array(x_input, dtype = float))

    # Apply loss function (Cross Entropy loss)
    loss = tf.reduce_mean(tf.nn.sparse_softmax_cross_entropy_ with_logits(
logits = output, labels = y_target))
    loss_vec.append(loss)

# Get gradients of loss with reference to the weights and bias variables to adjust.
gradients_A1 = tape.gradient(loss, A1)
gradients_b1 = tape.gradient(loss, bias1)
gradients_A2 = tape.gradient(loss, A2)
gradients_b2 = tape.gradient(loss, bias2)

# Update the weights and bias variables of the model.
optimizer.apply_gradients(zip([gradients_A1, gradients_b1,
                               gradients_A2, gradients_b2],
                              [A1, bias1, A2, bias2]))

if i % 500 == 0：
    print('Iteration：{}, Loss：{}'.format(i, loss))
```

13. 下面是绘制模型训练损失的代码：

```
plt.plot(loss_vec, 'k-', label = 'Loss')
plt.title('Loss (MSE) per Generation')
plt.xlabel('Generation')
plt.ylabel('Loss')
plt.show()
```

我们可以得到每一代的损失，如图 6.9 所示。

14. 为了测试模型，我们需要查看它在从训练集中移除的测试板上的表现。我们希望该模型能够推广并预测出最优的移动指标，即 6 号指数。大多数情况下模型会成功，如下所示：

```
test_boards = [test_board]
logits = model.predict(test_boards)
predictions = tf.argmax(logits, 1)
```

```
print(predictions)
```

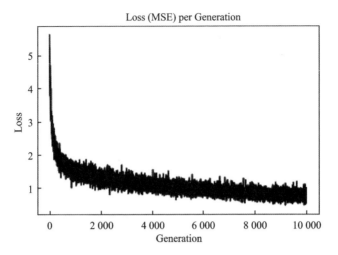

图 6.9　10 000 次迭代中 Tic－Tac－Toe 训练丢失

15. 第 14 步的操作应该会产生如下输出：

[6]

16. 为了评估我们的模型，需要与我们训练过的模型对抗。为了做到这一点，必须创建一个函数来检查是否成功。这样，我们的程序就会知道什么时候停止要求更多的动作。代码如下：

```
def check(board):
    wins = [[0,1,2],[3,4,5],[6,7,8],[0,3,6],[1,4,7],[2,5,8],
[0,4,8],[2,4,6]]
    for i in range(len(wins)):
        if
board[wins[i][0]] == board[wins[i][1]] == board[wins[i][2]] == 1.:
            return 1
        elif
board[wins[i][0]] == board[wins[i][1]] == board[wins[i][2]] == -1.:
            return 1
    return 0
```

17. 通过循环使用我们的模型进行游戏。从一个空白棋盘（全零）开始，要求用户输入要下棋的位置索引（0～8），然后将其输入模型进行预测。对于模型的移动，采用最大的可用预测，这也是一个开放的空间。从这个博弈中可以看出，我们的模型并不完美，如下所示：

```
game_tracker = [0.,0.,0.,0.,0.,0.,0.,0.,0.]
win_logical = False
num_moves = 0
```

```
while not win_logical:
    player_index = input('Input index of your move (0 - 8): ')
    num_moves += 1
    # Add player move to game
    game_tracker[int(player_index)] = 1.

    # Get model's move by first getting all the logits for each index
    [potential_moves] = model(np.array([game_tracker], dtype = float))
    # Now find allowed moves (where game tracker values = 0.0)
    allowed_moves = [ix for ix, x in enumerate(game_tracker) if x == 0.0]
    # Find best move by taking argmax of logits if they are in allowed moves
    model_move = np.argmax([x if ix in allowed_moves else - 999.0 for ix, x in enumerate
(potential_moves)])

    # Add model move to game
    game_tracker[int(model_move)] = - 1.
    print('Model has moved')
    print_board(game_tracker)
    # Now check for win or too many moves
    if check(game_tracker) == - 1 or num_moves >= 5:
        print('Game Over!')
        win_logical = True
    elif check(game_tracker) == 1:
        print('Congratulations, You won!')
        win_logical = True
```

18. 第 17 步应该会产生以下交互输出：

```
Input index of your move (0 - 8): 4
Model has moved
| |

_____

| X |

_____

| | O
Input index of your move (0 - 8): 6
Model has moved
O | |

_____

| X |

_____

X | | O
Input index of your move (0 - 8): 2
Model has moved
```

```
O | | X
───────────
 | X |
───────────
X | O | O
Congratulations，You won！
```

正如你所看到的，人类玩家可以非常快速轻松地打败机器。

它是如何工作的

本节通过输入板位和九维向量训练神经网络来玩 Tic－Tac－Toe 游戏，并预测最佳响应。我们只需要输入一些可能的 Tic－Tac－Toe 板，并对每个板应用随机转换来增加训练集的大小即可。

为了测试我们的算法，我们删除了一个特定板的所有实例，看看我们的模型是否可以推广到预测最优响应。最后，我们根据自己的模型玩了一个样本游戏。这种模式还不完美，我们可以使用更多的数据或应用更复杂的神经网络架构来改善它，但更好的做法是改变学习的类型：与其使用监督学习，不如使用基于强化学习的方法。

第7章 使用表格数据进行预测

大多数容易找到的可用数据不是由图像或文本文档组成的,而是由关系表组成的,每张表可能包含数字、日期和简短的文本,而且这些都可以连接在一起。这是因为基于关系范式(数据表可以通过某些列的值组合在一起,这些列充当连接键)的数据库应用程序已被广泛采用。目前,这些表格是当今制表数据的主要来源,但是这些关系表格还有一定的缺陷,所以对于神经网络的训练存在一些挑战。

下面是深度神经网络(Deep Neural Networks,DNN)在应用于表格数据时通常面临的挑战:

➢ 混合特性数据类型;

➢ 稀疏格式的数据(零比非零数据多),这对 DNN 收敛到最优解不是最好的;

➢ 目前还没有出现最先进的架构,只有一些最佳实践;

➢ 与通常的图像识别问题相比,用于单个问题的数据较少;

➢ 非技术人员对此表示怀疑,因为对于表格数据,DNN 比更简单的机器学习算法更难解释;

➢ 通常 DNN 并不是用于表格数据的同类最佳解决方案,因为梯度增强解决方案(如 LightGBM、XGBoost 和 CatBoost)的性能可能更好。

即使这些挑战看起来相当困难,也不要气馁。将 DNN 应用于表格数据的挑战是严峻的,但从另外一个角度看,这也是机遇。斯坦福大学兼职教授、深度学习专家 Andrew Ng 最近表示:"深度学习已经在拥有大量用户和大数据的消费互联网公司得到大量的应用,但要想进入其他数据集规模较小的行业,我们现在还需要更好的小数据技术。"(https://www.coursera.org/instructor/andrewng)

本章将介绍一些用 TensorFlow 处理小型表格数据的最佳方法。为此,将使用 TensorFlow、Keras 和两个专门的机器学习包:pandas(https://pandas.pydata.org/)和 scikit-learn(https://scikit-learn.org/stable/index.html)。在前面的章节中,我们经常使用 TensorFlow 数据集 (https://www.tensorflow.org/datasets)和特性列的专门层(https://www.tensorflow.org/api_docs/python/tf/feature_column)。我们本可以在本章中重用它们,但是那样就会错过一些只有 scikit - learn 可以提供的有趣的转换,而且交叉验证被证明是困难的。

此外,如果你在一个问题上比较不同算法的性能,那么使用 scikit - learn 是有意义的。而且,你需要标准化一个数据准备管道,它不仅可以用于 TensorFlow 模型,还可以用于其他更经典的机器学习和统计模型。

为了安装 pandas 和 scikit - learn(如果你正在使用 Anaconda,那么它们应该已经在你的系统上了),请遵循以下指导方针:

> pandas:https://pandas. pydata. org/docs/getting_ started/install. html;

> scikit - learn:https://scikit - learn. org/stable/install. html。

本章将处理一系列专注于从表格数据中学习的方法。表格数据以表格的形式排列,其中行表示观察结果,列表示每个特征的观察值。

表格数据是大多数机器学习算法的常见输入数据,但对于 DNN 来说却不是常见的输入数据,因为 DNN Excel 还伴随其他类型的数据,如图像和文本。

表格数据的深度学习方法需要解决一些问题,比如数据异构性,因为这不是主流,所以它们需要使用许多常见的机器学习策略,比如交叉验证,这目前在 TensorFlow 中还没有实现。

学习完本章,你应该具备以下知识:

> 处理数值数据;

> 处理日期;

> 处理分类数据;

> 处理序列数据;

> 处理高基数分类数据;

> 连接所有操作;

> 建立一个数据生成器;

> 为表格数据创建自定义激活;

> 对难题进行测验。

让我们立即开始学习如何处理数字数据,你会惊讶于这些方法竟然能够如此有效地解决那么多表格数据问题。

7.1　处理数值数据

我们将从准备数值数据开始。当你有数字数据时,

> 你的数据由一个浮动数字表示;

> 你的数据是一个整数,它具有特定数量的唯一值(否则序列中只有几个值,你正在处理一个序数变量,如排序);

> 你的整数数据不代表一个类或标签(否则你正在处理一个分类变量)。

在处理数值数据时,有几种情况可能会影响 DNN 处理此类数据的性能:

> 丢失的数据(NULL 或 NaN 值,甚至 INF 值)将阻止你的 DNN 工作;

> 常数值将使计算变慢,并干扰网络中每个神经元已经提供的偏差;

> 偏态分布;

> 非标准化数据,尤指极值数据。

在向神经网络输入数值数据之前,你必须确保所有这些问题都得到了适当的处理,否则你可能会遇到错误或一个无法工作的学习过程。

准 备

为了解决所有潜在的问题,我们将主要使用来自 scikit - learn 的专门函数。在开始我们的教程之前,我们要将它们导入环境中:

```
import numpy as np
import pandas as pd

try:
    from sklearn.impute import IterativeImputer
except:
    from sklearn.experimental import enable_iterative_imputer
    from sklearn.impute import IterativeImputer

from sklearn.ensemble import ExtraTreesRegressor
from sklearn.impute import SimpleImputer

from sklearn.preprocessing import StandardScaler, QuantileTransformer
from sklearn.feature_selection import VarianceThreshold

from sklearn.pipeline import Pipeline
```

为了测试我们的方案,我们将使用一个简单的 3×4 表,其中一些列包含 NaN 值,而一些常量列不包含 NaN 值:

```
example = pd.DataFrame([[1, 2, 3, np.nan], [1, 3, np.nan, 4], [1, 2, 2, 2]],
columns = ['a', 'b', 'c', 'd'])
```

怎么做

我们的教程将基于以下方面的指示构建一个 scikit - learn 学习流程:
- 保留特性的最小可接受方差,或者可能只是在网络中引入了不必要的常数,这可能会阻碍学习过程(variance_threshold 参数);
- 使用什么作为输入缺失值的基线策略(imputer 参数,默认设置为用特征的平均值替换缺失值),以便你的输入矩阵将被完成,矩阵乘法将成为可能(神经网络中的基本计算);
- 我们是否应该使用基于所有数值数据缺失值的更复杂的 imputation 策略(multivariate_imputer r 参数),因为有时数据不是随机缺失的,其他变量可能会提供你需要的信息,以进行适当的估计;
- 是否添加一个二进制特性来表示缺失值所在的每个特性,这是一个很好的策

略,因为你经常会找到关于缺失模式的信息(add_indicatorr 参数);

➤ 是否转换变量的分布,以迫使它们类似于对称分布(quantile_transformerr 参数,默认设置为 normal),因为你的网络将从对称数据分布中学习得更好;

➤ 是否应该根据统计归一化来重新缩放输出,即在去除平均值后除以标准偏差(scaler 参数,默认设置为 True)。

现在,记住所有这些,然后构建我们的流程:

```python
def assemble_numeric_pipeline(variance_threshold = 0.0,
                              imputer = 'mean',
                              multivariate_imputer = False,
                              add_indicator = True,
                              quantile_transformer = 'normal',
                              scaler = True):
    numeric_pipeline = []
    if variance_threshold is not None:
        if isinstance(variance_threshold, float):
            numeric_pipeline.append(('var_filter',

VarianceThreshold(threshold = variance_threshold)))
        else:
            numeric_pipeline.append(('var_filter',
                                     VarianceThreshold()))
    if imputer is not None:
        if multivariate_imputer is True:
            numeric_pipeline.append(('imputer',

IterativeImputer(estimator = ExtraTreesRegressor(n_estimators = 100, n_jobs = - 2),
initial_strategy = imputer,
add_indicator = add_indicator)))
        else:
            numeric_pipeline.append(('imputer',
                                     SimpleImputer(strategy = imputer,

add_indicator = add_indicator)
                )
            )

    if quantile_transformer is not None:
        numeric_pipeline.append(('transformer',
                                 QuantileTransformer(n_quantiles = 100,
                                 output_distribution = quantile_transformer,
                                 random_state = 42)))
```

```
    if scaler is not None:
        numeric_pipeline.append(('scaler',
                                 StandardScaler()))
```

```
    return Pipeline(steps = numeric_pipeline)
```

现在,我们可以通过指定转换首选项来创建数值流程:

```
numeric_pipeline =
assemble_numeric_pipeline(variance_threshold = 0.0,
                          imputer = 'mean',
                          multivariate_imputer = False,
                          add_indicator = True,
                          quantile_transformer = 'normal',
                          scaler = True)
```

我们可以立即在示例中尝试新函数,首先应用拟合,然后应用 transform 方法:

```
numeric_pipeline.fit(example)
np.round(numeric_pipeline.transform(example), 3)
```

下面是结果输出的 NumPy 数组:

```
array([[ - 0.707,    1.225,  - 0.,     - 0.707,     1.414],
       [   1.414,  - 0.,      1.225,    1.414,   - 0.707],
       [ - 0.707,  - 1.225,  - 1.225,  - 0.707,   - 0.707]])
```

如你所见,所有原始数据都已完全转换,所有缺失的值都已填充。

它是如何工作的

正如我们前面提到的,我们使用 scikit – learn 来与其他机器学习解决方案进行比较,因为在构建这个教程时涉及到一些独特的 scikit – learn 功能,如下:

➢ VarianceThreshold (https://scikit-learn.org/stable/modules/generated/sklearn.feature_selection.VarianceThreshold.html);

➢ IterativeImputer (https://scikit-learn.org/stable/modules/generated/sklearn.impute.IterativeImputer.html);

➢ SimpleImputer (https://scikit-learn.org/stable/modules/generated/sklearn.impute.SimpleImputer.html);

➢ QuantileTransformer (https://scikit-learn.org/stable/modules/generated/sklearn.preprocessing.QuantileTransformer.html);

➢ StandardScaler (https://scikit-learn.org/stable/modules/generated/sklearn.preprocessing.StandardScaler.html);

➢ Pipeline (https://scikit-learn.org/stable/modules/generated/sklearn.pipeline. Pipeline. html)。

对于每个函数,都将找到指向 scikit - learn 文档的链接,其中有关于函数如何工作的详细信息。解释为什么 scikit - learn 方法对这个教程如此重要是非常重要的(对于将在本章中介绍的其他教程也是如此)。

在处理图像或文本时,通常不需要为训练和测试数据分别定义特定的过程。这是因为对两者都应用了确定性变换。例如,在图像中,只需将像素的值除以 255,便可使其规范化。

然而,对于表格数据,你需要更复杂和根本不确定的转换,因为它们涉及学习和记忆特定的参数。例如,当使用平均值为特征计算缺失值时,必须首先从训练数据中计算平均值;然后,必须将该确切值重新用于你将应用相同插补的任何其他新数据。(它不会再计算任何新数据的平均值,因为它可能来自一个稍微不同的分布,可能与你的 DNN 学到的不匹配)。

所有这些都涉及到跟踪从训练数据中获得的许多参数。scikit - learn 可能会在这方面帮助你,因为当你使用拟合方法时,它会学习并存储所有从训练数据中获得的参数。使用 transform 方法,可以将由拟合方法学习到的参数进行的转换应用于任何新数据(或相同的训练数据)。

更　多

scikit - learn 函数通常返回 NumPy 数组。如果没有进一步创建特性,那么使用输入列对结果数组进行标记就没有问题。不幸的是,我们创建的转换管道并非如此:

➢ 方差阈值将去除无用的特征;

➢ 缺失值归算将产生缺失二进制指示器。

实际上,我们可以通过检查安装的管道,找出哪些列被删除了,哪些列从原始数据中被添加了,来探究这个问题。我们可以创建一个函数来自动完成这个任务:

```
def derive_numeric_columns(df, pipeline):
    columns = df.columns
    if 'var_filter' in pipeline.named_steps:
        threshold = pipeline.named_steps.var_filter.threshold
        columns = columns[pipeline.named_steps.var_filter.
variances_ > threshold]
    if 'imputer' in pipeline.named_steps:
        missing_cols = pipeline.named_steps.imputer.indicator_.features_
        if len(missing_cols) > 0:
            columns = columns.append(columns[missing_cols] + '_missing')
    return columns
```

当在我们的例子中尝试使用它时:

```
derive_numeric_columns(example, numeric_pipeline)
```

我们获得了一个 pandas 索引，包含剩余的列和二进制指示器（由原始特性的名称＋_missing 后缀表示）：

Index(['b', 'c', 'd', 'c_missing', 'd_missing'], dtype = 'object')

在转换列时跟踪它们，可以帮助你在需要调试转换后的数据时以及在需要解释 DNN 如何使用 shape 等工具工作时提供帮助（https://github.com/slundberg/shap）or lime（https://github.com/marcotcr/lime）。

这个教程可以满足你对数字数据的所有需求。现在让我们继续研究日期和时间。

7.2 处理日期

数据在数据库中很常见，尤其是在处理未来估计的预测时（如销售预测），它们是必不可少的。神经网络不能按原样处理日期，因为它们经常被表示为字符串。因此，你必须通过分离它们的数值元素来转换它们，一旦你把一个日期分解成它的组件，你就会得到可以被任意神经网络轻松处理的数字。然而，某些时间元素是周期性的（如天、月、小时、一周中的天），较低和较高的数字实际上是连续的。因此，你需要使用正弦函数和余弦函数，它们将以一种能够被 DNN 理解和正确解释的格式呈现这些循环数。

准 备

因为需要编写一个使用典型的 scikit - learn 中的 fit/transform 操作的类，所以从 scikit - learn 中导入 BaseEstimator 和 TransformerMixin 类来继承。这种继承将使我们的教程与 scikit - learn 中的所有其他函数完美兼容：

from sklearn.base import BaseEstimator, TransformerMixin

为了测试，我们还准备了一个字符串形式的日期数据集示例，使用日/月/年格式：

example = pd.DataFrame({'date_1': ['04/12/2018', '05/12/2019',
                                    '07/12/2020'],
                        'date_2': ['12/5/2018','15/5/2015',
                                    '18/5/2016'],
                        'date_3': ['25/8/2019','28/8/2018',
                                    '29/8/2017']})

虽然所提供的示例非常简短和简单，但在处理它的过程中能够说明所有相关的要点。

怎么做

这次我们将设计一个自己的 DateProcessor。在初始化之后，这个类的实例可以选择一个 pandas DataFrame 和筛选器,并将每个日期处理为一个新的 DataFrame,该 DataFrame 可以由 DNN 处理。

该过程每次关注一个日期,提取日、周、月和年(另外还有小时和分钟),并使用正弦和余弦变换转换所有循环时间度量:

```python
class DateProcessor(BaseEstimator, TransformerMixin):
    def _init_(self, date_format = '%d/%m/%Y', hours_secs = False):
        self.format = date_format
        self.columns = None
        self.time_transformations = [
            ('day_sin', lambda x: np.sin(2 * np.pi * x.dt.day/31)),
            ('day_cos', lambda x: np.cos(2 * np.pi * x.dt.day/31)),
            ('dayofweek_sin',
                lambda x: np.sin(2 * np.pi * x.dt.dayofweek/6)),
            ('dayofweek_cos',
                lambda x: np.cos(2 * np.pi * x.dt..dayofweek/6)),
            ('month_sin',
                lambda x: np.sin(2 * np.pi * x.dt.month/12)),
            ('month_cos',
                lambda x: np.cos(2 * np.pi * x.dt.month/12)),
            ('year',
                lambda x: (x.dt.year - x.dt.year.min()
                    ) /(x.dt.year.max() - x.dt.year.min()))
        ]
        if hours_secs:
            self.time_transformations = [
                ('hour_sin',
                    lambda x: np.sin(2 * np.pi * x.dt.hour/23)),
                ('hour_cos',
                    lambda x: np.cos(2 * np.pi * x.dt.hour/23)),
                ('minute_sin',
                    lambda x:np.sin(2 * np.pi * x.dt.minute/59)),
                ('minute_cos',
                    lambda x: np.cos(2 * np.pi * x.dt.minute/59))
            ] + self.time_transformations

    def fit(self, X, y = None, **fit_params):
        self.columns = self.transform(X.iloc[0:1,:]).columns
        return self
```

```
def transform(self, X, y = None, **fit_params):
    transformed = list()
    for col in X.columns:
        time_column = pd.to_datetime(X[col],
                                     format = self.format)
        for label, func in self.time_transformations:
            transformed.append(func(time_column))
            transformed[-1].name += '_' + label
    transformed = pd.concat(transformed, axis = 1)
    return transformed

def fit_transform(self, X, y = None, **fit_params):
    self.fit(X, y, **fit_params)
    return self.transform(X)
```

现在我们已经以 DateProcessor 类的形式记下了该教程，下面将进一步研究它的内部工作原理。

它是如何工作的

整个类的关键是由 pandas to_datetime 函数操作的转换，它表示日期的任何字符串都将转换为 datetime64[ns]类型。

 to_datetime 之所以能够工作，是因为为它提供了一个模板（格式参数），用于将字符串转换为日期。关于如何定义这样一个模板的完整指南，请访问 https://docs.python.org/3/library/datetime.html#strftime-and-strptime-behavior。

当需要调整和转换数据时，该类会自动将所有的日期处理成正确的格式，此外，使用正弦函数和余弦函数执行转换：

```
DateProcessor().fit_transform(example)
```

由此产生的一些变化是显而易见的，但其他一些与周期时间有关的变化则可能令人费解。让我们花一点时间来探索它们是如何工作的以及为什么。

更 多

这个类不返回小时、分钟或天等时间元素的原始提取，但它首先使用正弦变换，然后使用余弦变换对它们进行转换。为了更好地理解这个教程，让我们画出它是如何改变 24 小时的，代码如下：

```
import matplotlib.pyplot as plt
```

```
sin_time = np.array([[t, np.sin(2 * np.pi * t/23)] for t in range(0, 24)])
cos_time = np.array([[t, np.cos(2 * np.pi * t/23)] for t in range(0, 24)])

plt.plot(sin_time[:,0], sin_time[:,1], label = 'sin hour')
plt.plot(cos_time[:,0],cos_time[:,1], label = 'cos hour')
plt.axhline(y = 0.0, linestyle = '--', color = 'lightgray')
plt.legend()
plt.show()
```

得到的图形如图 7.1 所示。

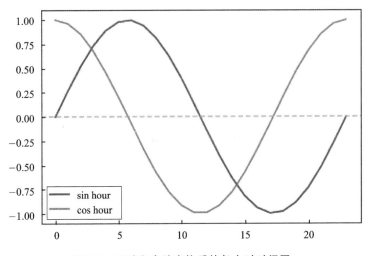

图 7.1　正弦和余弦变换后的每小时时间图

由图 7.1 可以看出一天的开始和结束是如何重合的,从而结束了时间循环。每个转换还会在几个不同的小时内返回相同的值,这就是为什么要同时选择正弦和余弦。如果同时使用两者,那么每个时间点都有一个不同的正弦值和余弦值元组,此时你可以准确地检测你在连续时间中的位置。这也可以通过在散点图中绘制正弦和余弦值来解释,代码如下:

```
ax = plt.subplot()
ax.set_aspect('equal')
ax.set_xlabel('sin hour')
ax.set_ylabel('cos hour')
plt.scatter(sin_time[:,1], cos_time[:,1])
plt.show()
```

结果如图 7.2 所示。

就像钟一样,时间是在一个圆圈里画出来的,每一个小时都是独立的、不同的,但又是完全循环的连续。

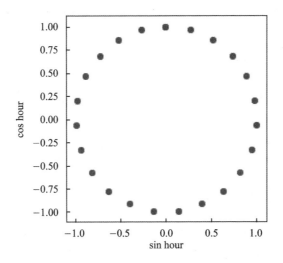

图 7.2 将每小时时间的正弦和余弦变换组合成的散点图

7.3 处理分类数据

字符串通常表示表格数据中的分类数据。分类特征中的每一个唯一的值都代表了与我们正在研究的例子相关的质量(因此,我们认为这个信息是定性的,而数值信息是定量的)。在统计术语中,每个唯一的值被称为一个水平,而分类特征被称为一个因素。有时,当定性信息之前已经编码成数字,但处理它们的方式没有改变时,可以找到用作分类(标识符)的数字代码:信息是数字值,但应该被视为分类。

因为你不知道一个分类特征中的每一个独特的值与该特征中出现的每一个其他值是如何相关的(如果把这些值放在一起或对它们进行排列,基本上是在表达对数据的一个假设),你可以把它们当作一个本身的值。因此,你可以从每个唯一的分类值中得出创建二进制特性的想法。这个过程被称为独热编码,它是最常见的数据处理方法,可以使分类数据被 DNN 和其他机器学习算法使用。

例如,如果有一个分类变量,它包含唯一的红色、蓝色和绿色的值,则可以把它转换成三个不同的二进制变量,而每个变量代表一个唯一的值,如下所示:

Color		Color_red	Color_green	Color_blue
Red		1	0	0
Green		0	1	0
Blue		0	0	1

不过,这种方法给 DNN 带来了一个问题。当分类变量有太多的层次(通常超过255)时,产生的二元衍生特征不仅太多,而且会使数据集非常庞大,但携带的信息却很

少，因为大多数数值都将只是零（我们称这种情况为稀疏数据）。稀疏数据对于 DNN 来说是有问题的，因为当数据中有太多的零时反向传播并不是最优的，因为信息的缺乏会阻止信号在通过网络发送回来时产生有意义的差异。

因此，我们根据它们的唯一值和处理（通过独热编码）的数量来区分低基数和高基数的分类变量，只处理那些我们认为具有低基数的分类变量（按照惯例，如果唯一值小于 255，则可以选择一个较低的阈值，如 64、32，甚至是 24）。

准 备

我们导入了用于独热编码的 scikit - learn 函数，并准备了一个简单的示例数据集，其中包含字符串和数值形式的分类数据：

```
from sklearn.preprocessing import OneHotEncoder

example = pd.DataFrame([['car', 1234], ['house',6543],
                        ['tree', 3456]], columns = ['object', 'code'])
```

怎么做

首先我们准备了一个可以将数字转换为字符串的类，在使用它之后，每个数字分类特征都将以与字符串相同的方式处理；然后准备了我们的教程，这是一个将字符串转换器和一个独热编码结合在一起的 scikit - learn 流程（我们不会忘记通过将默认值转换为唯一值来自动处理任何默认值）。代码如下：

```
class ToString(BaseEstimator, TransformerMixin):
    def fit(self, X, y = None, **fit_params):
        return self
    def transform(self, X, y = None, **fit_params):
        return X.astype(str)
    def fit_transform(self, X, y = None, **fit_params):
        self.fit(X, y, **fit_params)
        return self.transform(X)

categorical_pipeline = Pipeline(steps = [
        ('string_converter', ToString()),
        ('imputer', SimpleImputer(strategy = 'constant',
                                  fill_value = 'missing')),
        ('onehot', OneHotEncoder(handle_unknown = 'ignore'))])
```

虽然代码很短，但它实现了很多功能。让我们来了解一下它是如何工作的。

它是如何工作的

就像我们看到的其他方法一样，我们只用适应和转换我们的示例：

```
categorical_pipeline.fit_transform(example).todense()
```

由于返回的数组是稀疏的(一种特殊的格式,用于以 0 值为准的数据集),我们可以使用 .todense 方法将其转换回我们通常的 NumPy 数组格式。

更 多

独热编码通过将每个类别的唯一值转换为一个自己的变量,产生了许多新的特性。为了标记它们,必须检查我们使用的一个独热编码实例 scikit - learn,并从中提取标签,代码如下:

```
def derive_ohe_columns(df,pipeline):
    return [str(col) + '_' + str(lvl)
        for col, lvls in zip(df.columns,
        pipeline.named_steps.onehot.categories_) for lvl in lvls]
```

例如,在上述例子中,可以通过调用下面的函数来弄清楚每个新特性所表示的含义:

```
derive_ohe_columns(example, categorical_pipeline)
```

结果为我们提供了关于原始特征和二进制变量所代表的唯一值的指示:

```
['object_car',
 'object_house',
 'object_tree',
 'code_1234',
 'code_3456',
 'code_6543']
```

如你所见,结果提供了原始特征和二进制变量表示的唯一值的指示。

7.4 处理序列数据

序数数据(例如,评论中的排名或星级值)更类似于数字数据,而不是分类数据,但我们必须首先考虑某些差异,然后才会把它当作数字来处理。分类数据的问题在于,你可以把它当作数字数据来处理,但刻度中的某一点和下一点之间的距离可能与下一点和再下一点之间的距离不同(从技术上讲,步骤可能是不同的)。这是因为序数数据并不代表数量,而只是排序。另外,我们也将其视为分类数据,因为分类是独立的,所以我们将失去排序中隐含的信息。序数数据的解决方案是简单地把它当作一个数字变量和一个分类变量。

准 备

首先,需要导入 scikit - learn 中的 OrdinalEncoder 函数,它将对序数值进行数字

编码,即使它们是文本的(比如序数标度是坏的、中性的和好的):

```
from sklearn.preprocessing import OrdinalEncoder
```

然后,使用两个特性来准备示例,这些特性包含以字符串形式记录的序数信息:

```
example = pd.DataFrame([['first', 'very much'],
                        ['second', 'very little'],
                        ['third', 'average']],
                       columns = ['rank', 'importance'])
```

同样,这个示例只是一个简单的数据集,但它允许我们测试本教程演示的功能。

怎么做

此时,可以准备两个流程:一个处理序数数据,将其转换为有序数字(这种转换将保持原始特征的顺序);另一个对序数数据进行独热编码(这种转换将保留序数等级之间的步骤信息,但不保留它们的顺序)。与 7.2 节"处理日期"示例中的日期转换一样,从原始数据中获得的两段信息足以处理 DNN 中的序数数据:

```
oe = OrdinalEncoder(categories = [['first', 'second', 'third'],
                    ['very much', 'average', 'very little']])

categorical_pipeline = Pipeline(steps = [
            ('string_converter', ToString()),
            ('imputer',SimpleImputer(strategy = 'constant',
                                     fill_value = 'missing')),
            ('onehot', OneHotEncoder(handle_unknown = 'ignore'))])
```

由于该示例主要由一个 scikit - learn 流程组成,所以你应该很熟悉它。让我们深入了解一下它的更多工作原理吧。

它是如何工作的

你所要做的就是分别操作转换,然后将结果向量叠加在一起:

```
np.hstack((oe.fit_transform(example),categorical_pipeline.fit_
transform(example).todense()))
```

结果如下:

```
matrix([[0., 0., 1., 0., 0., 0., 0., 1.],
        [1., 2., 0., 1., 0., 0., 1., 0.],
        [2., 1., 0., 0., 1., 1., 0., 0.]])
```

列可以使用我们以前见过的 derive_ohe_columns 函数轻松派生:

```
example.columns.tolist() + derive_ohe_columns(example, categorical_ pipeline)
```

下面是包含转换后列名的列表：

```
['rank', 'importance',
'rank_first',
'rank_second',
'rank_third',
'importance_average',
'importance_very little',
'importance_very much']
```

通过结合覆盖数值部分的变量和序数变量的唯一值，现在应该能够利用来自数据的所有真实信息了。

7.5　处理高基数分类数据

在处理高基数的分类数据时，可以使用前面提到的独热编码策略。但问题是，由于得到的矩阵太稀疏（许多 0 值），所以会阻止 DNN 收敛到一个好的解决方案，或使数据集不可处理（因为稀疏矩阵变得密集会占用大量内存）。

最好的解决方案是将它们作为数字标记的特征传递给 DNN，并让 Keras 嵌入层来处理它们（https://www.tensorflow.org/api_docs/python/tf/keras/layers/Embedding）。嵌入层只是一个权值矩阵，它可以将高基数的分类输入转换为低维的数值输出。它基本上是一个加权线性组合，其权值经过优化，将类别转化为最能帮助预测过程的数字。

在底层，嵌入层将分类数据转换成独热编码的向量，成为一个小型神经网络的输入。这个小型神经网络的目的只是将输入混合在一起，形成一个更小的输出层。该层执行的独热编码仅适用于数字标记的类别（没有字符串），因此以正确的方式转换高基数的分类数据是至关重要的。

scikit-learn 包提供 LabelEncoder 函数作为一种可能的解决方案，但是这种方法存在一些问题，因为它不能处理以前看不到的类别，也不能在 fit/transform 模式下正常工作。我们的教程必须将其包装起来，使其适合于为 Keras 嵌入层生成正确的输入和信息。

准　备

在这个教程中，需要重新定义 scikit-learn 中的 LabelEncoder 函数，使其适合于fit/transform 过程：

```
from sklearn.preprocessing import LabelEncoder
```

因为需要模拟一个高基数的分类变量，所以将使用一个简单脚本创建的随机唯一

值(由字母和数字组成),这样就可以测试更多的例子。代码如下:

```
import string
import random

def random_id(length = 8):
    voc = string.ascii_lowercase + string.digits
    return ''.join(random.choice(voc) for i in range(length))


example = pd.DataFrame({'high_cat_1': [random_id(length = 2)
                                    for i in range(500)],
                        'high_cat_2': [random_id(length = 3)
                                    for i in range(500)],
                        'high_cat_3': [random_id(length = 4)
                                    for i in range(500)]})
```

下面是随机示例生成器的输出:

	high_cat_1	high_cat_2	high_cat_3
0	7z	30i	rlms
1	6W	ycy	08bj
2	ki	idv	jb5e
3	2V	fz0	qzut
4	ea	fwq	ytsg
...	...	...	...
495	kt	4nq	51te
496	si	2qs	zpz4
497	fb	gpm	urz5
498	3k	pfl	iuzc
499	i2	mu9	jnby

500 rows×3 columns

其中,第一列包含两个字母的代码,第二列使用三个字母,最后一列使用四个字母。

怎么做

在这个教程中,将准备另一个 scikit-learn 练习。它扩展了现有的 LabelEncoder 函数,因为它自动处理缺失的值。它保留了原始类别值与其产生的数值等价物之间的映射记录,在转换时,它可以处理以前不可见的类别,并将它们标记为未知。代码如下:

```
class LEncoder(BaseEstimator, TransformerMixin):
```

```python
def __init__(self):
    self.encoders = dict()
    self.dictionary_size = list()
    self.unk = -1


def fit(self, X, y = None, **fit_params):
    for col in range(X.shape[1]):
        le = LabelEncoder()
        le.fit(X.iloc[:, col].fillna('_nan'))
        le_dict = dict(zip(le.classes_,
                           le.transform(le.classes_)))

        if '_nan' not in le_dict:
            max_value = max(le_dict.values())
            le_dict['_nan'] = max_value

        max_value = max(le_dict.values())
        le_dict['_unk'] = max_value

        self.unk = max_value
        self.dictionary_size.append(len(le_dict))
        col_name = X.columns[col]
        self.encoders[col_name] = le_dict

    return self


def transform(self, X, y = None, **fit_params):
    output = list()
    for col in range(X.shape[1]):
        col_name = X.columns[col]
        le_dict = self.encoders[col_name]
        emb = X.iloc[:, col].fillna('_nan').apply(lambda x:
                        le_dict.get(x,le_dict['_unk'])).values
    output.append(pd.Series(emb,
                        name = col_name).astype(np.int32))
    return output

def fit_transform(self, X, y = None, **fit_params):
    self.fit(X, y, **fit_params)
    return self.transform(X)
```

到目前为止,与所看到的其他类一样,LEncoder 有一个拟合方法用于存储信息以供将来使用,还有一个转换方法用于根据之前存储的信息在拟合到训练数据后应用转换。

它是如何工作的

在实例化标签编码器之后，只需对示例进行调整和转换，将每个分类特征转换为一系列数字标签：

```
le = LEncoder()
le.fit_transform(example)
```

在完成教程的所有编码之后，这个类的执行确实简单而直接。

更　多

为了让 Keras 嵌入层正常工作，需要指定高基数分类变量的输入大小。通过在例子中访问 le.dictionary_size，我们有 412、497 和 502 个不同的值：

```
le.dictionary_size
```

在示例变量中，我们分别有 412、497 和 502 个不同的值：

```
[412, 497, 502]
```

这个数字包括缺失和未知的标签，即使在拟合的示例中没有缺失或未知的元素。

7.6　连接所有操作

现在我们已经完成了处理不同类型表格数据的教程，该教程将所有内容封装在一个类中，该类可以轻松处理所有拟合/转换操作，输入为 pandas DataFrame，并有明确的规格说明要处理哪些列以及如何处理。

准　备

由于我们将组合多个转换，所以将利用 scikit – learn 中的 FeatureUnion 函数，该函数可以轻松地将它们连接在一起：

```
from sklearn.pipeline import FeatureUnion
```

作为一个测试数据集，我们将简单地组合我们之前使用的所有测试数据：

```
example = pd.concat([
pd.DataFrame([[1, 2, 3, np.nan], [1, 3, np.nan, 4],[1, 2, 2, 2]],
             columns = ['a', 'b', 'c','d']),
pd.DataFrame({'date_1': ['04/12/2018', '05/12/2019','07/12/2020'],
              'date_2': ['12/5/2018', '15/5/2015', '18/5/2016'],
```

```
                    'date_3': ['25/8/2019', '28/8/2018', '29/8/2017']}),
pd.DataFrame([['first', 'very much'], ['second', 'very little'],
             ['third', 'average']],
             columns = ['rank', 'importance']),
pd.DataFrame([['car', 1234], ['house', 6543], ['tree', 3456]],
             columns = ['object', 'code']),
pd.DataFrame({'high_cat_1': [random_id(length = 2)
                            for i in range(3)],
             'high_cat_2': [random_id(length = 3)
                            for i in range(3)],
             'high_cat_3': [random_id(length = 4)
                            for i in range(3)]})
], axis = 1)
```

至于我们的玩具数据集,只是将迄今为止使用过的所有数据集进行组合。

怎么做

为了帮助你更好地检查和研究代码,这个教程的包装器类被分成几个部分。第一部分包括初始化,它有效地包含了本章中已经看到的所有方法:

```
class TabularTransformer(BaseEstimator, TransformerMixin):

    def instantiate(self, param):
        if isinstance(param, str):
            return [param]
        elif isinstance(param, list):
            return param
        else:
            return None

    def __init__ (self, numeric = None, dates = None,
                  ordinal = None, cat = None, highcat = None,
                  variance_threshold = 0.0, missing_imputer = 'mean',
                  use_multivariate_imputer = False,
                  add_missing_indicator = True,
                  quantile_transformer = 'normal', scaler = True,
                  ordinal_categories = 'auto',
                  date_format = '%d/%m/%Y', hours_secs = False):

        self.numeric = self.instantiate(numeric)
        self.dates = self.instantiate(dates)
        self.ordinal = self.instantiate(ordinal)
        self.cat = self.instantiate(cat)
```

```
      self.highcat = self.instantiate(highcat)
      self.columns = None
      self.vocabulary = None
```

在记录了包装器的所有关键参数之后,继续检查它的所有单独部分。请不要忘记,所有这些代码都是同一个 __init__ 方法的一部分,我们只是在重用我们以前看到的教程,因此,有关这些代码的任何细节只需参考以前的教程。

这里我们记录了数值管道:

```
self.numeric_process = assemble_numeric_pipeline(
          variance_threshold = variance_threshold,
          imputer = missing_imputer,
          multivariate_imputer = use_multivariate_imputer,
          add_indicator = add_missing_indicator,
          quantile_transformer = quantile_transformer,
          scaler = scaler)
```

之后,我们记录了管道处理时间相关的特征:

```
self.dates_process = DateProcessor(
          date_format = date_format, hours_secs = hours_secs)
```

现在轮到序数变量了:

```
self.ordinal_process = FeatureUnion(
      [('ordinal',
        OrdinalEncoder(categories = ordinal_categories)),
       ('categorial',
        Pipeline(steps = [('string_converter', ToString()),
       ('imputer',
        SimpleImputer(strategy = 'constant',
                      fill_value = 'missing')),
       ('onehot',
        OneHotEncoder(handle_unknown = 'ignore'))])))])
```

我们以分类管道结束,包括低分类和高分类:

```
self.cat_process = Pipeline(steps = [
    ('string_converter', ToString()),
    ('imputer', SimpleImputer(strategy = 'constant',
                              fill_value = 'missing')),
    ('onehot', OneHotEncoder(handle_unknown = 'ignore'))])


self.highcat_process = LEncoder()
```

下面一部分是关于安装的。根据可用的不同变量类型,将应用适当的 fit 过程,并将新处理或生成的列记录在 .columns 索引列表中:

```
def fit(self, X, y = None, **fit_params):
    self.columns = list()
    if self.numeric:
        self.numeric_process.fit(X[self.numeric])
        self.columns += derive_numeric_columns(
                            X[self.numeric],
                            self.numeric_process).to_list()
    if self.dates:
        self.dates_process.fit(X[self.dates])
        self.columns += self.dates_process.columns.to_list()
    if self.ordinal:
        self.ordinal_process.fit(X[self.ordinal])
        self.columns += self.ordinal + derive_ohe_columns(
                        X[self.ordinal],
                        self.ordinal_process.transformer_list[1][1])
    if self.cat:
        self.cat_process.fit(X[self.cat])
        self.columns += derive_ohe_columns(X[self.cat],
                                            self.cat_process)
    if self.highcat:
        self.highcat_process.fit(X[self.highcat])
        self.vocabulary = dict(zip(self.highcat,
                            self.highcat_process.dictionary_size))
        self.columns = [self.columns, self.highcat]
    return self
```

transform 方法提供了所有的转换和矩阵连接，以返回一个数组列表。其中第一个元素是处理后数据的数值部分，然后是代表高基数分类变量的数值标签向量：

```
def transform(self, X, y = None, **fit_params):
    flat_matrix = list()
    if self.numeric:
        flat_matrix.append(
                self.numeric _process.transform(X[self.numeric])
                            .astype(np.float32))
    if self.dates:
        flat_matrix.append(
                self.dates_process.transform(X[self.dates])
                            .values
                            .astype(np.float32))
    if self.ordinal:
        flat_matrix.append(
                self.ordinal_process.transform(X[self.ordinal])
                            .todense()
```

```
                                    .astype(np.float32))
        if self.cat：
            flat_matrix.append(
                    self.cat_process.transform(X[self.cat])
                            .todense()
                            .astype(np.float32))
        if self.highcat：
            cat_vectors = self.highcat_process.transform(
                                            X[self.highcat])
            if len(flat_matrix) > 0：
                return [np.hstack(flat_matrix)] + cat_vectors
            else：
                return cat_vectors
        else：
            return np.hstack(flat_matrix)
```

最后，设置 fit_transform 方法，它将依次执行 fit 和 transform 操作：

```
def fit_transform(self, X, y = None, **fit_params)：
    self.fit(X, y, **fit_params)
    return self.transform(X)
```

现在我们已经完成了所有的包装，可以看看它是如何工作的了。

它是如何工作的

在我们的测试中，根据变量的类型将列名、列表赋值给它们：

```
numeric_vars = ['a', 'b', 'c', 'd']
date_vars = ['date_1', 'date_2', 'date_3']
ordinal_vars = ['rank', 'importance']
cat_vars = ['object', 'code']
highcat_vars = ['high_cat_1', 'high_cat_2', 'high_cat_3']

tt = TabularTransformer(numeric = numeric_vars, dates = date_vars,
                        ordinal = ordinal_vars, cat = cat_vars,
                        highcat = highcat_vars)
```

在实例化 TabularTransformer 并将需要处理的变量映射到它们的类型之后，将继续适应和转换示例数据集：

```
input_list = tt.fit_transform(example)
```

结果是 NumPy 数组列表。我们可以遍历它们并打印它们的形状，以检查输出是如何组成的：

```
print([(item.shape, item.dtype) for item in input_list])
```

打印出来的结果报告了一个更大的数组作为它的第一个元素(除高基数分类进程外的所有进程的组合结果):

[((3, 40), dtype('float32')),((3,), dtype('int32')), ((3,),
dtype('int32')), ((3,), dtype('int32'))]

现在,我们的 DNN 可以期望将一个列表作为输入,其中第一个元素是一个数值矩阵,后面的元素是向量,然后将被发送到分类嵌入层。

更 多

为了能够回溯每个列和向量名,可采用 TabularTransformer 的一个列方法,即 tt. columns。另外,TabularTransformer 还可以调用 tt. vocabulary 来分类变量的维数信息词汇,这是正确设置网络中嵌入层的输入形状所必需的。返回的结果是一个字典,其中列名是键,字典大小是值:

{'high_cat_1': 5, 'high_cat_2': 5, 'high_cat_3': 5}

现在我们有了这两种方法来跟踪变量名(tt. columns)和定义高基数变量的词汇表(tt. vocabulary),那么我们距离完整的深度学习框架(用于深度学习处理表格数据)还差一步。

7.7 建立一个数据生成器

在将框架用于一个困难的测试任务之前,我们只是缺少一个关键的成分。前面介绍了 TabularTransformer,它可以有效地将一个庞大的 DataFrame 转换为 DNN 可以处理的数字数组。然而,该教程只能一次处理所有数据。下一步将提供一种方法来创建不同大小的批数据,这可以使用 tf. data 或 Keras 生成器来完成。因为前面已经探索了相当多的 tf. data 示例,这次我们将准备一个 Keras 生成器的代码,它能够在 DNN 学习时随机生成批量。

准 备

我们的生成器将继承 Sequence 类:

```
from tensorflow.keras.utils import Sequence
```

Sequence 类是调整数据序列的基对象,它需要你实现自定义的__getitem__(返回一个完整的批处理)和__len__(报告完成一个 epoch 需要多少批处理)方法。

怎么做

我们现在编写了一个新类 DataGenerato,它继承自 Keras Sequence 类:

```python
class DataGenerator(Sequence):

    def __init__(self, X, y,
                 tabular_transformer = None,
                 batch_size = 32,
                 shuffle = False,
                 dict_output = False
                 ):
        self.X = X
        self.y = y
        self.tbt = tabular_transformer
        self.tabular_transformer = tabular_transformer
        self.batch_size = batch_size
        self.shuffle = shuffle
        self.dict_output = dict_output
        self.indexes = self._build_index()
        self.on_epoch_end()
        self.item = 0

    def _build_index(self):
        return np.arange(len(self.y))

    def on_epoch_end(self):
        if self.shuffle:
            np.random.shuffle(self.indexes)

    def __len__(self):
        return int(len(self.indexes) /self.batch_size) + 1

    def __iter__(self):
        for i in range(self.__len__()):
            self.item = i
            yield self.__getitem__(index = i)

        self.item = 0

    def __next__(self):
        return self.__getitem__(index = self.item)

    def __call__(self):
        return self.__iter__()

    def __data_generation(self, selection):
```

```
    if self.tbt is not None:
        if self.dict_output:
            dct = {'input_' + str(j) : arr for j,
                     arr in enumerate(
                self.tbt.transform(self.X.iloc[selection, :]))}
            return dct, self.y[selection]
        else:
            return self.tbt.transform(
                self.X.iloc[selection, :]), self.y[selection]
    else:
        return self.X.iloc[selection, :], self.y[selection]


def __getitem__(self, index):
    indexes = self.indexes[
        index * self.batch_size:(index + 1) * self.batch_size]
    samples, labels = self.__data_generation(indexes)
    return samples, labels, [None]
```

生成器现已安装完毕。下面将更详细地探索它是如何工作的。

它是如何工作的

除了实例化类内部变量的__init__方法外,DataGenerator 类还包括以下方法:

➤ _build_index:创建所提供数据的索引;

➤ on_epoch_end:在每个 epoch 结束时,该方法将随机洗牌数据;

➤ len_:统计完成一个 epoch 需要多少批次;

➤ iter_:使类成为一个可迭代对象;

➤ next_:调用下一批;

➤ call_:返回__iter__方法调用;

➤ data_generation:TabularTransformer 对数据批处理进行操作,返回转换后的输出(以数组列表或数组字典的形式返回);

➤ getitem_:将数据分割成批处理,并调用 data_generation 方法进行转换。

这就完成了该教程的最后一步。使用最后两个方法,可以将任意混合变量表格数据集完全转换为 TensorFlow 模型,只需要填写一些参数。在接下来的两个教程中,将提供一些特定的技巧,以使 DNN 更好地处理表格数据,另外还将看到一个来自著名的 Kaggle 比赛的完全成熟的例子。

7.8 为表格数据创建自定义激活

对于图像和文本,在处理表格数据的 DNN 中反向传播错误更加困难,因为数据是稀疏的。随着 ReLU 激活函数的广泛应用，人们发现新的激活函数在这种情况下工作得更好，可以提高网络性能。这些激活函数是 SeLU、GeLU 和 Mish。因为 SeLU 已经在 Keras 和 TensorFlow 中（见 https：//www. tensorflow. org/api_docs/python/tf/keras/activations/selu 和 https：//www. tensorflow. org/api_docs/python/tf/nn/selu）介绍了，这里将介绍如何使用 GeLU 和 Mish 激活函数。

准　备

需要导入：

```
from tensorflow import keras as keras
import numpy as np
import matplotlib.pyplot as plt
```

我们已经添加了 matplotlib，因此可以绘制这些新的激活函数的工作原理，并了解它们如此有效的原因。

怎么做

GeLU 和 Mish 是由数学定义的，我们可以在以下资料中找到：

➢ Gaussian Error Linear Units（GELUs）：https：//arxiv. org/abs/1606.08415；

➢ Mish，A Self Regularized Non-Monotonic Neural Activation Function：https：//arxiv. org/abs/1908.08681。

下面是转换成算法的公式：

```
def gelu(x)：
    return 0.5 * x * (1 + tf.tanh(tf.sqrt(2 /np.pi) *
                     (x + 0.044715 * tf.pow(x, 3))))

keras.utils.get_custom_objects().update(
                    {'gelu'：keras.layers.Activation(gelu)})
def mish(inputs)：
    return inputs * tf.math.tanh(tf.math.softplus(inputs))

keras.utils.get_custom_objects().update(
                    {'mish'：keras.layers.Activation(mish)})
```

这个方法中有趣的部分是，get_custom_objects 是一个函数，它允许在定制的 TensorFlow 对象中记录新函数，并且很容易地在层参数中以字符串的形式回忆它们。你可以通过 TensorFlow 文档找到更多关于 Keras 中自定义对象如何工作的信息：https：//www. tensorflow. org/api_docs/python/tf/keras/utils/get_custom_objects。

它是如何工作的

我们可以通过绘制正输入和负输入与输出的关系图来了解这两个激活函数是如何

工作的。来自 matplotlib 的几个命令将帮助我们可视化：

```
gelu_vals = list()
mish_vals = list()
abscissa = np.arange( - 4, 1, 0.1)
for val in abscissa:
    gelu_vals.append(gelu(tf.cast(val, tf.float32)).numpy())
    mish_vals.append(mish(tf.cast(val, tf.float32)).numpy())


plt.plot(abscissa, gelu_vals, label = 'gelu')
plt.plot(abscissa, mish_vals, label = 'mish')
plt.axvline(x = 0.0, linestyle = '--', color = 'darkgray')
plt.axhline(y = 0.0, linestyle = '--', color = 'darkgray')
plt.legend()
plt.show()
```

运行代码后，将得到如图 7.3 所示的图形。

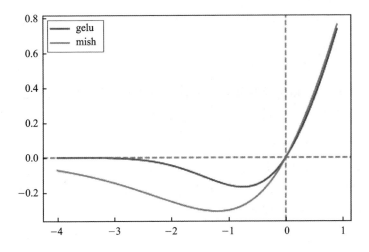

图 7.3 GeLU 和 Mish 激活函数从输入映射到输出

与 ReLU 激活函数一样，从 0 开始的输入被映射为输出（在正激活中保持线性）。实际上，当输入低于零时，会发生有趣的事情，因为它不像在 ReLU 中那样被抑制。在 GeLU 和 Mish 两种激活函数中，输出都是负输入的衰减变换，当输入数值非常小且为负数时，输出就会衰减到零。这既防止了神经元死亡的情况，因为负输入仍然可以传递信息，也防止了神经元饱和的情况，因为过度负的值将被关闭。

通过不同的策略，负输入被 GeLU 和 Mish 激活函数处理和传播。这允许从负输入产生一个确定的梯度，并且不会对网络造成损害。

7.9　对难题进行测试

本章提供了成功处理表格数据的方法,每一个教程本身并不是一个解决方案,而是一块拼图,当它们组合在一起时,你就可以获得非常好的结果。本节将演示如何组装所有的教程,让它们一起成功地完成一个困难的 Kaggle 挑战。

Kaggle 挑战,*Amazon.com -Employee Access Challenge*(https://www.kaggle.com/c/amazon-employee-access-challenge),是一场以涉及的高基数变量而著名的比赛,是一个用于比较梯度提升算法的可靠基准。竞争的目的是开发一个模型,该模型可以预测是否应该根据亚马逊员工的角色和活动给予他们访问特定资源的权限。答案应按可能性给出。作为预测器,你有不同的 ID 代码,对应于你评估访问的资源类型、组织中员工的角色和引用经理。

准　备

像往常一样,从导入 TensorFlow 和 Keras 开始:

```
import tensorflow as tf
import tensorflow.keras as keras
```

使用基于顺序的数据生成器可能会触发 TensorFlow 2.2 中的一些错误。这是因为快速执行,作为预防措施,我们必须禁用此方法:

```
tf.compat.v1.disable_eager_execution()
```

为了获得 Amazon 数据集,最好和最快的方法是安装 CatBoost,这是一种使用该数据集作为基准的梯度增强算法。如果你所安装的环境中还没有它,则可以使用"pip install catboost"命令轻松地安装它:

```
from catboost.datasets import amazon

X, Xt = amazon()

y = X["ACTION"].apply(lambda x: 1 if x == 1 else 0).values
X.drop(["ACTION"], axis = 1, inplace = True)
```

由于测试数据(上传到 Xt 变量中)有一个未标记的目标变量,所以我们将只使用 X 变量中的训练数据。

怎么做

作为第一步,我们将为此问题定义 DNN 架构。因为这个问题只涉及具有高基数的分类变量,所以我们开始为每个特性设置一个输入层和一个嵌入层。

首先为每个特征定义一个输入,数据从这里流入网络,然后每个输入被导向其各自的嵌入层。输入的大小基于特征的唯一值的数量,输出的大小基于输入大小的对数。然后,每个嵌入的输出被传递给一个空间 dropout(因为嵌入层将返回一个矩阵,空间 dropout 将清空矩阵的所有列),然后将其压平。最后,所有的压平结果被连接到一个单一的层。从那里开始,数据在到达输出响应节点(一个 sigmoid 激活的节点将返回一个概率作为答案)之前必须通过两个密集的层:

```python
def dnn(categorical_variables, categorical_counts,
        feature_selection_dropout = 0.2, categorical_dropout = 0.1,
        first_dense = 256, second_dense = 256,
        dense_dropout = 0.2,
        activation_type = gelu):

    categorical_inputs = []
    categorical_embeddings = []

    for category in categorical_variables:
        categorical_inputs.append(keras.layers.Input(
                shape = [1], name = category))
        category_counts = categorical_counts[category]
        categorical_embeddings.append(
            keras.layers.Embedding(category_counts + 1,
                    int(np.log1p(category_counts) + 1),
                    name = category +
                        "_embed")(categorical_inputs[-1]))

    def flatten_dropout(x, categorical_dropout):
        return keras.layers.Flatten()(
            keras.layers.SpatialDropout1D(categorical_dropout)(x))

    categorical_logits = [flatten_dropout(cat_emb,
                                    categorical_dropout)
                        for cat_emb in categorical_embeddings]
    categorical_concat = keras.layers.Concatenate(
                name = "categorical_concat")(categorical_logits)

    x = keras.layers.Dense(first_dense,
                activation = activation_type)(categorical_concat)
    x = keras.layers.Dropout(dense_dropout)(x)
    x = keras.layers.Dense(second_dense,
                activation = activation_type)(x)
```

```
x = keras.layers.Dropout(dense_dropout)(x)
output = keras.layers.Dense(1, activation = "sigmoid")(x)
model = keras.Model(categorical_inputs, output)

return model
```

该架构只适用于分类数据。它接受每一个分类输入(期望单个整数代码),并将其放入一个嵌入层中,该嵌入层的输出是一个降维向量(其维数是使用启发式方法 int(np. log1p(category_counts)＋1)计算)。它应用了一个 patialDropout1D,并最后将输出展平。patialDropout1D 从所有通道移除输出矩阵一行中的所有连接,从而有效地从嵌入层中删除一些信息。然后,所有分类变量的所有输出都被连接起来,并传递到一系列具有 GeLU 激活和 dropout 的密集层,它以一个 sigmoid 节点结束(这样你就可以得到一个概率范围在[0,1]之间的发射值)。

在定义了架构之后,我们定义了 score 函数,并从 scikit－learn 中获取它们,使用 TensorFlow 中的 tf. py_function 将它们转换为 Keras 中使用的函数(https://www.tensorflow.org/api_docs/python/tf/py_function),一个可以把任何函数变成一个可微分的 TensorFlow 操作,并可以立即执行的包装器。

作为评分函数,我们采用平均精度和 ROC 曲线下面积进行计算。这两个函数都可以帮助我们确定在二元分类问题上的表现,告诉我们预测的概率与真实值的相似度。关于 ROC AUC 和平均精度的更多信息可以在 scikit－learn 文档中找到(https://scikit－learn. org/stable/modules/generated/sklearn. metrics. average_precision_score. html 和 https://scikit-learn. org/stable/modules/generated/sklearn. metrics. roc_auc_score. html＃sklearn. metrics. roc_auc_score)。

我们还实例化了一个简单的绘图函数,该函数可以在训练集和验证集上绘制训练期间记录的选定错误和评分测量值:

```
from sklearn.metrics import average_precision_score, roc_auc_score

def mAP(y_true, y_pred):
    return tf.py_function(average_precision_score,
                          (y_true, y_pred), tf.double)
def auc(y_true, y_pred):
    try:
        return tf.py_function(roc_auc_score,
                              (y_true, y_pred), tf.double)
    except:
        return 0.5

def compile_model(model, loss, metrics, optimizer):
    model.compile(loss = loss, metrics = metrics, optimizer = optimizer)
    return model
```

```
def plot_keras_history(history, measures):
    """
    history: Keras training history
    measures = list of names of measures
    """
    rows = len(measures) //2 + len(measures) % 2
    fig, panels = plt.subplots(rows, 2, figsize = (15, 5))
    plt.subplots_adjust(top = 0.99, bottom = 0.01,
                        hspace = 0.4, wspace = 0.2)
    try:
        panels = [item for sublist in panels for item in sublist]
    except:
        pass
    for k, measure in enumerate(measures):
        panel = panels[k]
        panel.set_title(measure + ' history')
        panel.plot(history.epoch, history.history[measure],
                label = "Train " + measure)
        panel.plot(history.epoch, history.history["val_" + measure],
                label = "Validation " + measure)
        panel.set(xlabel = 'epochs', ylabel = measure)
        panel.legend()
```

```
plt.show(fig)
```

此时，需要设置训练阶段。由于示例数量有限，并且需要测试解决方案，所以使用交叉验证是最佳选择。来自 scikit-learn 的 StratifiedKFold 函数将会提供合适的工具。

在 StratifiedKFold 中，数据是随机的（可以为再现性提供一个种子值），分成 k 部分，每一部分目标变量的比例与在原始数据中找到的都相同。

这 k 次分割用于生成 k 个训练测试，这些测试可以帮助我们推断所设置的 DNN 架构的性能。实际上，循环 k 次，除了一个划分用于测试以外，其余划分都用于训练模型。这可以确保对未用于训练的拆分进行 k 次测试。

这种方法，尤其是在处理少数几个训练例子的时候，比选择一个测试集来验证模型更可取，因为通过对一个测试集进行抽样，可以找到一个与训练集分布不同的样本。此外，通过使用单个测试集，也有可能过度拟合测试集。如果反复测试不同的解决方案，最终可能会找到一个非常适合测试集的解决方案，但它本身却不是一个可推广的解决方案。

例如：

```
from sklearn.model_selection import StratifiedKFold
```

```
SEED = 0
FOLDS = 3
BATCH_SIZE = 512

skf = StratifiedKFold(n_splits = FOLDS,
                        shuffle = True,
                        random_state = SEED)

roc_auc = list()
average_precision = list()
categorical_variables = X.columns.to_list()

for fold, (train_idx, test_idx) in enumerate(skf.split(X, y)):

    tt = TabularTransformer(highcat = categorical_variables)

    tt.fit(X.iloc[train_idx])
    categorical_levels = tt.vocabulary

    model = dnn(categorical_variables,
                categorical_levels,
                feature_selection_dropout = 0.1,
                categorical_dropout = 0.1,
                first_dense = 64,
                second_dense = 64,
                dense_dropout = 0.1,
                activation_type = mish)
    model = compile_model(model,
                        keras.losses.binary_crossentropy,
                        [auc, mAP],
                        tf.keras.optimizers.Adam(learning_rate = 0.0001))

    train_batch = DataGenerator(X.iloc[train_idx],
                                y[train_idx],
                                tabular_transformer = tt,
                                batch_size = BATCH_SIZE,
                                shuffle = True)

    val_X, val_y = tt.transform(X.iloc[test_idx]), y[test_idx]

    history = model.fit(train_batch,
                        validation_data = (val_X, val_y),
                        epochs = 30,
                        class_weight = [1.0,
```

$$(np.sum(y == 0) / np.sum(y == 1))],$$
$$verbose = 2)$$

```
print("\nFOLD % i" % fold)
plot_keras_history(history, measures = ['auc', 'loss'])

preds = model.predict(val_X, verbose = 0,
                      batch_size = 1024).flatten()
roc_auc.append(roc_auc_score(y_true = val_y, y_score = preds))
average_precision.append(average_precision_score(
                        y_true = val_y, y_score = preds))
```

```
print(f"mean cv roc auc {np.mean(roc_auc):0.3f}")
print(f"mean cv ap {np.mean(average_precision):0.3f}")
```

该脚本为每个折叠运行一次训练和验证测试,并存储结果,这将帮助你正确评估表格数据的 DNN 性能。

每个折页将打印一个 plot,详细描述 DNN 在训练和验证样本的 log – loss 和 ROC AUC 上的表现,如图 7.4 所示。

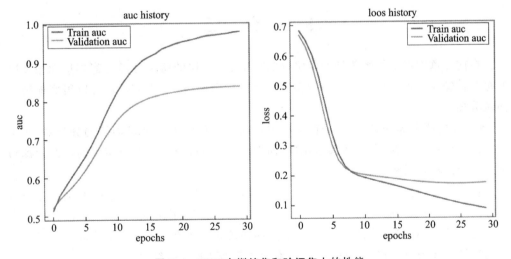

图 7.4 DNN 在训练集和验证集上的性能

所有折痕轨迹相似,5 个 epoch 后训练曲线与验证曲线解耦明显,15 个 epoch 后差距扩大,说明训练阶段存在一定的过拟合。通过修改 DNN 架构,并改变学习率或优化算法等参数,可以安全地进行实验,以获得更好的结果,因为交叉验证过程可以确保做出正确的决策。

第8章 卷积神经网络

在过去的几年中,卷积神经网络(Convolutional Neural Networks,CNN)在图像识别方面取得了重大突破。本章将涉及以下主题:

➢ 实现简单的 CNN;

➢ 实现先进的 CNN;

➢ 重新训练现有的 CNN 模型;

➢ 实现 StyleNet 和神经式项目;

➢ 实现 DeepDream。

提醒一下,读者可以在以下网址中找到本章的所有代码:

➢ https://github.com/PacktPublishing/Machine-Learning-Using-TensorFlow-Cookbook;

➢ the Packt repository:https://github.com/PacktPublishing/Machine- Learning-Using-TensorFlow-Cookbook.

8.1 介 绍

在前几章中讨论了密集神经网络(DNN),其中一层的每个神经元都连接到相邻层的每个神经元。本章将专注于一种特殊类型的神经网络——CNN,它可以很好地进行图像分类。

CNN 由两个部分组成:一个特征提取器模块后面跟着一个可训练的分类器,其中第一部分包括一堆卷积、激活和池化层;而 DNN 则进行分类。每个层中的神经元都与下一层中的神经元相连。

在数学中,卷积是一个作用于另一个函数输出上的函数。在本例中,我们将考虑对图像使用矩阵乘法(滤波器)。出于我们的目的,我们将图像定义为数字矩阵,这些数字可以表示像素甚至图像属性。我们将对这些矩阵进行卷积运算,这涉及将一个固定宽度的滤波器在图像上移动,并使用逐元素乘法来得到我们的结果。

图 8.1 解释了图像卷积的工作原理。

在图 8.1 中,我们看到了应用在图像上的卷积滤波器(长度、宽度和深度)是如何创建一个新的特征层的。这里有一个 2×2 的卷积滤波器,在 5×5 输入的有效空间中工作,在两个方向上的步幅均为 1,结果是一个 4×4 矩阵。这个新的特征层突出了输入图像中激活滤波器最多的区域。

CNN 还有其他满足更多需求的操作,如引入非线性(ReLU)或聚合参数(max

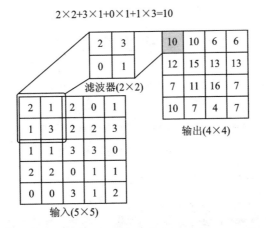

图 8.1　通过 5×5 输入矩阵应用 2×2 卷积滤波器产生新的 4×4 特征层

pooling，average pooling），以及其他类似的操作。图 8.1 所示是一个对 5×5 数组进行卷积运算的例子，卷积滤波器是一个 2×2 的矩阵，步长是 1，我们只考虑有效位置。此操作中的可训练变量为 2×2 的滤波器权重。

在进行卷积操作之后，通常会进行聚合操作，例如 max pooling。池操作的目标是减少参数数量、计算负载和内存使用。最大池只保留最强的特性。

图 8.2 所示为一个如何操作最大池的示例。在这个例子中，它有一个 2×2 的区域，在两个方向上的步幅都是 2。

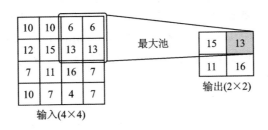

图 8.2　在 4×4 输入图像上应用 max pooling 操作

图 8.2 显示了如何操作最大池。这里有一个 2×2 窗口，在 4×4 输入的有效空间上运行，在两个方向上的步幅均为 2。结果是一个 2×2 矩阵，它就是每个区域的最大值。

虽然我们将开始创建我们自己的 CNN 图像识别，但我建议使用现有的架构，就像我们在本章的后续部分所做的那样。

通常会使用一个预先训练过的网络，并在最后使用一个新的数据集和一个新的全连接层对其进行再训练。这种方法是有益的，因为我们不需要从头开始训练模型，只需要为我们的新任务调整一个预先训练的模型。我们将在 8.4 节中说明它，在那里将再次训练现有的架构，以改进我们的 CIFAR - 10 预测。

8.2 实现简单的 CNN

本节将开发一个基于 LeNet – 5 架构的 CNN,其中 LeNet – 5 架构是 1998 年由 Yann LeCun 等人首次提出,用于手写和机印字符识别。

如图 8.3 所示,该架构由两组卷积神经网络组成,采用卷积– ReLU – max 池化操作进行特征提取;然后是一个平滑层和两个全连接层,用于图像分类。

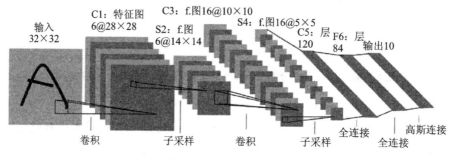

图 8.3 LeNet – 5 架构

我们的目标是提高预测 MNIST 数字的准确性。

准　备

为了访问 MNIST 数据,Keras 提供了一个包（tf. keras. datasets）,其具有优秀的数据集加载功能。（注意,TensorFlow 还通过 TF Datasets API 提供自己的现成数据集集合。）加载数据后,我们将设置模型变量,创建模型,批量训练模型,然后可视化损失、精度和一些样本数字。

怎么做

请执行以下步骤:

1. 加载必要的库并启动一个图形会话:

```
import matplotlib. pyplot as plt
import numpy as np
import tensorflow as tf
```

2. 加载数据,并在一个四维矩阵中对图像进行重塑:

```
(x_train, y_train), (x_test, y_test) = tf. keras. datasets. mnist. load_data()
# Reshape
x_train = x_train. reshape( – 1, 28, 28, 1)
x_test = x_test. reshape( – 1, 28, 28, 1)
```

```
# Padding the images by 2 pixels
x_train = np.pad(x_train, ((0,0),(2,2),(2,2),(0,0)), 'constant')
x_test = np.pad(x_test, ((0,0),(2,2),(2,2),(0,0)), 'constant')
```

 注意,这里下载的 MNIST 数据集包括训练数据集和测试数据集。这些数据集由灰度图像(带形状的整数数组(num_ sample, 28,28))和标签(0~9 范围内的整数)组成。由于 LeNet - 5 的纸张输入图像为 32×32,所以我们将图像填充了 2 个像素。

3. 设置模型参数。记住图像的深度(通道数)是 1,因为这些图像是灰度的。我们还将设置种子以获得可复制的结果:

```
image_width = x_train[0].shape[0]
image_height = x_train[0].shape[1]
num_channels = 1 # grayscale = 1 channel

seed = 98
np.random.seed(seed)
tf.random.set_seed(seed)
```

4. 声明训练数据变量和测试数据变量。我们会有不同批次的培训和评估,可以根据可用于训练和评估的物理记忆来改变这些:

```
batch_size = 100
evaluation_size = 500
epochs = 300
eval_every = 5
```

5. 规范化我们的图像,将所有像素的值改为一个共同的尺度:

```
x_train = x_train /255
x_test = x_test/255
```

6. 声明我们的模型。我们将有两个卷积/ReLU/max 池化层组成的特征提取器模块,还具有全连接层的分类器。此外,为了使分类器正常工作,我们对特征提取模块的输出进行了关注,以便在分类器中使用它。注意,我们在分类器的最后一层使用 softmax 激活函数。softmax 将数值输出(logits)转换为求和为 1 的概率:

```
input_data = tf.keras.Input(dtype = tf.float32, shape = (image_
width,image_height, num_channels), name = "INPUT")

# First Conv - ReLU - MaxPool Layer
conv1 = tf.keras.layers.Conv2D(filters = 6,
                               kernel_size = 5,
                               padding = 'VALID',
                               activation = "relu",
                               name = "C1")(input_data)
```

```
max_pool1 = tf.keras.layers.MaxPool2D(pool_size = 2,
                                      strides = 2,
                                      padding = 'SAME',
                                      name = "S1")(conv1)


# Second Conv - ReLU - MaxPool Layer
conv2 = tf.keras.layers.Conv2D(filters = 16,
                               kernel_size = 5,
                               padding = 'VALID',
                               strides = 1,
                               activation = "relu",
                               name = "C3")(max_pool1)


max_pool2 = tf.keras.layers.MaxPool2D(pool_size = 2,
                                      strides = 2,
                                      padding = 'SAME',
                                      name = "S4")(conv2)


# Flatten Layer
flatten = tf.keras.layers.Flatten(name = "FLATTEN")(max_pool2)


# First Fully Connected Layer
fully_connected1 = tf.keras.layers.Dense(units = 120,
                                         activation = "relu",
                                         name = "F5")(flatten)


# Second Fully Connected Layer
fully_connected2 = tf.keras.layers.Dense(units = 84,
                                         activation = "relu",
                                         name = "F6")(fully_
connected1)


# Final Fully Connected Layer
final_model_output = tf.keras.layers.Dense(units = 10,
                                           activation = "softmax",
                                           name = "OUTPUT"
                                           )(fully_connected2)


model = tf.keras.Model(inputs = input_data, outputs = final_model_output)
```

7. 使用 Adam（自适应矩估计）优化器来编译模型。Adam 使用自适应的学习速率和动力能够更快地到达局部最小值，从而更快地收敛。由于我们的目标是整数，而不是独热编码格式，所以使用稀疏分类交叉熵损失函数。然后，我们还添加了一个精度度

量,以确定每批模型的准确性:

```
model.compile(
    optimizer = "adam",
    loss = "sparse_categorical_crossentropy",
    metrics = ["accuracy"])
```

8. 打印一个网络的字符串摘要:

```
model.summary()
```

LeNet - 5 模型有 7 层,包含 61 706 个可训练参数,如图 8.4 所示。下面将开始训练模型。

```
Layer (type)              Output Shape            Param #
=================================================================
INPUT (InputLayer)        [(None, 32, 32, 1)]     0
_____
C1 (Conv2D)               (None, 28, 28, 6)       156
_____
S1 (MaxPooling2D)         (None, 14, 14, 6)       0
_____
C3 (Conv2D)               (None, 10, 10, 16)      2416
_____
S4 (MaxPooling2D)         (None, 5, 5, 16)        0
_____
FLATTEN (Flatten)         (None, 400)             0
_____
F5 (Dense)                (None, 120)             48120
_____
F6 (Dense)                (None, 84)              10164
_____
OUTPUT (Dense)            (None, 10)              850
=================================================================
Total params: 61,706
Trainable params: 61,706
Non-trainable params: 0
```

图 8.4　LeNet - 5 架构

9. 开始训练模型。随机选择批次对数据进行循环处理。我们定期选择在训练和测试批次上评估模型,并记录准确性和损耗。可以看到,经过 300 个 epoch 之后,对测试数据的准确率迅速达到 96%～97%:

```
train_loss = []
train_acc = []
test_acc = []
for i in range(epochs):
    rand_index = np.random.choice(len(x_train), size = batch_size)
    rand_x = x_train[rand_index]
```

```python
rand_y = y_train[rand_index]

history_train = model.train_on_batch(rand_x, rand_y)

if (i + 1) % eval_every == 0：
    eval_index = np.random.choice(len(x_test), size = evaluation_size)
    eval_x = x_test[eval_index]
    eval_y = y_test[eval_index]

    history_eval = model.evaluate(eval_x,eval_y)

    # Record and print results
    train_loss.append(history_train[0])
    train_acc.append(history_train[1])
    test_acc.append(history_eval[1])
    acc_and_loss = [(i + 1), history_train[0], history_train[1], history_eval[1]]
    acc_and_loss = [np.round(x,2) for x in acc_and_loss]
    print('Epoch # {}. Train Loss：{:.2f}. Train Acc (Test Acc)：
{:.2f} ({:.2f})'.format( * acc_and_loss))
```

10. 产生的输出如下：

```
Epoch # 5. Train Loss：2.19. Train Acc (Test Acc)：0.23 (0.34)
Epoch # 10. Train Loss：2.01. Train Acc (Test Acc)：0.59 (0.58)
Epoch # 15. Train Loss：1.71. Train Acc (Test Acc)：0.74 (0.73)
Epoch # 20. Train Loss：1.32. Train Acc (Test Acc)：0.73 (0.77)
...
Epoch # 290. Train Loss：0.18. Train Acc (Test Acc)：0.95 (0.94)
Epoch # 295. Train Loss：0.13. Train Acc (Test Acc)：0.96 (0.96)
Epoch # 300. Train Loss：0.12. Train Acc (Test Acc)：0.95 (0.97)
```

11. 下面是使用 matplotlib 绘制损失和精度的代码：

```python
# Matlotlib code to plot the loss and accuracy
eval_indices = range(0, epochs, eval_every)
# Plot loss over time
plt.plot(eval_indices, train_loss, 'k-')
plt.title('Loss per Epoch')
plt.xlabel('Epoch')
plt.ylabel('Loss')
plt.show()

# Plot train and test accuracy
plt.plot(eval_indices, train_acc, 'k-', label = 'Train Set Accuracy')
plt.plot(eval_indices, test_acc, 'r--', label = 'Test Set Accuracy')
```

```
plt.title('Train and Test Accuracy')
plt.xlabel('Epoch')
plt.ylabel('Accuracy')
plt.legend(loc = 'lower right')
plt.show()
```

得到的曲线图如图 8.5 所示。

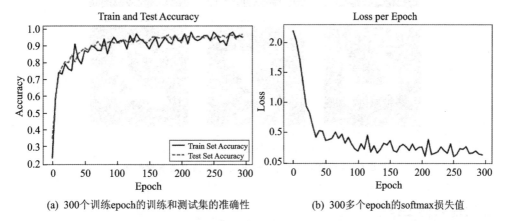

(a) 300个训练epoch的训练和测试集的准确性　　　　(b) 300多个epoch的softmax损失值

图 8.5　300 个训练 epoch 的训练和测试集的准确性以及 300 多个 epoch 的 softmax 损失值

12. 如果想绘制一个最新批处理结果的样本,则可以采用下述代码(绘制了包含 6 个最新结果的样本):

```
# Plot some samples and their predictions
actuals = y_test[30:36]
preds = model.predict(x_test[30:36])
predictions = np.argmax(preds,axis = 1)
images = np.squeeze(x_test[30:36])

Nrows = 2
Ncols = 3
for i in range(6):
    plt.subplot(Nrows, Ncols, i + 1)
    plt.imshow(np.reshape(images[i], [32,32]), cmap = 'Greys_r')
    plt.title('Actual: ' + str(actuals[i]) + ' Pred: ' + str(predictions[i]),
                            fontsize = 10)
    frame = plt.gca()
    frame.axes.get_xaxis().set_visible(False)
    frame.axes.get_yaxis().set_visible(False)
plt.show()
```

上述代码的输出如图 8.6 所示。

使用一个简单的 CNN,我们就取得了很好的结果的准确性和损失的数据集。

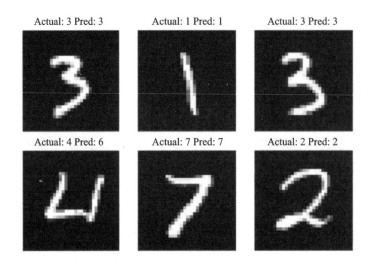

注:左下角的图片被预测为6,而实际上是4。

图 8.6 6 个随机图像的图,实际值和预测值在标题中

它是如何工作的

我们提高了 MNIST 数据集上的性能,并在从头开始训练的同时建立了一个快速达到约 97% 准确率的模型。我们的特征提取器模块是卷积、ReLU 和最大池化的组合。我们的分类器是一堆完全连接的层。我们以 100 人次规模的批次进行训练,研究每个 epoch 的准确性和损失。最后,我们还绘制了 6 位随机数字,发现模型预测无法预测一张图像,因为模型预测的是 6,而实际上是 4。

CNN 在图像识别方面做得很好。部分原因是,卷积层创建了底层特征,当它们遇到图像中重要的部分时就会被激活。对于这种类型的模型,它们自己创建特性并使用该特性进行预测。

更 多

在过去的几年中,CNN 模型在图像识别方面取得了巨大的进步。许多新奇的想法正在被探索,新的架构也经常被发现。一个重要的科学论文库是一个名为 arXiv. org (https://arxiv. org/)的网站,这是由康奈尔大学创建和维护的仓库网站。arXiv. org 包含了许多领域的一些最近的文章,包括计算机科学和计算机科学分支领域,如计算机视觉和图像识别(https://arxiv. org/list/cs. CV/recent)。

8.3 实现先进的 CNN

能否将 CNN 模型扩展用于图像识别是至关重要的,因为这样我们才能理解如何增加网络的深度。如果我们有足够的数据,就可以提高预测的准确性。扩展 CNN 网络的深度是用一种标准的方式来完成的:在系列中重复卷积、max pooling 和 ReLU,直到我们对深度满意为止。许多更精确的图像识别网络都是以这种方式运作的。

加载和预处理数据可能会导致一个非常令人头疼的问题:大多数图像数据集太大,无法放入内存中,但需要进行图像预处理来提高模型的性能。我们用 TensorFlow 可以做的是,使用 tf. data API 来创建输入管道。该 API 包含一组用于加载和预处理数据的实用程序。使用它,我们将实例化一个来自 CIFAR - 10 数据集(通过 Keras 数据集 API tf. keras. datasets 下载)的 tf. data. Dataset 对象,将该数据集的连续元素组合成批,并对每个图像应用转换。此外,对于图像识别数据,在发送图像进行训练之前,通常会对其进行随机扰动。在这里,我们将随机裁剪、翻转,并改变亮度。

准 备

在这个教程中,我们将实现一种更先进的读取图像数据的方法,并使用更大的 CNN 对 CIFAR - 10 数据集进行图像识别 (https://www. cs. toronto. edu/~kriz/cifar. html)。该数据集有 60 000 张 32×32 的图像,它们恰好属于 10 个可能的类中的一个。这些图片的潜在标签是飞机、汽车、鸟、猫、鹿、狗、青蛙、马、船和卡车。

怎么做

请执行以下步骤:

1. 加载必要的库:

```
import matplotlib.pyplot as plt
import numpy as np
import tensorflow as tf
fromtensorflow import keras
```

2. 声明一些数据集和模型参数,以及一些图像转换参数,例如随机裁剪图像的大小:

```
# Set dataset and model parameters
batch_size = 128
buffer_size = 128
epochs = 20

#Set transformation parameters
crop_height = 24
crop_width = 24
```

3. 使用 Keras 从 CIFAR - 10 数据集中获得火车和测试图像。datasets API 中提供了一些适合内存的玩具数据集,其中数据是用 NumPy 数组(科学计算的核心 Python

库)表示的：

```
(x_train, y_train), (x_test, y_test) = tf.keras.datasets.cifar10.load_data()
```

4. 使用 tf.data.Dataset 从 NumPy 数组创建一个序列和一个测试 TensorFlow 数据集，所以我们可以用 tf.data API 建立一个灵活和高效的管道图像：

```
dataset_train = tf.data.Dataset.from_tensor_slices((x_train, y_train))
dataset_test = tf.data.Dataset.from_tensor_slices((x_test, y_test))
```

5. 定义一个读取函数，该函数将通过 TensorFlow 内置的图像修改函数来略微加载和扭曲图像，以便进行训练：

```
# Define CIFAR reader
def read_cifar_files(image, label):

    final_image = tf.image.resize_with_crop_or_pad(image, crop_width, crop_height)
    final_image = image /255

    # Randomly flip the image horizontally, change the brightness and contrast
    final_image = tf.image.random_flip_left_right(final_image)
    final_image = tf.image.random_brightness(final_image,max_delta = 0.1)
    final_image = tf.image.random_contrast(final_image,lower = 0.5, upper = 0.8)

    return final_image, label
```

6. 现在我们有了一个图像管道函数和两个 TensorFlow 数据集，可以初始化训练图像管道和测试图像管道了：

```
dataset_train_processed = dataset_train.shuffle(buffer_size).
batch(batch_size).map(read_cifar_files)
dataset_test_processed = dataset_test.batch(batch_size).map(lambda
image,label: read_cifar_files(image, label, False))
```

 注意，在这个例子中，输入数据存储在内存中，所以使用 from_tensor_slices()方法将所有图像转换为 tf.Tensor。但 tf.data API 允许处理不在内存的大型数据集，该数据集的迭代以流的方式进行。

7. 创建顺序模型。我们使用的模型有两个卷积层和三个全连接的层。其中，这两个卷积层将分别创建 64 个特征；第一个全连接层将把第二个卷积层与 384 个隐藏节点连接起来；第二个全连接层将把这 384 个隐藏节点连接到 192 个隐藏节点；第三个全连接层将把 192 个节点连接到我们试图预测的 10 个输出类上。我们将在最后一层使用 softmax 函数，因为一张图片只能出现在一个类别上，所以输出应该是 10 个目标的概率分布：

```
model = keras.Sequential(
```

```
[ # First Conv - ReLU - Conv - ReLU - MaxPool Layer
tf.keras.layers.Conv2D(input_shape = [32,32,3],
                       filters = 32,
                       kernel_size = 3,
                       padding = 'SAME',
                       activation = "relu",
                       kernel_initializer = 'he_uniform',
                       name = "C1"),
tf.keras.layers.Conv2D(filters = 32,
                       kernel_size = 3,
                       padding = 'SAME',
                       activation = "relu",
                       kernel_initializer = 'he_uniform',
                       name = "C2"),
tf.keras.layers.MaxPool2D((2,2),
                       name = "P1"),
tf.keras.layers.Dropout(0.2),
# Second Conv - ReLU - Conv - ReLU - MaxPool Layer
tf.keras.layers.Conv2D(filters = 64,
                       kernel_size = 3,
                       padding = 'SAME',
                       activation = "relu",
                       kernel_initializer = 'he_uniform',
                       name = "C3"),
tf.keras.layers.Conv2D(filters = 64,
                       kernel_size = 3,
                       padding = 'SAME',
                       activation = "relu",
                       kernel_initializer = 'he_uniform',
                       name = "C4"),
tf.keras.layers.MaxPool2D((2,2),
                       name = "P2"),
tf.keras.layers.Dropout(0.2),
# Third Conv - ReLU - Conv - ReLU - MaxPool Layer
tf.keras.layers.Conv2D(filters = 128,
                       kernel_size = 3,
                       padding = 'SAME',
                       activation = "relu",
                       kernel_initializer = 'he_uniform',
                       name = "C5"),
tf.keras.layers.Conv2D(filters = 128,
                       kernel_size = 3,
                       padding = 'SAME',
```

211

```
                              activation = "relu",
                              kernel_initializer = 'he_uniform',
                              name = "C6"),
        tf.keras.layers.MaxPool2D((2,2),
                                 name = "P3"),
        tf.keras.layers.Dropout(0.2),
        # Flatten Layer
        tf.keras.layers.Flatten(name = "FLATTEN"),
        # Fully Connected Layer
        tf.keras.layers.Dense(units = 128,
                              activation = "relu",
                              name = "D1"),
        tf.keras.layers.Dropout(0.2),
        # Final Fully Connected Layer
        tf.keras.layers.Dense(units = 10,
                              activation = "softmax",
                              name = "OUTPUT")
        ])
```

8. 编译模型。我们的损失是绝对交叉熵损失。我们添加了一个精确度度量,用它来接收来自模型和实际目标的预测对数,并返回记录训练/测试集统计数据的精确度。我们还运行 summary 方法来打印一个摘要页面(见图 8.7):

```
model.compile(loss = "sparse_categorical_crossentropy",
    metrics = ["accuracy"])
model.summary()
```

9. 对模型进行拟合,通过训练和测试输入管道循环。我们将节省训练损失和测试准确性:

```
history = model.fit(dataset_train_processed,
                    validation_data = dataset_test_processed,
                    epochs = epochs)
```

10. 下面是一些 matplotlib 代码,该代码将绘制在整个训练过程中的损失和测试准确度:

```
# Print loss and accuracy
# Matlotlib code to plot the loss and accuracy
epochs_indices = range(0, 10, 1)
# Plot loss over time
plt.plot(epochs_indices, history.history["loss"], 'k-')
plt.title('Softmax Loss per Epoch')
plt.xlabel('Epoch')
plt.ylabel('Softmax Loss')
```

```
Model: "sequential_1"

Layer (type)                 Output Shape              Param #
=================================================================
C1 (Conv2D)                  (None, 32, 32, 32)        896

C2 (Conv2D)                  (None, 32, 32, 32)        9248

P1 (MaxPooling2D)            (None, 16, 16, 32)        0

dropout_2 (Dropout)          (None, 16, 16, 32)        0

C3 (Conv2D)                  (None, 16, 16, 64)        18496

C4 (Conv2D)                  (None, 16, 16, 64)        36928

P2 (MaxPooling2D)            (None, 8, 8, 64)          0

dropout_3 (Dropout)          (None, 8, 8, 64)          0

C5 (Conv2D)                  (None, 8, 8, 128)         73856

C6 (Conv2D)                  (None, 8, 8, 128)         147584

P3 (MaxPooling2D)            (None, 4, 4, 128)         0

dropout_4 (Dropout)          (None, 4, 4, 128)         0

FLATTEN (Flatten)            (None, 2048)              0

D1 (Dense)                   (None, 128)               262272

dropout_5 (Dropout)          (None, 128)               0

OUTPUT (Dense)               (None, 10)                1290
=================================================================
Total params: 550,570
Trainable params: 550,570
Non-trainable params: 0
```

图 8.7　模型摘要由 3 个 VGG 块组成(VGG-视觉几何组是卷积层的序列,
后跟用于空间下采样的最大池化层),随后是分类器

```
plt.show()

# Plot accuracy over time
plt.plot(epochs_indices, history.history["val_accuracy"], 'k-')
plt.title('Test Accuracy per Epoch')
plt.xlabel('Epoch')
plt.ylabel('Accuracy')
plt.show()
```

结果如图 8.8 所示。

它是如何工作的

下载了 CIFAR-10 数据之后,我们建立了一个图像管道,然后使用这个序列和测

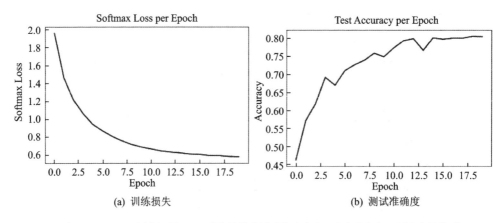

注:对于 CIFAR - 10 图像识别 CNN,我们能够在测试集中实现一个准确率在 80% 左右的模型。

图 8.8　训练损失和测试准确度

试管道来尝试预测正确的图像类别。最后,该模型在测试集中达到了 80% 左右的准确率。我们可以通过使用更多的数据、微调优化器或增加更多的 epoch 来获得更好的准确率。

8.4　重新训练现有的 CNN 模型

从头开始训练一个新的图像识别模型需要大量的时间和计算能力,如果我们可以将一个预先训练好的网络与我们的图像进行再训练,则可能会节省我们的计算时间。对于本教程,我们将介绍如何使用预训练的 TensorFlow 图像识别模型,并对其进行微调,使其在不同的图像集上工作。

我们将介绍如何使用预先训练的 CIFAR - 10 网络的迁移学习,其思想是重用卷积层中先前模型的权值和结构,并在网络的顶部重新训练全连接层。这种方法称为微调。

准　备

我们将要使用的 CNN 网络使用了一个非常流行的架构,叫作盗梦空间(Inception)。Inception CNN 模型是由谷歌创建的,其在许多图像识别基准上表现得非常好。

我们将介绍的主要的 Python 脚本展示了如何获取 CIFAR - 10 图像数据以及如何将其转换为 Inception retraining 格式。之后,我们将介绍如何在我们的映像上训练 Inception V3 网络。

怎么做

请执行以下步骤:

1. 加载必要的库:

```
import tensorflow as tf
from tensorflow import keras

from tensorflow.keras.applications.inception_v3 import InceptionV3
from tensorflow.keras.applications.inception_v3 import preprocess_
input, decode_predictions
```

2. 设置 tf.data.Dataset API 以后使用的参数：

```
batch_size = 32
buffer_size = 1000
```

3. 下载 CIFAR - 10 数据，并且声明 10 个类别，以便稍后保存图像时引用：

```
(x_train, y_train), (x_test, y_test) = tf.keras.datasets.cifar10.load_data()

objects = ['airplane', 'automobile', 'bird', 'cat', 'deer',
           'dog', 'frog', 'horse', 'ship', 'truck']
```

4. 使用 tf.data.Dataset 初始化训练和测试数据集的数据管道：

```
dataset_train = tf.data.Dataset.from_tensor_slices((x_train, y_train))
dataset_test = tf.data.Dataset.from_tensor_slices((x_test, y_test))
```

5. InceptionV3 在 ImageNet 数据集上进行了预训练，因此我们的 CIFAR - 10 图像必须与这些图像的格式匹配。预期的宽度和高度应不小于 75，因此我们将图像的空间大小调整为 75×75。然后，应对图像进行规范化，这里将对每个图像应用 inception 预处理任务（preprocess_input 方法）。代码如下：

```
def preprocess_cifar10(img, label):
    img = tf.cast(img, tf.float32)
    img = tf.image.resize(img, (75, 75))

return tf.keras.applications.inception_v3.preprocess_input(img), label

dataset_train_processed = dataset_train.shuffle(buffer_size).
batch(batch_size).map(preprocess_cifar10)
dataset_test_processed = dataset_test.batch(batch_size).
map(preprocess_cifar10)
```

6. 基于 InceptionV3 模型创建我们的模型。我们将使用 tensorflow.keras.applications API 来加载 InceptionV3 模型。该 API 包含预训练的深度学习模型，可用于预测、特征提取和微调。然后，我们将加载没有分类头的权重。代码如下：

```
inception_model = InceptionV3(
    include_top = False,
    weights = "imagenet",
```

```
    input_shape = (75,75,3)
)
```

7. 通过添加一个具有三个完全连接层的分类器,在 InceptionV3 模型之上构建我们自己的模型。代码如下:

```
x = inception_model.output
x = keras.layers.GlobalAveragePooling2D()(x)
x = keras.layers.Dense(1024, activation = "relu")(x)
x = keras.layers.Dense(128, activation = "relu")(x)
output = keras.layers.Dense(10, activation = "softmax")(x)

model = keras.Model(inputs = inception_model.input, outputs = output)
```

8. 将 Inception 中的基础层设置为不可训练的。在反向传播阶段,只有分类器权重会被更新(而不是初始权重):

```
for inception_layer in inception_model.layers:
    inception_layer.trainable = False
```

9. 编译我们自己的模型。我们的损失是绝对交叉熵损失。这里添加了一个精确度度量,它接收来自模型和实际目标的预测对数,并返回记录训练/测试集统计数据的精确度:

```
model.compile(optimizer = "adam", loss = "sparse_categorical_
crossentropy", metrics = ["accuracy"])
```

10. 现在我们将拟合模型,通过我们的训练和测试输入管道进行循环:

```
model.fit(x = dataset_train_processed,
          validation_data = dataset_test_processed)
```

11. 该模型在测试集中达到了约 63% 的准确率:

```
loss: 1.1316 - accuracy: 0.6018 - val_loss: 1.0361 - val_accuracy:
0.6366...
```

它是如何工作的

下载了 CIFAR-10 数据之后,我们建立了一个图像管道,将图像转换为所需的 Inception 格式;然后在 InceptionV3 模型上添加了一个分类器,并训练它预测 CIFAR-10 图像的正确类别;最后,该模型在测试集上达到了约 63% 的准确率。请记住,我们正在对模型进行微调,并在顶部重新训练完全连接的层,以适应我们的 10 个类别的数据。

8.5 应用 StyleNet 和神经式项目

一旦训练了一个图像识别 CNN,就可以使用网络本身进行一些有趣的数据和图像处理。StyleNet 是一个过程,它试图从一张图片学习图像样式,并将其应用到另一张图片上,同时保持第二个图像结构(或内容)的完整性。为了做到这一点,我们必须找到与风格相关的中间 CNN 节点,与图像的内容分开。

StyleNet 是一个获取两个图像并将一个图像的样式应用于另一个图像的内容的过程。它是基于 Leon Gatys 在 2015 年发表的一篇著名的论文——*A Neural Algorithm of Artistic Style* 提出的。作者发现在一些含有中间层的 CNN 中有一种特性,其中一些似乎编码了图片的风格,另一些编码了图片的内容。为此,如果在样式图片上训练样式层,在原始图像上训练内容层,并反向传播那些计算出来的损失,就可以改变原始图像,使其更像样式图片。

准　备

这个教程是官方 TensorFlow 神经样式传输的改编版本。为了实现这一点,我们将使用 Gatys 在 *A Neural Algorithm of Artistic Style* 中推荐的网络,称为 imagenet - vgg - 19 网络。

怎么做

请执行以下步骤:

1. 通过加载必要的库来启动 Python 脚本:

```
import imageio
import numpy as np
from skimage.transform import resize
import tensorflow as tf
import matplotlib.pyplot as plt
import matplotlib as mpl
import IPython.display as display
import PIL.Image
```

2. 声明两个图像的位置:原始图像和样式图像。这里将使用 *A Neural Algo-rithm of Artistic Style* 的封面图像作为原始图像;对于风格图,将使用文森特·梵高的《星月夜》。在这里,你可以随意使用任何两张图片。如果你选择使用上述两张图片,则可以在本书的 GitHub 网站 https://github.com/PacktPublishing/Machine-Learning-Using-TensorFlow-Cookbook(导航到 StyleNet 部分)上找到:

```
content_image_file = 'images/book_cover.jpg'
style_image_file = 'images/starry_night.jpg'
```

3. 使用 scipy 加载上述两张图片,并更改图片的样式以适应内容图片的尺寸:

```
# Read the images
content_image = imageio.imread(content_image_file)
```

```
style_image = imageio.imread(style_image_file)
content_image = tf.image.convert_image_dtype(content_image, tf.float32)
style_image = tf.image.convert_image_dtype(style_image, tf.float32)

# Get shape of target and make the style image the same
target_shape = content_image.shape
style_image = resize(style_image, target_shape)
```

4. 显示内容和样式图像：

```
mpl.rcParams['figure.figsize'] = (12,12)
mpl.rcParams['axes.grid'] = False

plt.subplot(1, 2, 1)
plt.imshow(content_image)
plt.title("Content Image")

plt.subplot(1, 2, 2)
plt.imshow(style_image)
plt.title("Style Image")
```

得到的结果如图 8.9 所示。

图 8.9　示例内容和样式图像

5. 在 ImageNet 上加载预先训练好的 VGG－19 模型，不带分类头。这里将使用 tensorflow.keras.applications API，该 API 包含预训练的深度学习模型，可用于预测、特征提取和微调。

```
vgg = tf.keras.applications.VGG19(include_top = False, weights = 'imagenet')
vgg.trainable = False
```

6. 展示 VGG－19 架构：

```
[layer.name for layer in vgg.layers]
```

7. 在神经样式转移中,我们希望将一个图像的样式应用到另一个图像的内容上。一个 CNN 由多个卷积层和池化层组成,其中,卷积层提取复杂特征,池化层给出空间信息。Gatys 的论文推荐了一些为内容和样式图像分配中间层的策略。虽然我们应该为内容图像保留 block4_conv2,但我们可以为样式图像尝试其他 blockX_conv1 层输出的不同组合:

```
content_layers = ['block4_conv2','block5_conv2']
style_layers = ['block1_conv1', 'block2_conv1', 'block3_conv1',
'block4_conv1', 'block5_conv1']

num_content_layers = len(content_layers)
num_style_layers = len(style_layers)
```

8. 虽然中间特征映射的值表示图像的内容,但可以通过这些特征映射之间的方法和相关性来描述样式。这里,我们定义 Gram 矩阵来捕捉图像的样式。Gram 矩阵测量每个特征映射之间的关联程度。这种计算是在每个中间特征映射上完成的,只得到关于图像纹理的信息。请注意,我们失去了它的空间结构的信息。代码如下:

```
def gram_matrix(input_tensor):
    result = tf.linalg.einsum('bijc,bijd ->bcd', input_tensor, input_tensor)
    input_shape = tf.shape(input_tensor)
    num_locations = tf.cast(input_shape[1] * input_shape[2], tf.float32)
    return result/(num_locations)
```

9. 构建一个模型,该模型返回包含每个层名称和相关内容/样式张量的样式字典和内容字典。Gram 矩阵应用在样式层上:

```
class StyleContentModel(tf.keras.models.Model):
    def __init__(self, style_layers, content_layers):
        super(StyleContentModel, self).__init__()

        self.vgg = tf.keras.applications.VGG19(include_top = False,
weights = 'imagenet')

        outputs = [vgg.get_layer(name).output for name in style_layers +
content_layers]
        self.vgg = tf.keras.Model([vgg.input], outputs)
        self.style_layers = style_layers
        self.content_layers = content_layers
        self.num_style_layers = len(style_layers)
        self.vgg.trainable = False

    def call(self, inputs):
        "Expects float input in [0,1]"
```

```
        inputs = inputs * 255.0
        inputs = inputs[tf.newaxis, :]
        preprocessed_input =
tf.keras.applications.vgg19.preprocess_input(inputs)
        outputs = self.vgg(preprocessed_input)
        style_outputs, content_outputs =
(outputs[:self.num_style_layers],
outputs[self.num_style_layers:])
        style_outputs = [gram_matrix(style_output)
                            for style_output in style_outputs]

        content_dict = {content_name:value
                            for content_name, value
                            in zip(self.content_layers, content_outputs)}
        style_dict = {style_name:value
                            for style_name, value
                            in zip(self.style_layers, style_outputs)}

        return {'content':content_dict, 'style':style_dict}
```

10. 设置样式和内容目标值。它们将用于损失计算：

```
extractor = StyleContentModel(style_layers, content_layers)
style_targets = extractor(style_image)['style']
content_targets = extractor(content_image)['content']
```

11. Adam 和 LBFGS 通常有相同的误差，并且收敛速度很快，但 LBFGS 在图像较大的情况下比 Adam 更好。虽然本书推荐使用 LBFGS，但由于我们的图像很小，所以我们将选择 Adam 优化器。代码如下：

```
# Optimizer configuration
learning_rate = 0.05
beta1 = 0.9
beta2 = 0.999

opt = tf.optimizers.Adam(learning_rate = learning_rate, beta_1 = beta1,
beta_2 = beta2)
```

12. 用内容和样式损失的加权总和来计算总的损失：

```
content_weight = 5.0
style_weight = 1.0
```

13. 内容损失将比较我们的原始图像和当前图像（通过内容层特征）。风格损失将比较我们预先计算的风格特征和输入图像的风格特征。第三个也是最后一个损失项将有助于平滑图像。这里使用全变化损失来处理相邻像素的剧烈变化，代码如下：

```
def style_content_loss(outputs):
    style_outputs = outputs['style']
    content_outputs = outputs['content']
    style_loss = tf.add_n([tf.reduce_mean((style_outputs[name] -
style_targets[name])**2)
                            for name in style_outputs.keys()])
    style_loss *= style_weight /num_style_layers

    content_loss = tf.add_n([tf.reduce_mean((content_outputs[name] -
content_targets[name])**2)
                            for name in content_outputs.keys()])
    content_loss *= content_weight /num_content_layers
    loss = style_loss + content_loss
    return loss
```

14. 声明一个实用函数。因为我们有一个浮点图像,所以需要保持像素值在 $0 \sim 1$ 之间:

```
def clip_0_1(image):
    return tf.clip_by_value(image, clip_value_min = 0.0, clip_value_max = 1.0)
```

15. 声明另一个实用函数来将张量转换为图像:

```
def tensor_to_image(tensor):
    tensor = tensor * 255
    tensor = np.array(tensor, dtype = np.uint8)
    if np.ndim(tensor) > 3:
        assert tensor.shape[0] == 1
        tensor = tensor[0]
    return PIL.Image.fromarray(tensor)
```

16. 使用梯度带运行梯度下降,生成新图像并显示它,代码如下:

```
epochs = 100

image = tf.Variable(content_image)

for generation in range(epochs):

    with tf.GradientTape() as tape:
        outputs = extractor(image)
        loss = style_content_loss(outputs)

    grad = tape.gradient(loss, image)
    opt.apply_gradients([(grad, image)])
    image.assign(clip_0_1(image))
```

```
    print(".", end = '')
```

```
display.display(tensor_to_image(image))
```

得到的结果如图 8.10 所示。

图 8.10　使用 StyleNet 算法将图书封面图片与《星月夜》相结合

请注意,可以通过更改内容和样式权重来使用不同的强调样式。

它是如何工作的

首先加载两张图片,然后加载预先训练好的网络权重,并为内容图片和样式图片分配图层。接着计算了三个损失函数:内容损失、风格损失和总体变化损失,然后利用风格图像的风格和原始图像的内容对随机噪声图像进行训练。样式转换可用于照片和视频编辑应用程序、游戏、艺术、虚拟现实等。例如,在 2019 年的游戏开发者大会上,谷歌引入了 Stadia 来实时改变游戏的美术效果。

8.6　实现 DeepDream

训练好的 CNN 的另一个用途是利用一些中间节点检测标签的特征(例如,猫的耳朵或鸟的羽毛）。利用这一事实，我们可以找到转换任何图像的方法来反映我们选择的任何节点的节点特征。这个教程是官方 TensorFlow DeepDream 教程的改编版本。请访问 DeepDream 的创造者 Alexander Mordvintsev 所写的谷歌 AI 博客文章，我们的希望是通过这篇文章，能够让你使用 DeepDream 算法探索卷积神经网络和其中创建的特征。

准　备

最初，发明这种技术是为了更好地理解 CNN 是如何看待事物的。DeepDream 的目标是过度解释模型检测到的模式，并用超现实的模式生成鼓舞人心的视觉内容。这种算法是一种新的迷幻艺术。

怎么做

请执行以下步骤：

1. 为了使用 DeepDream，从加载必要的库开始：

```
import numpy as np
import PIL.Image
import imageio
import matplotlib.pyplot as plt
import matplotlib as mpl
import tensorflow as tf
import IPython.display as display
```

2. 准备想象的图像。读取原始图像，将其重新塑造为最大尺寸 500，并显示它：

```
# Read the images
original_img_file = path + 'images/book_cover.jpg'
original_img = imageio.imread(original_img_file)

# Reshape to 500 max dimension
new_shape = tf.cast((500, 500 * original_img.shape[1] /original_
img.shape[0]), tf.int32)
original_img = tf.image.resize(original_img, new_shape,
method = 'nearest').numpy()

# Display the image
mpl.rcParams['figure.figsize'] = (20,6)
mpl.rcParams['axes.grid'] = False

plt.imshow(original_img)
plt.title("Original Image")
```

3. 把预先训练好的 Inception 模型加载到 ImageNet 上，不带分类头。使用 tf. keras. applications API：

```
inception_model = tf.keras.applications.InceptionV3(include_
top = False, weights = 'imagenet')
```

4. 对该模型进行总结。我们可以注意到 Inception 模型是相当大的：

```
inception_model.summary()
```

5. 选择用于 DeepDream 处理的卷积层。在 CNN 中，较早的层提取边缘、形状、纹理等基本特征，而较深的层提取高级特征，如云、树或鸟。为了创建一个 DeepDream 图像，我们将专注于卷积混合的层。现在，我们将创建两个混合层作为输出的特征提取模型：

```
names = ['mixed3', 'mixed5']
layers = [inception_model.get_layer(name).output for name in names]
deep_dream_model = tf.keras.Model(inputs = inception_model.input,
outputs = layers)
```

6. 定义损失函数，它将返回所有输出层的和：

```
def compute_loss(img, model):
    # Add a dimension to the image to have a batch of size1.
    img_batch = tf.expand_dims(img, axis = 0)

    # Apply the model to the images and get the outputs to retrieve the activation.
    layer_activations = model(img_batch)

    # Compute the loss for each layer
    losses = []
    for act in layer_activations:
        loss = tf.math.reduce_mean(act)
        losses.append(loss)

    return tf.reduce_sum(losses)
```

7. 声明两个实用函数来撤销缩放和显示处理后的图像：

```
def deprocess(img):
    img = 255 * (img + 1.0)/2.0
    return tf.cast(img, tf.uint8)

def show(img):
    display.display(PIL.Image.fromarray(np.array(img)))
```

8. 应用梯度上升过程。在 DeepDream 中，我们没有使用梯度下降来最小化损失，而是通过梯度上升来最大化它们的损失来最大化这些层的激活。因此,我们将过度解释模型检测到的模式,生成具有超现实模式的鼓舞人心的视觉内容:

```python
def run_deep_dream(image, steps = 100, step_size = 0.01):
    # Apply the Inception preprocessing
    image = tf.keras.applications.inception_v3.preprocess_ input(image)
    image = tf.convert_to_tensor(image)

    loss = tf.constant(0.0)
    for n in tf.range(steps):
        # We use gradient tape to track TensorFlow computations
        with tf.GradientTape() as tape:
            # We use watch to force TensorFlow to track the image
            tape.watch(image)
            # We compute the loss
            loss = compute_loss(image, deep_dream_model)
        # Compute the gradients
        gradients = tape.gradient(loss, image)

        # Normalize the gradients.
        gradients /= tf.math.reduce_std(gradients) + 1e - 8

        # Perform the gradient ascent by directly adding the gradients to the image
        image = image + gradients * step_size
        image = tf.clip_by_value(image, - 1, 1)

        # Display the intermediate image
        if (n % 100 == 0):
            display.clear_output(wait = True)
            show(deprocess(image))
            print ("Step {}, loss {}".format(n, loss))

    # Display the final image
    result = deprocess(image)
    display.clear_output(wait = True)
    show(result)

    return result
```

9. 在原始图像上运行 DeepDream:

```python
dream_img = run_deep_dream(image = original_img,
                           steps = 100, step_size = 0.01)
```

输出如图 8.11 所示。

图 8.11　DeepDream 应用于原始图像

虽然结果很好,但还可以更好!我们注意到,图像输出是有瑕疵的,这些模式似乎应用在相同的粒度上,并且输出的分辨率很低。

10. 为了使图像更好,可以使用八度的概念,对调整多次大小的相同图像执行梯度上升的操作(增加图像大小的每一步都是一个八度改进)。利用这个过程,在较小尺度上检测到的特征可以应用到具有更多细节的更高尺度上的模式。

```
OCTAVE_SCALE = 1.30

image = tf.constant(np.array(original_img))
base_shape = tf.shape(image)[:-1]
float_base_shape = tf.cast(base_shape, tf.float32)

for n in range(-2, 3):
    # Increase the size of the image
    new_shape = tf.cast(float_base_shape * (OCTAVE_SCALE ** n), tf.int32)
    image = tf.image.resize(image, new_shape).numpy()

    # Apply deep dream
    image = run_deep_dream(image = image, steps = 50, step_size = 0.01)

# Display output
display.clear_output(wait = True)
image = tf.image.resize(image, base_shape)
image = tf.image.convert_image_dtype(image/255.0, dtype = tf.uint8)
show(image)
```

输出如图 8.12 所示。

通过使用八度的概念,事情变得相当有趣:输出的噪声更少,网络更好地放大了它看到的模式。

图 8.12 将八度的概念应用于原始图像的 DeepDream

更 多

我们强烈建议读者使用 DeepDream 官方教程作为进一步信息的来源,也可以访问谷歌研究博客 DeepDream 上的原始文章。

第 9 章　递归神经网络

递归神经网络(Recurrent Neural Networks,RNN)是建模数据的主要现代方法,在本质上是连续的。体系结构类名称中的"循环"一词指的是:当前步骤的输出成为下一个步骤的输入(可能还有进一步的步骤)。对于序列中的每个元素,模型既考虑当前输入,又考虑它"记住"的关于前面元素的内容。

自然语言处理(Natural Language Processing,NLP)任务是 RNN 应用的主要领域之一:如果你正在通读这个句子,你将从出现在它前面的单词中获取每个单词的上下文。基于 RNN 的 NLP 模型可以在此基础上实现生成性任务,如小说文本创作,以及预测性任务,如情感分类或机器翻译。

本章将涉及以下几个方面:

➢ 文本生成;

➢ 情感分类;

➢ 时间序列-股票价格预测;

➢ Open - domain 问答。

其中,文本生成很容易演示如何使用 RNN 生成新的内容,因此它可以作为 RNN 的入门介绍。

9.1　文本生成

用来证明 RNN 强大的最著名的应用程序之一是生成新颖的文本(我们将在第 10 章中回到这个应用程序)。

在本教程中,我们将使用长短期记忆(Long Short-Term Memory,LSTM)体系结构(RNN 的一种流行变体)来构建文本生成模型。LSTM 的名字来源于它们的发展动机:"普通的"RNN 挣扎于长依赖(被称为消失的梯度问题),LSTM 的架构解决方案解决了这个问题。LSTM 模型通过维持细胞状态和"进位"解决这个问题,以确保在处理序列时信号(以梯度的形式)不会丢失。在每个时间步,LSTM 模型联合考虑当前字、进位和 cell 状态。

这个主题本身并不简单,但对于实际目的而言,完全理解结构设计并不是必要的。只需要记住,LSTM 单元允许将过去的信息在后面的时间点重新注入即可。

我们将在纽约时报评论和标题数据集上训练我们的模型(https://www.kaggle.com/aashita/nyt-comments),并使用它生成新的标题。我们选择这个数据集是因为它的大小适中（教程应该可以在不使用强大工作站的情况下重复使用）和可用性（Kaggle是免费访问的，不像某些数据源只能通过付费墙访问）。

怎么做

像往常一样，首先导入必要的包。

```
import tensorflow as tf
from tensorflow import keras

# keras module for building LSTM
from keras.preprocessing.sequence import pad_sequences
from keras.layers import Embedding, LSTM, Dense
from keras.preprocessing.text import Tokenizer
from keras.callbacks import EarlyStopping
from keras.models import Sequential
import keras.utils as ku
```

由于 Python 深度学习领域中相互依赖的本质，所以想要确保我们的结果是可重复的就需要初始化多个随机机制：

```
import pandas as pd
import string, os
import warnings
warnings.filterwarnings("ignore")
warnings.simplefilter(action = 'ignore', category = FutureWarning)
```

下一步将涉及从 Keras 本身导入必要的功能：

```
from keras.preprocessing.sequence import pad_sequences
from keras.layers import Embedding, LSTM, Dense
from keras.preprocessing.text import Tokenizer
from keras.callbacks import EarlyStopping
from keras.models import Sequential
import keras.utils as ku
```

最后，自定义代码执行中显示的警告级别通常是很方便的——尽管并不总是符合纯粹主义者认为的最佳实践。它主要是为了处理关于给 DataFrame 的子集赋值的普遍警告：在当前环境中，干净的演示比在生产环境中遵守编码标准更重要：

```
import warnings
warnings.filterwarnings("ignore")
warnings.simplefilter(action = 'ignore', category = FutureWarning)
```

我们将在后面定义一些函数来简化代码。首先，清理文本：

```
def clean_text(txt):
```

```
    txt = "".join(v for v in txt if v not in string.punctuation).lower()
    txt = txt.encode("utf8").decode("ascii",'ignore')
    return txt
```

使用一个内置的 TensorFlow 标记器的包装器,如下所示:

```
def get_sequence_of_tokens(corpus):
    ## tokenization
    tokenizer.fit_on_texts(corpus)
    total_words = len(tokenizer.word_index) + 1

    ## convert data to sequence of tokens
    input_sequences = []
    for line in corpus:
        token_list = tokenizer.texts_to_sequences([line])[0]
        for i in range(1,len(token_list)):
            n_gram_sequence = token_list[:i+1]
            input_sequences.append(n_gram_sequence)
    return input_sequences, total_words
```

一个常用的步骤是将模型构建步骤封装在函数中,如下所示:

```
def create_model(max_sequence_len, total_words):
    input_len = max_sequence_len - 1
    model = Sequential()

    model.add(Embedding(total_words, 10, input_length = input_len))

    model.add(LSTM(100))

    model.add(Dense(total_words, activation = 'softmax'))

    model.compile(loss = 'categorical_crossentropy', optimizer = 'adam')

    return model
```

下面是一些填充序列的样板文件(它的效用将在教程的过程中变得更清楚):

```
def generate_padded_sequences(input_sequences):
    max_sequence_len = max([len(x) for x in input_sequences])
    input_sequences = np.array(pad_sequences(input_sequences,
                        maxlen = max_sequence_len, padding = 'pre'))

    predictors, label = input_sequences[:,:-1],input_sequences[:,-1]
    label = ku.to_categorical(label, num_classes = total_words)
    return predictors, label, max_sequence_len
```

最后，创建一个函数，用于从拟合模型生成文本：

```
def generate_text(seed_text, next_words, model, max_sequence_len):
    for _ in range(next_words):
        token_list = tokenizer.texts_to_sequences([seed_text])[0]
        token_list = pad_sequences([token_list],
                        maxlen = max_sequence_len - 1, padding = 'pre')
        predicted = model.predict_classes(token_list, verbose = 0)

        output_word = ""
        for word, index in tokenizer.word_index.items():
            if index == predicted:
                output_word = word
                break
        seed_text += " " + output_word
    return seed_text.title()
```

下一步是加载我们的数据集（break 语句可以快速地只选择文章数据集而不是评论数据集）：

```
curr_dir = '../input/'
all_headlines = []
for filename in os.listdir(curr_dir):
    if 'Articles' in filename:
        article_df = pd.read_csv(curr_dir + filename)
        all_headlines.extend(list(article_df.headline.values))
        break


all_headlines[:10]
```

我们可以检查前几个元素：

```
['The Opioid Crisis Foretold',
 'The Business Deals That Could Imperil Trump',
 'Adapting to American Decline',
 'The Republicans' Big Senate Mess',
 'States Are Doing What Scott Pruitt Won't',
 'Fake Pearls, Real Heart',
 'Fear Beyond Starbucks',
 'Variety: Puns and Anagrams',
 'E.P.A. Chief's Ethics Woes Have Echoes in His Past',
 'Where Facebook Rumors Fuel Thirst for Revenge']
```

与现实文本数据通常的情况一样，需要清理输入文本。为了简单起见，只执行基本的预处理：删除标点符号并将所有单词转换为小写：

```
corpus = [clean_text(x) for x in all_headlines]
```

以下是清洗操作后前 10 行的样子：

```
corpus[:10]
```

```
['the opioid crisis foretold',
 'the business deals that could imperil trump',
 'adapting to american decline',
 'the republicans big senate mess',
 'states are doing what scott pruitt wont',
 'fake pearls real heart',
 'fear beyond starbucks',
 'variety puns and anagrams',
 'epa chiefs ethics woes have echoes in his past',
 'where facebook rumors fuel thirst for revenge']
```

下一步是标记化。语言模型需要以序列的形式输入数据——给定一个单词(标记)序列,生成任务可以归纳为预测上下文中下一个最有可能的标记。我们可以利用 Keras 预处理模块中的内置标记赋予器。

清理之后,对输入文本进行标记:这是从语料库中提取单个标记(单词或术语)的过程。我们利用内置的标记赋予器来检索标记及其各自的索引,每个文档被转换成一系列标记：

```
tokenizer = Tokenizer()

inp_sequences,total_words = get_sequence_of_tokens(corpus)

inp_sequences[:10]
[[1, 708],
 [1, 708, 251],
 [1, 708, 251, 369],
 [1, 370],
 [1, 370, 709],
 [1, 370, 709, 29],
 [1, 370, 709, 29, 136],
 [1, 370, 709, 29, 136, 710],
 [1, 370, 709, 29, 136, 710, 10],
 [711, 5]]
```

像[1, 708], [1, 708, 251]这样的向量表示从输入数据生成的 n-grams,其中一个整数是从语料库生成的整体词汇表中标记的索引。

我们已经将数据集转换为标记序列的格式——可能具有不同的长度。我们有两个选择:使用 RaggedTensors(在使用方面略微更高级)或使长度相等以符合大多数 RNN

模型的标准要求。为了简单起见,我们继续使用后一种解决方案:使用 pad_sequence 函数填充短于阈值的序列。这一步很容易与将数据格式化为预测变量和标签相结合:

```
predictors, label, max_sequence_len =
                    generate_padded_sequences(inp_sequences)
```

这里使用一个简单的 LSTM 体系结构来构建 Sequential API:

1. 输入层(input layer):接受标记化序列。

2. LSTM 层:使用 LSTM 单元生成输出。为了演示,将 100 作为默认值,但是参数(以及其他几个参数)是可定制的。

3. Dropout 层:将 LSTM 输出规则化以降低过拟合的风险。

4. 输出层:生成最可能的输出标记,如下所示:

```
model = create_model(max_sequence_len, total_words)
model.summary()
```

Layer (type)	Output Shape	Param #
embedding_1 (Embedding)	(None, 23, 10)	31340
lstm_1 (LSTM)	(None, 100)	44400
dense_1 (Dense)	(None, 3134)	316534

Total params: 392,274
Trainable params: 392,274
Non-trainable params: 0

现在可以使用标准的 Keras 语法来训练我们的模型:

```
model.fit(predictors, label, epochs = 100, verbose = 2)
```

现在我们有了一个拟合的模型,可以检查它的性能:基于种子文本的 LSTM 生成的标题有多好?通过标记种子文本,填充序列,并将其传递给模型来获得我们的预测:

```
print (generate_text("united states", 5, model, max_sequence_len))
```

United States Shouldnt Sit Still An Atlantic

```
print (generate_text("president trump", 5, model, max_sequence_len))
```

President Trump Vs Congress Bird Moving One

```
print (generate_text("joe biden", 8, model, max_sequence_len))
```

Joe Biden Infuses The Constitution Invaded Canada Unique Memorial Award

```
print (generate_text("india and china", 8, model, max_sequence_len))
```

India And China Deal And The Young Think Again To It

```
print (generate_text("european union", 4, model, max_sequence_len))
```

European Union Infuses The Constitution Invaded

正如你所看到的,即使使用相对简单的设置(中等大小的数据集和普通模型),也可以生成看起来比较真实的文本。进一步的微调当然会允许更复杂的内容,这是在第 10 章中讨论的主题。

9.2 情感分类

情感分类是自然语言处理中一个流行的任务:基于文本片段的内容,识别其中表达的情感。实际应用包括评论分析、调查回复、社交媒体评论或医疗保健材料。

我们将使用引入的 Sentiment140 数据集(参见 https://www-cs. stanford. edu/people/alecmgo/papers/TwitterDistantSupervision09. pdf)来训练我们的网络,它包含 160 万条推文,分为三类注释:负面、中性和正面。为了避免语言环境的问题,我们将编码标准化(这部分最好在控制台级别完成,而不是在笔记本中)。其逻辑如下:原始数据集包含原始文本,其本质上可能包含非标准字符(如表情符号,这显然是在社交媒体交流中常见的)。我们希望将文本转换为 UTF8,这是英语 NLP 的实际标准。最快的方法是使用 Linux command-line 功能:

➢ Iconv 是用于编码之间转换的标准工具;

➢ -f 和-t 标志分别表示输入编码和目标编码;

➢ -o 指定输出文件:

```
iconv - f LATIN1 - t UTF8 training.1600000.processed.noemoticon.csv - o
training_cleaned.csv
```

怎么做

从导入必要的包开始:

```
import json
import tensorflow as tf
import csv
```

```
import random
import numpy as np
import pandas as pd
import matplotlib.pyplot as plt

from tensorflow.keras.preprocessing.text import Tokenizer
from tensorflow.keras.preprocessing.sequence import pad_sequences
from tensorflow.keras.utils import to_categorical
from tensorflow.keras import regularizers
```

接下来,定义模型的超参数:

➢ 嵌入维度是我们将使用的词嵌入的大小。在这个示例中,我们将使用 GloVe:一种在维基百科和 Gigaword 的合并语料库上训练的无监督学习算法,基于词共现统计数据。得到的(英文)词向量为我们提供了一种有效地表示文本的方式,通常称为嵌入。

➢ max_length 和 padding_type 是指定如何填充序列的参数(请参阅前面的教程)。

➢ training_size 指定目标语料库的大小。

➢ test_portion 定义了用作拒绝的数据的比例。

➢ dropout_val 和 nof_units 是模型的超参数:

```
embedding_dim = 100
max_length = 16
trunc_type = 'post'
padding_type = 'post'
oov_tok = " <OOV> "
training_size = 160000
test_portion = .1


num_epochs = 50


dropout_val = 0.2
nof_units = 64
```

接着将模型创建步骤封装到一个函数中。这里为我们的分类任务定义了一个相当简单的层——嵌入层,然后是正则化、卷积和池化,最后是 RNN 层:

```
def create_model(dropout_val, nof_units):

    model = tf.keras.Sequential([
    tf.keras.layers.Embedding(vocab_size + 1, embedding_dim, input_
length = max_length, weights = [embeddings_matrix], trainable = False),
    tf.keras.layers.Dropout(dropout_val),
    tf.keras.layers.Conv1D(64, 5, activation = 'relu'),
```

```
tf.keras.layers.MaxPooling1D(pool_size = 4),
tf.keras.layers.LSTM(nof_units),
tf.keras.layers.Dense(1, activation = 'sigmoid')
])
model.compile(loss = 'binary_crossentropy',optimizer = 'adam',
              metrics = ['accuracy'])


return model
```

收集我们要训练的语料库内容:

```
num_sentences = 0

with open("../input/twitter-sentiment-clean-dataset/training_cleaned.csv")
as csvfile:
    reader = csv.reader(csvfile, delimiter = ',')
    for row in reader:
        list_item = []
        list_item.append(row[5])
        this_label = row[0]
        if this_label == '0':
            list_item.append(0)
        else:
            list_item.append(1)
        num_sentences = num_sentences + 1
        corpus.append(list_item)
```

转换为语句格式:

```
sentences = []
labels = []
random.shuffle(corpus)
for x in range(training_size):
    sentences.append(corpus[x][0])
    labels.append(corpus[x][1])
    Tokenize the sentences:

tokenizer = Tokenizer()
tokenizer.fit_on_texts(sentences)
word_index = tokenizer.word_index
vocab_size = len(word_index)
sequences = tokenizer.texts_to_sequences(sentences)
```

使用填充来规范语句长度(参见 9.1 节):

```
padded = pad_sequences(sequences, maxlen = max_length,padding = padding_type,
```

```
truncating = trunc_type)
```

将数据集分为训练集和抵制集：

```
split = int(test_portion * training_size)
test_sequences = padded[0:split]
training_sequences = padded[split:training_size]
test_labels = labels[0:split]
training_labels = labels[split:training_size]
```

在 NLP 应用中使用基于 RNN 的模型的关键步骤是嵌入矩阵：

```
embeddings_index = {};
with open('../input/glove6b/glove.6B.100d.txt') as f:
    for line in f:
        values = line.split();
        word = values[0];
        coefs = np.asarray(values[1:], dtype = 'float32');
        embeddings_index[word] = coefs;

embeddings_matrix = np.zeros((vocab_size + 1, embedding_dim));
for word, i in word_index.items():
    embedding_vector = embeddings_index.get(word);
    if embedding_vector is not None:
        embeddings_matrix[i] = embedding_vector;
```

所有准备工作完成后就可以建立模型了，如下：

```
model = create_model(dropout_val, nof_units)
model.summary()
```

```
Model: "sequential"
```

Layer (type)	Output Shape	Param #
embedding (Embedding)	(None, 16, 100)	13877100
dropout (Dropout)	(None, 16, 100)	0
conv1d (Conv1D)	(None, 12, 64)	32064
max_pooling1d (MaxPooling1D)	(None, 3, 64)	0
lstm (LSTM)	(None, 64)	33024
dense (Dense)	(None, 1)	65

```
=================================================
Total params: 13,942,253
Trainable params: 65,153
Non-trainable params: 13,877,100
```

_____

训练以通常的方式进行：

```
num_epochs = 50
history = model.fit(training_sequences, training_labels, epochs = num_epochs,
validation_data = (test_sequences, test_labels), verbose = 2)
```

```
Train on 144000 samples, validate on 16000 samples
Epoch 1/50
144000/144000 - 47s - loss: 0.5685 - acc: 0.6981 - val_loss: 0.5454 - val_
acc: 0.7142
Epoch 2/50
144000/144000 - 44s - loss: 0.5296 - acc: 0.7289 - val_loss: 0.5101 - val_
acc: 0.7419
Epoch 3/50
144000/144000 - 42s - loss: 0.5130 - acc: 0.7419 - val_loss: 0.5044 - val_
acc: 0.7481
Epoch 4/50
144000/144000 - 42s - loss: 0.5017 - acc: 0.7503 - val_loss: 0.5134 - val_
acc: 0.7421
Epoch 5/50
144000/144000 - 42s - loss: 0.4921 - acc: 0.7563 - val_loss: 0.5025 - val_
acc: 0.7518
Epoch 6/50
144000/144000 - 42s - loss: 0.4856 - acc: 0.7603 - val_loss: 0.5003 - val_
acc: 0.7509
```

我们还可以从视觉上评估模型的质量：

```
acc = history.history['acc']
val_acc = history.history['val_acc']
loss = history.history['loss']
val_loss = history.history['val_loss']
epochs = range(len(acc))

plt.plot(epochs, acc, 'r', label = 'Training accuracy')
plt.plot(epochs, val_acc, 'b', label = 'Validation accuracy')
plt.title('Training and validation accuracy')
plt.legend()
plt.figure()
```

```
plt.plot(epochs, loss, 'r', label = 'Training Loss')
plt.plot(epochs, val_loss, 'b', label = 'Validation Loss')
plt.title('Training and validation loss')
plt.legend()

plt.show()
```

得到的结果如图 9.1 和图 9.2 所示。

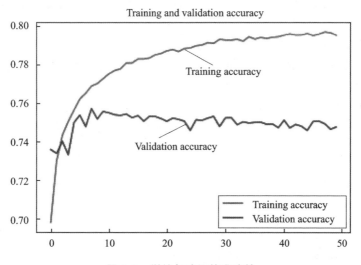

图 9.1　训练与验证的准确性

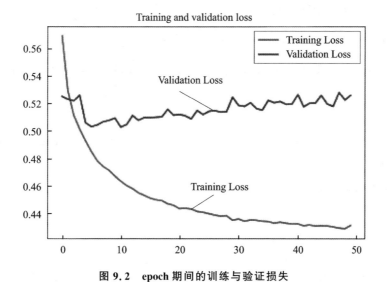

图 9.2　epoch 期间的训练与验证损失

从图 9.1 和图 9.2 中可以看到,在有限的 epoch 之后,模型已经取得了很好的性能,并且在此之后稳定下来,只有很小的波动。潜在的改进包括尽早停止和扩展数据集的大小。

9.3 股票价格预测

像 RNN 这样的序列模型自然非常适合时间序列的预测,而最广为宣传的应用之一就是金融数量的预测,尤其是不同金融工具的价格。在这个教程中,我们演示了如何将 LSTM 应用于时间序列预测问题。这里,我们将关注最受欢迎的加密货币——比特币的价格。

免责声明:这是一个流行数据集上的演示示例。本报告无意提供任何投资建议,建立一个适用于金融领域的可靠的时间序列预测模型是极具挑战性,其超出了本书的范围。

怎么做

从导入必要的包开始:

```
import numpy as np
import pandas as pd
from matplotlib import pyplot as plt

from keras.models import Sequential
from keras.layers import Dense
from keras.layers import LSTM

from sklearn.preprocessing import MinMaxScaler
```

我们的任务的一般参数是预测的未来视界和网络的超参数,如下所示:

```
prediction_days = 30
nof_units = 4
```

与前面一样,我们将把模型创建步骤封装在一个函数中。它接受单个参数 units,这是 LSTM 中内部单元格的维度:

```
def create_model(nunits):

    # Initialising the RNN
    regressor = Sequential()

    # Adding the input layer and the LSTM layer
    regressor.add(LSTM(units = nunits, activation = 'sigmoid', input_shape
= (None, 1)))
    # Adding the output layer
    regressor.add(Dense(units = 1))
```

```
# Compiling the RNN
regressor.compile(optimizer = 'adam', loss = 'mean_squared_error')

    return regressor
```

现在,可以继续加载数据,使用通常的 timestamp 格式。为了便于演示,我们将预测平均每日价格,即分组操作:

```
# Import the dataset and encode the date
df = pd.read_csv("../input/bitcoin-historical-data/bitstampUSD_1-min_
data_2012-01-01_to_2020-09-14.csv")
df['date'] = pd.to_datetime(df['Timestamp'],unit = 's').dt.date
group = df.groupby('date')
Real_Price = group['Weighted_Price'].mean()
```

下一步是将数据分成训练和测试阶段:

```
df_train = Real_Price[:len(Real_Price) - prediction_days]
df_test = Real_Price[len(Real_Price) - prediction_days:]
```

理论上可以避免预处理,但在实践中往往有助于收敛:

```
training_set = df_train.values
training_set = np.reshape(training_set,(len(training_set), 1))

sc = MinMaxScaler()
training_set = sc.fit_transform(training_set)
X_train = training_set[0:len(training_set) - 1]
y_train = training_set[1:len(training_set)]
X_train = np.reshape(X_train, (len(X_train), 1, 1))
```

拟合模型很简单,如下所示:

```
regressor = create_model(nunits = nof_unit)

regressor.fit(X_train, y_train, batch_size = 5, epochs = 100)


Epoch 1/100
3147/3147 [==============================] - 6s 2ms/step - loss: 0.0319
Epoch 2/100
3147/3147 [==============================] - 3s 928us/step - loss:0.0198
Epoch 3/100
3147/3147 [==============================] - 3s 985us/step - loss: 0.0089
Epoch 4/100
3147/3147 [==============================] - 3s 1ms/step - loss: 0.0023
Epoch 5/100
```

```
3147/3147 [==============================] — 3s 886us/step — loss:3.3583e-04
Epoch 6/100
3147/3147 [==============================] — 3s 957us/step — loss:1.0990e-04
Epoch 7/100
3147/3147 [==============================] — 3s 830us/step — loss:1.0374e-04
Epoch 8/100
```

使用拟合好的模型,我们可以在预测的时间段内生成预测结果,需要注意的是需要反转归一化的操作,使得预测值回到原始的尺度上:

```
test_set = df_test.values
inputs = np.reshape(test_set, (len(test_set), 1))
inputs = sc.transform(inputs)
inputs = np.reshape(inputs, (len(inputs), 1, 1))
predicted_BTC_price = regressor.predict(inputs)
predicted_BTC_price = sc.inverse_transform(predicted_BTC_price)
```

这是预测的结果:

```
plt.figure(figsize=(25,15), dpi=80, facecolor='w', edgecolor='k')
ax = plt.gca()
plt.plot(test_set, color='red', label='Real BTC Price')
plt.plot(predicted_BTC_price, color='blue', label='Predicted BTC Price')
plt.title('BTC Price Prediction',fontsize=40)
df_test = df_test.reset_index()
x = df_test.index
labels = df_test['date']
plt.xticks(x, labels, rotation='vertical')
for tick in ax.xaxis.get_major_ticks():
    tick.label1.set_fontsize(18)
for tick in ax.yaxis.get_major_ticks():
    tick.label1.set_fontsize(18)
plt.xlabel('Time', fontsize=40)
plt.ylabel('BTC Price(USD)', fontsize=40)
plt.legend(loc=2, prop={'size': 25})
plt.show()
```

得到的图形如图 9.3 所示。

总的来说,即使是一个简单的模型也可以产生一个合理的预测。注意:这种方法只有在环境稳定的情况下才有效,也就是说,过去的值和现在的值之间关系的性质随着时间的推移保持稳定。例如,如果一个主要司法管辖区限制加密货币的使用(就像过去10 年的情况一样),那么制度变化和突然干预可能会对价格产生巨大影响。这种情况可以被建模,但需要更复杂的特征工程方法,超出了本章的范围。

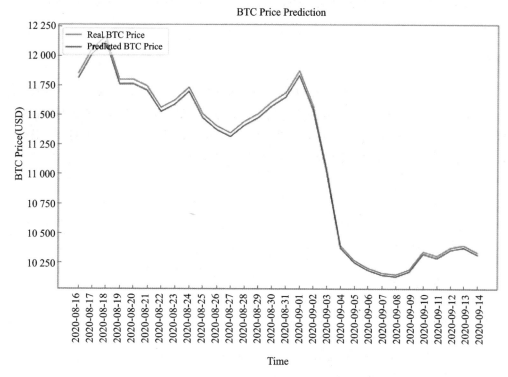

图 9.3　实际价格和预测价格随时间的变化

9.4　Open - domain 问答

问答（Question Answering，QA）系统旨在模仿人类在线搜索信息的过程，并采用机器学习方法来提高所提供答案的准确性。在这个教程中，我们将演示如何使用 RNN 来预测关于维基百科文章问题的长响应和短响应。我们将使用谷歌自然问题数据集，可以在网站 https：//ai. google. com/research/NaturalQuestions/visualization 上找到一个非常棒的可视化数据集，这将有助于理解 QA 背后的想法。

基本思想可以总结如下：对于每个文章-问题对，必须预测/选择从文章中直接得出的问题的长形式和短形式的答案：

> 长形式的答案是回答问题的一段较长的文本——几个句子或一段话。

> 短形式的回答可以是一个句子或短语，在某些情况下甚至是简单的 YES/NO。短形式的答案总是包含在一个看似合理的长形式的答案中，或者说是其中的一个子集。

> 根据问题的不同，一篇给定的文章可以（通常也会）给出长形式的答案和短形式的答案。

本章介绍的教程改编自 Xing Han Lu 公开的代码：https://www.kaggle.com/xhlulu。

像往常一样，从加载必要的包开始。这次使用 fasttext 嵌入来表示（可以从 https://fasttext.cc//上获得）。其他流行的选择包括 GloVe（用于情感检测部分）和 ELMo（见 https://allennlp.org/elmo）。就 NLP 任务的表现而言，没有一个明显的优势，所以将切换我们的选择，以演示不同的可能性，代码如下：

```
import os
import json
import gc
import pickle

import numpy as np
import pandas as pd
from tqdm import tqdm_notebook as tqdm
from tensorflow.keras.models import Model
from tensorflow.keras.layers import Input, Dense, Embedding,
SpatialDropout1D, concatenate, Masking
from tensorflow.keras.layers import LSTM, Bidirectional,
GlobalMaxPooling1D, Dropout
from tensorflow.keras.preprocessing import text, sequence
from tqdm import tqdm_notebook as tqdm
import fasttext
from tensorflow.keras.models import load_model
```

一般设置如下：

```
embedding_path = '/kaggle/input/fasttext-crawl-300d-2m-with-subword/crawl-300d-2m-subword/crawl-300d-2M-subword.bin'
```

下一步是添加一些样板代码，以简化以后的代码流。由于当前的任务比前面的实例更复杂一些（或者不那么直观），所以我们将更多的准备工作封装在数据集构建函数中。鉴于数据集的大小，这里只加载训练数据的子集，并对负标记数据进行采样：

```
def build_train(train_path, n_rows = 200000, sampling_rate = 15):
    with open(train_path) as f:
        processed_rows = []

        for i in tqdm(range(n_rows)):
            line = f.readline()
```

```
            if not line:
                break

            line = json.loads(line)

            text = line['document_text'].split(' ')
            question = line['question_text']
            annotations = line['annotations'][0]

            for i, candidate in enumerate(line['long_answer_candidates']):
                label = i == annotations['long_answer']['candidate_index']

                start = candidate['start_token']
                end = candidate['end_token']

                if label or (i % sampling_rate == 0):
                    processed_rows.append({
                        'text': " ".join(text[start:end]),
                        'is_long_answer': label,
                        'question': question,
                        'annotation_id': annotations['annotation_id']
                    })
        train = pd.DataFrame(processed_rows)

        return train

def build_test(test_path):
    with open(test_path) as f:
        processed_rows = []

        for line in tqdm(f):
            line = json.loads(line)
            text = line['document_text'].split(' ')
            question = line['question_text']
            example_id = line['example_id']

            for candidate in line['long_answer_candidates']:
                start = candidate['start_token']
                end = candidate['end_token']

                processed_rows.append({
```

```
                          'text': " ".join(text[start:end]),
                          'question': question,
                          'example_id': example_id,
                          'sequence': f'{start}:{end}'
                      })
          test = pd.DataFrame(processed_rows)
      return test
```

在下一个函数中,我们训练 Keras 标记赋值器将文本和问题编码为一个整数列表(标记化),然后将它们填充为固定长度,以形成一个用于文本的 NumPy 数组和一个用于问题的 NumPy 数组:

```
def compute_text_and_questions(train, test, tokenizer):
    train_text = tokenizer.texts_to_sequences(train.text.values)
    train_questions = tokenizer.texts_to_sequences(train.question.values)
    test_text = tokenizer.texts_to_sequences(test.text.values)
    test_questions = tokenizer.texts_to_sequences(test.question.values)

    train_text = sequence.pad_sequences(train_text, maxlen=300)
    train_questions = sequence.pad_sequences(train_questions)
    test_text = sequence.pad_sequences(test_text, maxlen=300)
    test_questions = sequence.pad_sequences(test_questions)

    return train_text, train_questions, test_text, test_questions
```

与通常的基于 RNN 的 NLP 模型一样,我们需要一个嵌入矩阵:

```
def build_embedding_matrix(tokenizer, path):
    embedding_matrix = np.zeros((tokenizer.num_words + 1, 300))
    ft_model = fasttext.load_model(path)

    for word, i in tokenizer.word_index.items():
        if i >= tokenizer.num_words - 1:
            break
        embedding_matrix[i] = ft_model.get_word_vector(word)

    return embedding_matrix
```

接下来是模型构建步骤,它被封装在一个函数中:

1. 构建两个两层双向 LSTM:一个读问题,另一个读文本。
2. 将输出连接起来,并将其传递到一个完全连接的层。
3. 在输出上使用 sigmoid:

```
def build_model(embedding_matrix):
    embedding = Embedding(
        *embedding_matrix.shape,
        weights = [embedding_matrix],
        trainable = False,
        mask_zero = True
    )

    q_in = Input(shape = (None,))
    q = embedding(q_in)
    q = SpatialDropout1D(0.2)(q)
    q = Bidirectional(LSTM(100, return_sequences = True))(q)
    q = GlobalMaxPooling1D()(q)

    t_in = Input(shape = (None,))
    t = embedding(t_in)
    t = SpatialDropout1D(0.2)(t)
    t = Bidirectional(LSTM(150, return_sequences = True))(t)
    t = GlobalMaxPooling1D()(t)

    hidden = concatenate([q, t])
    hidden = Dense(300, activation = 'relu')(hidden)
    hidden = Dropout(0.5)(hidden)
    hidden = Dense(300, activation = 'relu')(hidden)
    hidden = Dropout(0.5)(hidden)

    out1 = Dense(1, activation = 'sigmoid')(hidden)

    model = Model(inputs = [t_in, q_in], outputs = out1)
    model.compile(loss = 'binary_crossentropy', optimizer = 'adam')
    return model
```

使用我们定义的工具箱构造数据集,具体如下:

```
directory = '../input/tensorflow2-question-answering/'
train_path = directory + 'simplified-nq-train.jsonl'
test_path = directory + 'simplified-nq-test.jsonl'

train = build_train(train_path)
test = build_test(test_path)
```

数据集如下所示：

```
train.head()
```

	text	is_long_answer	question	annotation_id
0	<Table><Tr><Td></Td><Td> (hide) This art...	False	which is the most common use of opt − in e − mail ...	593165450220027640
1	<Tr><Td><Ul><Li> Pay − per − click </Li><L...	False	which is the most common use of opt − in e − mail ...	593165450220027640
2	<P> Email marketing has evolved rapidly alongs...	False	Which is the most common use of opt − in e − mail ...	593165450220027640
3	<Li> Advertisers can reach substantial numbers...	False	which is the most common use of opt − in e − mail ...	593165450220027640
4	<P> A common example of permission marketing i...	True	which is the most common use of opt − in e − mail...	593165450220027640

```
tokenizer = text.Tokenizer(lower = False, num_words = 80000)

for text in tqdm([train.text, test.text, train.question, test.question]):
    tokenizer.fit_on_texts(text.values)

train_target = train.is_long_answer.astype(int).values

train_text, train_questions, test_text, test_questions = compute_text_and_
questions(train, test, tokenizer)
del train
```

现在可以构建模型本身了：

```
embedding_matrix = build_embedding_matrix(tokenizer, embedding_path)

model = build_model(embedding_matrix)
model.summary()

Model: "functional_1"
_____

_____

Layer (type)                    Output Shape         Param #     Connected
to
==================================================================

==================

input_1 (InputLayer)            [(None, None)]        0
_____

_____
```

input_2（InputLayer）	[(None，None)]	0	
embedding（Embedding）[0]	(None，None，300)	24000300	input_1[0]
[0]			input_2[0]
spatial_dropout1d（SpatialDropo embedding[0][0]	(None，None，300)	0	
spatial_dropout1d_1（SpatialDro embedding[1][0]	(None，None，300)	0	
bidirectional（Bidirectional） dropout1d[0][0]	(None，None，200)	320800	spatial_
bidirectional_1（Bidirectional） dropout1d_1[0][0]	(None，None，300)	541200	spatial_
global_max_pooling1d（GlobalMax bidirectional[0][0]	(None，200)	0	
global_max_pooling1d_1（GlobalM bidirectional_1[0][0]	(None，300)	0	
concatenate（Concatenate） max_pooling1d[0][0]	(None，500)	0	global_
max_pooling1d_1[0][0]			global_
dense（Dense） concatenate[0][0]	(None，300)	150300	

dropout（Dropout）[0]	(None，300)	0	dense[0]
dense_1（Dense）[0]	(None，300)	90300	dropout[0]
dropout_1（Dropout）[0]	(None，300)	0	dense_1[0]
dense_2（Dense）dropout_1[0][0]	(None，1)	301	

```
==================================================
==================
Total params：25,103,201
Trainable params：1,102,901
Non - trainable params：24,000,300
```

接下来是拟合，拟合过程与通常的方式相同：

```
train_history = model.fit(
    [train_text, train_questions],
    train_target,
    epochs = 2,
    validation_split = 0.2,
    batch_size = 1024
)
```

现在，可以构建一个测试集来查看生成的答案：

```
directory = '/kaggle/input/tensorflow2 - question - answering/'
test_path = directory + 'simplified - nq - test.jsonl'
test = build_test(test_path)
submission = pd.read_csv("../input/tensorflow2 - question - answering/sample_submission.csv")

test_text, test_questions = compute_text_and_questions(test, tokenizer)
```

生成实际的预测：

```
test_target = model.predict([test_text, test_questions], batch_size = 512)
```

```
test['target'] = test_target

result = (
    test.query('target > 0.3')
    .groupby('example_id')
    .max()
    .reset_index()
    .loc[:,['example_id', 'PredictionString']]
)

result.head()
```

	example_id	PredictionString
0	− 1028916936938579349	321:389
1	− 1074129516932871805	1891:1965
2	− 1114334749483663139	744:3809
3	− 1152268629614456016	317:367
4	− 1220107454853145579	141:211

可以看到,LSTM 能够处理相当抽象的任务,比如回答不同类型的问题。该方法的大部分工作是将数据格式化为合适的输入格式,然后对结果进行后处理——实际建模的方式与前几章非常相似。

9.5　总　结

本章演示了 RNN 的不同功能,它们可以在一个统一的框架内使用顺序组件(文本生成和分类、时间序列预测和 QA)来处理不同的任务。下一章将介绍 Transform-ers——一个重要的架构类,它能够在处理 NLP 问题时得到最新的结果。

第 10 章　Transformer

Transformers 是谷歌在 2017 年推出的深度学习架构,用于处理后续任务中的顺序数据,如翻译、问题回答或文本总结。通过这种方式,解决与第 9 章中讨论的 RNN 类似的问题,但 Transformers 有一个显著的优势,那就是它们不需要按顺序处理数据。在其他优点中,这允许更高程度的并行化,从而能够更快的训练。

鉴于其灵活性,Transformers 可以在大量未标记数据上进行预训练,然后进行适配以执行其他任务。这种预训练模型的两个主要组别分别是双向编码器表示转换器(Bidirectional Encoder Representations from Transformers,BERT)和生成式预训练转换器(Generative Pretrained Transformers,GPT)。

本章将涉及以下几个方面:

➤ 文本生成;

➤ 情感分析;

➤ 文本分类:讽刺检测;

➤ 问题回答。

首先,演示 GPT-2 的文本生成功能,GPT-2 是最受欢迎的 Transformer 体系结构之一,可供更广泛的用户使用。虽然情感分析也可以由 RNN 处理(如第 9 章所述),但 GPT-2 的文本生成功能最清楚地展示了将 Transformers 引入自然语言处理堆栈的影响。

10.1　文本生成

OpenAI 的 Radford 等人在 2018 年的一篇论文中介绍了第一个 GPT 模型——它展示了生成语言模型是如何通过对大型、多样的连续文本语料库进行预训练来获取知识及处理长期依赖关系的。OpenAI 随后几年发布了两个后续模型(在更广泛的语料库上训练),即 2019 年的 GPT-2(15 亿个参数)和 2020 年的 GPT-3(1 750 亿个参数)。为了在演示能力和计算需求之间取得平衡,我们将使用 GPT-2,因为在撰写本文时,对 GPT-3 API 的访问是有限的。

首先,演示如何根据 GPT-2 模型给出的提示生成我们自己的文本,而不需要进行任何优化。

怎么做

这里将使用由 Hugging Fac 创建的优秀的 Transformers 库（https://hugging-face.co/），它抽象了构建过程的几个组件，使我们能够专注于模型性能和预期性能。

像往常一样，开始加载所需的包：

```
# get deep learning basics
import tensorflow as tf
```

Transformers 库的优势之一就是能够很容易地下载一个特定的模型（同时还可以定义适当的标记器）：

```
from transformers import TFGPT2LMHeadModel, GPT2Tokenizer
tokenizer = GPT2Tokenizer.from_pretrained("gpt2 - large")
GPT2 = TFGPT2LMHeadModel.from_pretrained("gpt2 - large", pad_token_
id = tokenizer.eos_token_id)
```

通常，固定随机种子是一个非常好的方法，这样可以确保结果是可复制的：

```
# settings

# for reproducability
SEED = 34
tf.random.set_seed(SEED)

# maximum number of words in output text
MAX_LEN = 70
```

现在，需要关注这样一个事实：当使用 GPT - 2 模型时，如何解码是最重要的决定之一。下面将回顾一些可以使用的方法。

使用贪婪搜索（greedy search），预测概率最大的单词作为序列中的下一个单词：

```
input_sequence = "There are times when I am really tired of people, but I
feel lonely too."
```

一旦有了输入序列，就对其进行编码，然后调用 decode 方法：

```
# encode context the generation is conditioned on
input_ids = tokenizer.encode(input_sequence, return_tensors = 'tf')

# generate text until the output length (which includes the context length) reaches 70
greedy_output = GPT2.generate(input_ids, max_length = MAX_LEN)

print("Output:\n" + 100 * '-')
print(tokenizer.decode(greedy_output[0], skip_special_tokens = True))
```

Output:

```
------------------------------------------------------------
------------------------
```

There are times when I am really tired of people, but I feel lonely too. I
feel like I'm alone in the world. I feel like I'm alone in my own body. I
feel like I'm alone in my own mind. I feel like I'm alone in my own heart.
I feel like I'm alone in my own mind

正如我们所看到的,结果留下了一些改进的空间:模型开始重复自己,因为高概率的单词掩盖了不太可能的单词,所以它们不能探索更多样化的组合。

一个简单的补救方法是集束搜索(beam search):跟踪可选择的变体,以便进行更多的比较:

```
# set return_num_sequences > 1
beam_outputs = GPT2.generate(
    input_ids,
    max_length = MAX_LEN,
    num_beams = 5,
    no_repeat_ngram_size = 2,
    num_return_sequences = 5,
    early_stopping = True
)

print('')
print("Output:\n" + 100 * '-')

# now we have 5 output sequences
for i, beam_output in enumerate(beam_outputs):
    print("{}: {}".format(i, tokenizer.decode(beam_output, skip_special_
    tokens = True)))
```

Output:

```
------------------------------------------------------------
------------------------
```

0: There are times when I am really tired of people, but I feel lonely too.
I don't know what to do with myself."

"I feel like I can't do anything right now," she said. "I'm so tired."
1: There are times when I am really tired of people, but I feel lonely too.
I don't know what to do with myself."

"I feel like I can't do anything right now," she says. "I'm so tired."
2: There are times when I am really tired of people, but I feel lonely too.

I don't know what to do with myself."

"I feel like I can't do anything right now," she says. "I'm not sure what
I'm supposed to be doing with my life."
3：There are times when I am really tired of people，but I feel lonely too.
I don''t know what to do with myself.""

"I feel like I can't do anything right now," she says. "I'm not sure what
I'm supposed to be doing."
4：There are times when I am really tired of people，but I feel lonely too.
I don't know what to do with myself."

"I feel like I can't do anything right now," she says. "I'm not sure what
I should do."

这无疑是更加多样化的。信息是相同的，但至少从风格的角度来看，公式看起来有点不同。

接下来，可以研究采样-不确定解码。我们不再遵循严格的路径以最大概率找到结束文本，而是根据条件概率分布随机选择下一个单词。这种方法有可能产生不连贯的漫游，因此使用温度参数影响概率质量分布：

```python
# use temperature to decrease the sensitivity to low probability candidates
sample_output = GPT2.generate(
                        input_ids,
                        do_sample = True,
                        max_length = MAX_LEN,
                        top_k = 0,
                        temperature = 0.2
)

print("Output:\n" + 100 * '-')
print(tokenizer.decode(sample_output[0], skip_special_tokens = True))
```

```
Output：
----------------------------------------------------------------
-----------------------
There are times when I am really tired of people，but I feel lonely too.
I feel like I'm alone in my own world. I feel like I'm alone in my own
life. I feel like I'm alone in my own mind. I feel like I'm alone in my own
heart. I feel like I'm alone in my own
```

如果提高温度，那么会发生什么呢？代码如下：

```python
sample_output = GPT2.generate(
```

```
                              input_ids,
                              do_sample = True,
                              max_length = MAX_LEN,
                              top_k = 0,
                              temperature = 0.8
)

print("Output:\n" + 100 * '-')
print(tokenizer.decode(sample_output[0], skip_special_tokens = True))
```

Output:
```
--------------------------------------------------------------------
-------------------------
```
There are times when I am really tired of people, but I feel lonely too.
I find it strange how the people around me seem to be always so nice. The
only time I feel lonely is when I'm on the road. I can't be alone with my
thoughts.

What are some of your favourite things to do in the area

这变得更有趣了,让我们探索更多的调整输出的方法吧。

在 Top-K sampling 中,选择下一个最可能的 k 个单词,并将整个概率质量转移到这 k 个单词。所以,我们并没有增加高概率单词出现的机会,也没有减少低概率单词出现的机会,而是完全删除了低概率单词:

```
# sample from only top_k most likely words
sample_output = GPT2.generate(
                              input_ids,
                              do_sample = True,
                              max_length = MAX_LEN,
                              top_k = 50
)

print("Output:\n" + 100 * '-')
print(tokenizer.decode(sample_output[0], skip_special_tokens = True),
'...')
```

Output:
```
--------------------------------------------------------------------
-------------------------
```
There are times when I am really tired of people, but I feel lonely too. I
go to a place where you can feel comfortable. It's a place where you can
relax. But if you're so tired of going along with the rules, maybe I won't

go. You know what? Maybe if I don't go, you won''t ...

这似乎是朝着正确方向迈进了一步。我们能做得更好吗？

Top－P抽样（也称为细胞核抽样）类似于 Top－K，但我们不是选择最可能的前 k 个单词，而是选择总概率大于 p 的最小单词集合，然后将整个概率质量移到这个集合中的单词。这里的主要区别在于，在 Top－K 采样中，单词集的大小是静态的（显然）；而在 Top－P 采样中，单词集的大小可以改变。要使用这种抽样方法，只需设置 top_k＝0，并选择 top_p 值：

```python
# sample only from 80% most likely words
sample_output = GPT2.generate(
                                input_ids,
                                do_sample = True,
                                max_length = MAX_LEN,
                                top_p = 0.8,
                                top_k = 0
)


print("Output:\n" + 100 * '-')
print(tokenizer.decode(sample_output[0], skip_special_tokens = True),
'...')
Output:
```

```
-----------------------------------------------------------------
-----------------------

There are times when I am really tired of people, but I feel lonely too. I
feel like I should just be standing there, just sitting there. I know I'm
not a danger to anybody. I just feel alone." ...
```

我们可以结合上述两种方法：

```python
# combine both sampling techniques
sample_outputs = GPT2.generate(
                                input_ids,
                                do_sample = True,
                                max_length = 2 * MAX_LEN,
# to test how long we can generate and it be coherent
                                # temperature = .7,
                                top_k = 50,
                                top_p = 0.85,
                                num_return_sequences = 5
)


print("Output:\n" + 100 * '-')
for i, sample_output in enumerate(sample_outputs):
```

```
print("{}: {}...".format(i, tokenizer.decode(sample_output, skip_
    special_tokens = True)))
print("")
```

Output:

0: There are times when I am really tired of people, but I feel lonely too.
I don't feel like I am being respected by my own country, which is why I am
trying to change the government."

In a recent video posted to YouTube, Mr. Jaleel, dressed in a suit and
tie, talks about his life in Pakistan and his frustration at his treatment
by the country's law enforcement agencies. He also describes how he met
a young woman from California who helped him organize the protest in
Washington.

"She was a journalist who worked with a television channel in Pakistan,"
Mr. Jaleel says in the video. "She came to my home one day,...

1: There are times when I am really tired of people, but I feel lonely
too. It's not that I don't like to be around other people, but it's just
something I have to face sometimes.

What is your favorite thing to eat?

The most favorite thing I have eaten is chicken and waffles. But I love
rice, soups, and even noodles. I also like to eat bread, but I like it a
little bit less.

What is your ideal day of eating?

It varies every day. Sometimes I want to eat at home, because I'm in a
house with my family. But then sometimes I just have to have some sort...

2: There are times when I am really tired of people, but I feel lonely too.
I think that there is something in my heart that is trying to be a better
person, but I don't know what that is."

So what can be done?

"I want people to take the time to think about this," says Jorja, who lives
in a small town outside of Boston.

She has been thinking a lot about her depression. She wants to make a documentary about it, and she wants to start a blog about it.

"I want to make a video to be a support system for people who are going through the same thing I was going through...

3：There are times when I am really tired of people, but I feel lonely too.

I want to be able to take good care of myself. I am going to be a very good person, even if I am lonely.

So, if it's lonely, then I will be happy. I will be a person who will be able to have good care of myself.

I have made this wish.

What is my hope? What is my goal? I want to do my best to be able to meet it, but…

"Yuu, what are you saying, Yuu?"

"Uwa, what is it?"

I...

4：There are times when I am really tired of people, but I feel lonely too. The only person I really love is my family. It's just that I'm not alone."

– Juan, 24, a student

A study from the European Economic Area, a free trade area between the EU and Iceland, showed that there are 2.3 million EU citizens living in Iceland. Another survey in 2014 showed that 1.3 million people in Iceland were employed.

The government is committed to making Iceland a country where everyone can live and work.

"We are here to help, not to steal," said one of the people who drove up in a Volkswagen.

...

显然,更复杂方法的设置可以给我们带来印象更深刻的结果。现在,进一步探索这一方法,将 OpenAI 的 GPT-2 网站上的提示提供给一个完整的 GPT-2 模型。这种比较将让我们了解使用本地(较小)模型与用于原始演示的完整模型相比表现有何区别。

```python
MAX_LEN = 500

prompt1 = 'In a shocking finding, scientist discovered a herd of unicorns
living in a remote, previously unexplored valley, in the Andes Mountains.
Even more surprising to the researchers was the fact that the unicorns
spoke perfect English.'

input_ids = tokenizer.encode(prompt1, return_tensors = 'tf')

sample_outputs = GPT2.generate(
                                input_ids,
                                do_sample = True,
                                max_length = MAX_LEN,
# to test how long we can generate and it be coherent
                                # temperature = .8,
                                top_k = 50,
                                top_p = 0.85
                                # num_return_sequences = 5
)

print("Output:\n" + 100 * '-')
for i, sample_output in enumerate(sample_outputs):
    print("{}: {}...".format(i, tokenizer.decode(sample_output, skip_
    special_tokens = True)))
    print('')
Output:
    --------------------------------------------------------------
    -----------------------

0: In a shocking finding, scientist discovered a herd of unicorns living in
a remote, previously unexplored valley, in the Andes Mountains. Even more
surprising to the researchers was the fact that the unicorns spoke perfect
English.

This is the first time a herd of unicorns have been discovered in the Andes
Mountains, a vast region stretching from the Himalayas to the Andes River
in Bolivia.

According to the BBC, the unicorns were spotted by a small group of
```

researchers on a private expedition, but they were the only ones that came across the bizarre creatures.

It was later learned that these were not the wild unicorns that were spotted in the wild in recent years, but rather a domesticated variety of the species.

Although they do not speak English, they do carry their own unique language, according to the researchers, who have named it "Ungla."

The herd of unicorns, which was discovered by a small group of researchers, is the first of its kind discovered in the Andes Mountains. It is thought that the herd of wild unicorns were introduced to the area hundreds of years ago by a local rancher who was attempting to make a profit from the animals.

Although they do not speak English, they do carry their own unique language, according to the researchers, who have named it "Ungla."

The researchers claim that the unicorns have only been sighted in the Andes Mountains, where they can be seen throughout the mountains of South America.

While the unicorns do not speak English, they do carry their own unique language, according to the researchers, who have named it "Ungla."

Ungla is a highly intelligent, cooperative species with a high level of social and cognitive complexity, and is capable of displaying sophisticated behaviors.

They are a particularly unique species, because they are capable of surviving in extreme conditions for long periods of time and without being fed or watered.

The team believes that the species was probably domesticated in the Andes Mountains, where it could not survive in its natural habitat.

"We can see from the genetics that the animals were probably domesticated in the Andes Mountains where they could not survive in their natural habitat and with water and food sources," said Professor David Catt, from the University of Cambridge, who led the study.

"So these were animals that would have been...

为了比较,下面是一个完整模型的输出:

输 出

0:In a shocking finding,scientist discovered a herd of unicorns living in a remote,previously unexplored valley,in the Andes Mountains. Even more surprising to the researchers was the fact that the unicorns spoke perfect English.

"This is not only a scientific finding;it is also a very important finding because it will enable us to further study the phenomenon," said Dr. Jorge Llamas,from the National Institute of Anthropology and History(INAH)in Colombia,in a statement.

"We have previously found that humans have used human voices to communicate with the animals. In this case,the animals are communicating with us. In other words,this is a breakthrough in the field of animal communication," added Llamas...

在另一个例子中,模型作者的恐惧似乎是有道理的:GPT-2 实际上可以产生假新闻故事,代码如下:

```
prompt2 = 'Miley Cyrus was caught shoplifting from Abercrombie and Fitch on
Hollywood Boulevard today.'

input_ids = tokenizer.encode(prompt2, return_tensors = 'tf')

sample_outputs = GPT2.generate(
                        input_ids,
                        do_sample = True,
                        max_length = MAX_LEN,
# to test how long we can generate and it be coherent
                        # temperature = .8,
                        top_k = 50,
                        top_p = 0.85
                        # num_return_sequences = 5
)

print("Output:\n" + 100 * '-')
for i, sample_output in enumerate(sample_outputs):
    print("{}: {}...".format(i, tokenizer.decode(sample_output, skip_special_
    tokens = True)))
    print('')

Output:
    --------------------------------------------------------------
    -----------------------
0: Miley Cyrus was caught shoplifting from Abercrombie and Fitch on
```

Hollywood Boulevard today. In a video captured by one of her friends, the singer is seen grabbing her bag, but then quickly realizing the merchandise she has to leave is too expensive to be worth a $ 1.99 purchase.

The video has already gone viral, and while the celebrity is certainly guilty of breaking the law (even if she can't be accused of stealing for a second time), there's one aspect of the situation that should make the most sense. It's just like the shopping situation in the movie The Fast and the Furious, where Michael Corleone is caught in possession of counterfeit designer clothing.

This time around, though, the situation involves Cyrus. It's not a copy, per se. It's actually a replica, a pair of a black and white Nike Air Force 1s, a colorway she wore in her music video.

It seems that the actress is caught by a friend who had gotten her a pair of those sneakers when she was in school, so this is no surprise to her. After all, there was a video of her stealing from her own store back in 2012, when she was a freshman at New York University.

It's not that there's anything wrong with the product. If the merchandise is in good shape, that's all that matters. But there are a few things that should come to mind when it comes to these shoes.

For one, the fabric is incredibly thin. The fabric is so thin that the upper actually makes the shoes look like they're made of leather. There's even a thin layer of plastic between the upper and the shoe.

Secondly, the material isn't even a shoe. It'sjust a piece of leather. It's not actually a leather shoe at all, even though it's made of the same material as the other items on the show. It's just a piece of leather. And it's not the kind of leather that would actually hold up in a fight.

This is something that should be familiar to anyone who's ever shopped at the store. If you go into the store looking for a pair of new Nike Air Force 1s, and the salesperson is just selling you a piece of leather, you're going to get disappointed. That's the nature of these shoes.

In addition to the aforementioned "stolen" footwear, Miley Cyrus...

 输 出

0: Miley Cyrus was caught shoplifting from Abercrombie and Fitch on Hollywood Boulevard today.

The star was spotted trying on three dresses before attempting to walk out of the store.

Abercrombie is one of a number of stores the star has frequented.

The singer was spotted walking into Abercrombie & Fitch in West Hollywood just after noon this afternoon before leaving the store.

The star is currently in the middle of a tour of Australia and New Zealand for her X Factor appearance on February 28....

那么模仿托尔金这样的经典文学作品呢？代码如下：

```
prompt3 = 'Legolas and Gimli advanced on the orcs, raising their weapons
with a harrowing war cry'

input_ids = tokenizer.encode(prompt3,return_tensors = 'tf')

sample_outputs = GPT2.generate (
                            input_ids,
                            do_sample = True,
                            max_length = MAX_LEN,
# to test how long we can generate and it be coherent
                            # temperature = .8,
                            top_k = 50,
                            top_p = 0.85
                            # num_return_sequences = 5
)

print("Output:\n" + 100 * '-')
for i, sample_output in enumerate(sample_outputs):
    print("{}: {}...".format(i, tokenizer.decode(sample_output, skip_
    special_tokens = True)))
    print('')
Output:
    ----------------------------------------------------------------
    ------------------------

0: Legolas and Gimli advanced on the orcs, raising their weapons with a
harrowing war cry, and they roared their battle cries as they charged the
orcs with their spears and arrows. They reached the front of the line,
where the enemy were gathered, and they fell upon them with a hail of fire
and arrows, slaying many orcs and wounding others. The battle raged on
for a long time, and eventually the two sides met and fought for a long
time more. The orcs fell and the two armies were victorious. The orcs were
killed and the two armies were victorious.

The two armies fought one last time in battle. Gimli slew many of the orcs
and led his men to safety. They went to the city and took it. When they
```

returned, Sauron's servants were waiting to kill them. The two armies fought again, and the battle raged on for a long time more. Gimli slew many of the orcs and led his men to safety. They went to the city and took it. When they returned, Sauron's servants were waiting to kill them. The two armies fought again, and the battle raged on for a long time more. Gimli slew many of the orcs and led his men to safety. They went to the city and took it. When they returned, Sauron's servants were waiting to kill them. The two armies fought again, and the battle raged on for a long time more. Gimli slew many of the orcs and led his men to safety. They went to the city and took it. When they returned, Sauron's servants were waiting to kill them. The two armies fought again, and the battle raged on for a long time more. Gimli slew many of the orcs and led his men to safety. They went to the city and took it. When they returned, Sauron's servants were waiting to kill them. The two armies fought again, and the battle raged on for a long time more. Gimli slew many of the orcs and led his men to safety. They went to the city and took it. When they returned, Sauron's servants were waiting to kill them. The two armies fought again, and the battle raged on for a long time more. Gimli slew many of the orcs and led hismen to safety. They went to the city and took it. When they returned, Sauron's servants were waiting to kill them. The two armies fought again, and the battle raged on for a...

输　出

0: Legolas and Gimli advanced on the orcs, raising their weapons with a harrowing war cry. Then the orcs made their move.

The Great Orc Warband advanced at the sound of battle. They wore their weapons proudly on their chests, and they looked down upon their foes.

In the distance, the orcs could be heard shouting their orders in a low voice.

But the battle was not yet over. The orcs' axes and hammers slammed into the enemy ranks as though they were an army of ten thousand warriors, and their axes made the orcs bleed.

In the midst of the carnage, the Elven leader Aragorn cried out: "Come, brave. Let us fight the orcs!"

从上面的例子中可以看到,GPT-2模型已经可以生成看似合理的长文本了(不用微调)。评估这种技术对通信领域的未来影响仍然是一个开放且具有高度争议的问题:一方面,人们完全有理由担心假新闻的扩散(见上面麦莉·塞勒斯的故事)。这一点尤其值得关注,因为对生成的文本进行大规模的自动检测是一个极具挑战性的课题。另一方面,GPT-2文本生成功能对创造性类型很有帮助:无论是风格实验还是恶搞,一个基于人工智能的写作助手都能给我们提供巨大的帮助。

10.2　情感分析

本节将演示如何使用 DistilBERT（BERT 的轻量级版本）来处理情感分析的常见问题。我们将使用来自 Kaggle 比赛的数据（https://www.kaggle.com/c/tweet-sentiment-extraction）：给定一条推文和情绪（积极、中立或消极），参与者需要确定推文中定义这种情绪的部分。在商业中，情感分析通常被用作一个系统的一部分，帮助数据分析师评估公众意见，进行详细的市场研究，并跟踪客户体验。一个重要的应用是医学，即根据患者的沟通模式，可以评估不同治疗对患者情绪的影响。

怎么做

像往常一样，从加载必要的包开始：

```
import pandas as pd
import re
import numpy as np
np.random.seed(0)
import matplotlib.pyplot as plt
% matplotlib inline
import keras
from keras.preprocessing.sequence import pad_sequences
from keras.layers import Input, Dense, LSTM, GRU, Embedding
from keras.layers import Activation, Bidirectional, GlobalMaxPool1D,
GlobalMaxPool2D, Dropout
from keras.models import Model
from keras import initializers, regularizers, constraints, optimizers,
layers
from keras.preprocessing import text, sequence
from keras.callbacks import ModelCheckpoint
from keras.callbacks import EarlyStopping
from keras.optimizers import RMSprop, adam
import nltk
from nltk.corpus import stopwords
from nltk.tokenize import word_tokenize
from nltk.stem import WordNetLemmatizer,PorterStemmer
import seaborn as sns
import transformers
from transformers import AutoTokenizer
from tokenizers import BertWordPieceTokenizer
from keras.initializers import Constant
```

```
from keras.wrappers.scikit_learn import KerasClassifier
from sklearn.model_selection import GridSearchCV
from sklearn.metrics import accuracy_score
from collections import Counter
stop = set(stopwords.words('english'))
import os
```

为了简化代码,定义了一些清理文本的辅助函数,用于删除网站链接、带星号的 NSFW 术语和表情符号。代码如下:

```
def basic_cleaning(text):
    text = re.sub(r'https?://www\.\S+\.com','',text)
    text = re.sub(r'[^A-Za-z|\s]','',text)
    text = re.sub(r'\*+','swear',text) # capture swear words that are **** out
    return text


def remove_html(text):
    html = re.compile(r'<.*?>')
    return html.sub(r'',text)


# Reference : https://gist.github.com/slowkow/7a7f61f495e3dbb7e3d767f97bd7304b
def remove_emoji(text):
    emoji_pattern = re.compile("["
                            u"\U0001F600-\U0001F64F"  # emoticons
                            u"\U0001F300-\U0001F5FF"  # symbols & Pictographs
                            u"\U0001F680-\U0001F6FF"  # transport & map Sybols
                            u"\U0001F1E0-\U0001F1FF"  # flags (iOS)
                            u"\U00002702-\U000027B0"
                            u"\U000024C2-\U0001F251"
                            "]+", flags=re.UNICODE)
    return emoji_pattern.sub(r'', text)


def remove_multiplechars(text):
    text = re.sub(r'(.)\1{3,}',r'\1', text)
    return text


def clean(df):
    for col in ['text']: # ,'selected_text']:
        df[col] = df[col].astype(str).apply(lambda x:basic_cleaning(x))
        df[col] = df[col].astype(str).apply(lambda x:remove_emoji(x))
        df[col] = df[col].astype(str).apply(lambda x:remove_html(x))
        df[col] = df[col].astype(str).apply(lambda x:remove_multiplechars(x))

    return df
```

```
def fast_encode(texts, tokenizer, chunk_size = 256, maxlen = 128):
    tokenizer.enable_truncation(max_length = maxlen)
    tokenizer.enable_padding(max_length = maxlen)
    all_ids = []

    for i in range(0, len(texts), chunk_size):
        text_chunk = texts[i:i + chunk_size].tolist()
        encs = tokenizer.encode_batch(text_chunk)
        all_ids.extend([enc.ids for enc inencs])

    return np.array(all_ids)
def preprocess_news(df,stop = stop,n = 1,col = 'text'):
    '''Function to preprocess and create corpus'''
    new_corpus = []
    stem = PorterStemmer()
    lem = WordNetLemmatizer()
    for text in df[col]:
        words = [w for w in word_tokenize(text) if (w not in stop)]

        words = [lem.lemmatize(w) for w in words if(len(w) > n)]

        new_corpus.append(words)

    new_corpus = [word for l in new_corpus for word in l]
    return new_corpus
```

加载数据，代码如下：

```
df = pd.read_csv('/kaggle/input/tweet - sentiment - extraction/train.csv')
df.head()
```

得到的结果如图 10.1 所示。

textID	text	selected_text	sentiment
cb774db0d1	I`d have responded, if I were going	I`d have responded, if I were going	neutral
549e992a42	Sooo SAD I will miss you here in San Diego!!!	Sooo SAD	negative
088c60f138	my boss is bullying me...	bullying me	negative
9642c003ef	what interview! leave me alone	leave me alone	negative
358bd9e861	Sons of ****, why couldn`t they put them on t...	Sons of ****,	negative

图 10.1　推文情感分析数据样本

图 10.1 所示为一个数据样本（我们将重点分析）：完整的文本、关键短语以及与之相关的情绪（积极、消极或中性）。

我们对数据进行相当标准地预处理：

1. basic_cleaning：删除网站 URL 和非字符，并将 * 脏话替换为脏话。

2. remove_html。

3. remove_emojis。

4. remove_multiplechars：这是用于在一个单词的一行中有超过 3 个字符的情况，例如，wayyyyy。该函数将删除除一个字母以外的所有字母。

```
df.dropna(inplace = True)
df_clean = clean(df)
```

对于标签，我们对目标进行独热编码，标记它们，并将它们转换为序列。代码如下：

```
df_clean_selection = df_clean.sample(frac = 1)
X = df_clean_selection.text.values
y = pd.get_dummies(df_clean_selection.sentiment)

tokenizer = text.Tokenizer(num_words = 20000)
tokenizer.fit_on_texts(list(X))
list_tokenized_train = tokenizer.texts_to_sequences(X)
X_t = sequence.pad_sequences(list_tokenized_train, maxlen = 128)
```

DistilBERT 是 BERT 的轻量级版本：参数减少 40%，但性能却达到 97%。出于本教程的目的，我们将主要使用它的记号赋值器和嵌入矩阵。虽然矩阵是可训练的，但为了减少训练时间，我们将不对矩阵进行训练。

```
tokenizer = transformers.AutoTokenizer.from_pretrained("distilbert - base - uncased")
## change it to commit

# Save the loaded tokenizer locally
save_path = '/kaggle/working/distilbert_base_uncased/'
if not os.path.exists(save_path):
    os.makedirs(save_path)
tokenizer.save_pretrained(save_path)

# Reload it with the huggingface tokenizers library
fast_tokenizer = BertWordPieceTokenizer('distilbert_base_uncased/vocab.txt', lowercase = True)
fast_tokenizer

X = fast_encode(df_clean_selection.text.astype(str), fast_tokenizer, maxlen = 128)

transformer_layer = transformers.TFDistilBertModel.from_pretrained('distilbert - base - uncased')
```

```
embedding_size = 128 input_ = Input(shape = (100,))

inp = Input(shape = (128, ))

embedding_matrix = transformer_layer.weights[0].numpy()
x = Embedding(embedding_matrix.shape[0], embedding_matrix.
shape[1],embeddings_initializer = Constant(embedding_matrix),trainable = False)
(inp)
```

下面继续执行定义模型的常规步骤。

```
x = Bidirectional(LSTM(50, return_sequences = True))(x)
x = Bidirectional(LSTM(25, return_sequences = True))(x)
x = GlobalMaxPool1D()(x) x = Dropout(0.5)(x)
x = Dense(50, activation = 'relu', kernel_regularizer = 'L1L2')(x)
x = Dropout(0.5)(x)
x = Dense(3, activation = 'softmax')(x)
model_DistilBert = Model(inputs = [inp], outputs = x)

model_DistilBert.compile(loss = 'categorical_crossentropy',optimizer = 'adam',m
etrics = ['accuracy'])

model_DistilBert.summary()

Model: "model_1"
```

Layer (type)	Output Shape	Param #
input_2 (InputLayer)	(None, 128)	0
embedding_1 (Embedding)	(None, 128, 768)	23440896
bidirectional_1 (Bidirection	(None, 128, 100)	327600
bidirectional_2 (Bidirection	(None, 128, 50)	25200
global_max_pooling1d_1 (Glob	(None, 50)	0
dropout_1 (Dropout)	(None, 50)	0
dense_1 (Dense)	(None, 50)	2550
dropout_2 (Dropout)	(None, 50)	0

```
dense_2 (Dense)                    (None, 3)                    153
===========================================================
Total params：23,796,399
Trainable params：355,503
Non-trainable params：23,440,896
```

现在可以拟合模型了,代码如下：

```
model_DistilBert.fit(X,y,batch_size = 32,epochs = 10,validation_split = 0.1)
```

```
Train on 24732 samples, validate on 2748 samples
Epoch 1/10
24732/24732 [==============================] - 357s 14ms/step - loss：
1.0516 - accuracy：0.4328 - val_loss：0.8719 - val_accuracy：0.5466
Epoch 2/10
24732/24732 [==============================] - 355s 14ms/step - loss：
0.7733 - accuracy：0.6604 - val_loss：0.7032 - val_accuracy：0.6776
Epoch 3/10
24732/24732 [==============================] - 355s 14ms/step - loss：
0.6668 - accuracy：0.7299 - val_loss：0.6407 - val_accuracy：0.7354
Epoch 4/10
24732/24732 [==============================] - 355s 14ms/step - loss：
0.6310 - accuracy：0.7461 - val_loss：0.5925 - val_accuracy：0.7478
Epoch 5/10
24732/24732 [==============================] - 347s 14ms/step - loss：
0.6070 - accuracy：0.7565 - val_loss：0.5817 - val_accuracy：0.7529
Epoch 6/10
24732/24732 [==============================] - 343s 14ms/step - loss：
0.5922 - accuracy：0.7635 - val_loss：0.5817 - val_accuracy：0.7584
Epoch 7/10
24732/24732 [==============================] - 343s 14ms/step - loss：
0.5733 - accuracy：0.7707 - val_loss：0.5922 - val_accuracy：0.7638
Epoch 8/10
24732/24732 [==============================] - 343s 14ms/step - loss：
0.5547 - accuracy：0.7832 - val_loss：0.5767 - val_accuracy：0.7627
Epoch 9/10
24732/24732 [==============================] - 346s 14ms/step - loss：
0.5350 - accuracy：0.7870 - val_loss：0.5767 - val_accuracy：0.7584
Epoch 10/10
24732/24732 [==============================] - 346s 14ms/step - loss：
0.5219 - accuracy：0.7955 - val_loss：0.5994 - val_accuracy：0.7580
```

从上面的输出可以看出,该模型收敛速度非常快,经过 10 次迭代后,已经在验证集

271

上达到了 76% 的合理精度。进一步优化超参数和更长的训练还可以提高性能,但即使是在这个水平上,一个训练过的模型——例如,通过使用 TensorFlow Serving——也可以为业务应用程序的情感分析逻辑提供有价值的补充。

10.3　Open-domain 问答

给定一段文本和一个与该文本相关的问题,问答(Question Answering,QA)的思路是识别出回答该问题的段落子集。这是 Transformer 架构成功应用的众多任务之一。Transformers 库中有许多预训练的 QA 模型,即使在没有数据集的情况下也可以应用(一种零镜头学习的形式)。

然而,不同的模型可能会在不同的例子中失败,所以检查原因可能是有用的。本节将演示 TensorFlow 2.0 GradientTape 功能:它允许记录想要在一组变量上执行自动微分的操作。为了解释给定输入下模型的输出,我们可以:

> 独热编码输入:与整数标记(通常在此上下文中使用)不同,独热编码表示是可微分的;
> 实例化 GradientTape 并观察输入变量;
> 计算通过模型的前向传递;
> 获取感兴趣的输出(例如,一个特定的类 logit)相对于被监视输入的梯度;
> 使用归一化梯度作为解释。

本节中的代码改编自 Fast Forward Labs 发布的结果:https://experiments.fast-forwardlabs.com/。

怎么做

具体步骤如下:

```
import os
import zipfile
import shutil
import urllib.request
import logging
import lzma
import json
import matplotlib.pyplot as plt
import numpy as np
import pandas as pd
import time

import tensorflow as tf
```

```
from transformers import AutoTokenizer, TFAutoModelForQuestionAnswering,
TFBertForMaskedLM, TFBertForQuestionAnswering
```

与往常一样，我们需要一些样板文件，从一个用于获取预先训练过的 QA 模型的函数开始。代码如下：

```
def get_pretrained_squad_model(model_name):

    model, tokenizer = None, None

    if model_name == "distilbertsquad1":
        tokenizer = AutoTokenizer.from_pretrained("distilbert-base-cased-
distilled-squad",use_fast = True)
        model = TFBertForQuestionAnswering.from_pretrained("distilbert-
base-cased-distilled-squad", from_pt = True)

    elif model_name == "distilbertsquad2":
        tokenizer = AutoTokenizer.from_pretrained("twmkn9/distilbert-base-
uncased-squad2",use_fast = True)
        model = TFAutoModelForQuestionAnswering.from_pretrained("twmkn9/
distilbert-base-uncased-squad2", from_pt = True)

    elif model_name == "bertsquad2":
        tokenizer = AutoTokenizer.from_pretrained("deepset/bert-base-cased-
squad2",use_fast = True)
        model = TFBertForQuestionAnswering.from_pretrained("deepset/bert-
base-cased-squad2", from_pt = True)

    elif model_name == "bertlargesquad2":
        tokenizer = AutoTokenizer.from_pretrained("bert-base-uncased",use_
fast = True)
        model = TFBertForQuestionAnswering.from_pretrained("deepset/bert-
large-uncased-whole-word-masking-squad2", from_pt = True)

    elif model_name == "albertbasesquad2":
        tokenizer = AutoTokenizer.from_pretrained("twmkn9/albert-base-v2-
squad2",use_fast = True)
        model = TFBertForQuestionAnswering.from_pretrained("twmkn9/albert-
base-v2-squad2", from_pt = True)

    elif model_name == "distilrobertasquad2":
        tokenizer = AutoTokenizer.from_pretrained("twmkn9/distilroberta-
base-squad2",use_fast = True)
        model = TFBertForQuestionAnswering.from_pretrained("twmkn9/
```

```
distilroberta - base - squad2", from_pt = True)

    elif model_name == "robertasquad2":
        tokenizer = AutoTokenizer.from_pretrained("deepset/roberta - base -
squad2",use_fast = True)
        model = TFAutoModelForQuestionAnswering.from_pretrained("deepset/
roberta - base - squad2", from_pt = True)

    elif model_name == "bertlm":
        tokenizer = AutoTokenizer.from_pretrained("bert - base - uncased",
                                                   use_fast = True)
        model = TFBertForMaskedLM.from_pretrained("bert - base - uncased",
                                                   from_pt = True)

    return model, tokenizer
```

确定答案的跨度,代码如下:

```
def get_answer_span(question, context, model, tokenizer):
    inputs = tokenizer.encode_plus(question, context, return_tensors = "tf",
add_special_tokens = True, max_length = 512)
    answer_start_scores, answer_end_scores = model(inputs)
    answer_start = tf.argmax(answer_start_scores, axis = 1).numpy()[0]
    answer_end = (tf.argmax(answer_end_scores, axis = 1) + 1).numpy()[0]
    print(tokenizer.convert_tokens_to_string(inputs["input_ids"][0][answer_
start:answer_end]))

    return answer_start, answer_end
```

我们需要一些函数来准备数据,代码如下:

```
def clean_tokens(gradients, tokens, token_types):

    """
        Clean the tokens and gradients gradients
        Remove "[CLS]","[CLR]", "[SEP]" tokens
        Reduce (mean) gradients values for tokens that are split # #
    """

    token_holder = []
    token_type_holder = []
    gradient_holder = []
    i = 0
    while i < len(tokens):
        if (tokens[i] not in ["[CLS]","[CLR]", "[SEP]"]):
```

```
            token = tokens[i]
            conn = gradients[i]
            token_type = token_types[i]

            if i < len(tokens) - 1 :
                if tokens[i + 1][0:2] == "##":
                    token = tokens[i]
                    conn = gradients[i]
                    j = 1
                    while i < len(tokens) - 1 and tokens[i + 1][0:2] == "##":
                        i += 1
                        token += tokens[i][2:]
                        conn += gradients[i]
                        j += 1
                    conn = conn / j
            token_holder.append(token)
            token_type_holder.append(token_type)
            gradient_holder.append(conn)

        i += 1

    return gradient_holder, token_holder, token_type_holder
def get_best_start_end_position(start_scores, end_scores):

    answer_start = tf.argmax(start_scores, axis = 1).numpy()[0]
    answer_end = (tf.argmax(end_scores, axis = 1) + 1).numpy()[0]
    return answer_start, answer_end


def get_correct_span_mask(correct_index, token_size):

    span_mask = np.zeros((1, token_size))
    span_mask[0, correct_index] = 1
    span_mask = tf.constant(span_mask, dtype = 'float32')

    return span_mask


def get_embedding_matrix(model):

    if "DistilBert" in type(model).__name__:
        return model.distilbert.embeddings.word_embeddings
    else:
        return model.bert.embeddings.word_embeddings
```

```python
def get_gradient(question, context, model, tokenizer):

    """Return gradient of input (question) wrt to model output span
    prediction

        Args:
                question (str): text of input question
                context (str): text of question context/passage
                model (QA model): Hugging Face BERT model for QA transformers.
    modeling_tf_distilbert.TFDistilBertForQuestionAnswering, transformers.
    modeling_tf_bert.TFBertForQuestionAnswering
                tokenizer (tokenizer): transformers.tokenization_bert.
    BertTokenizerFast

        Returns:
                (tuple): (gradients, token_words, token_types, answer_text)
        """
    embedding_matrix = get_embedding_matrix(model)
    encoded_tokens = tokenizer.encode_plus(question, context, add_special_
    tokens = True, return_token_type_ids = True, return_tensors = "tf")
    token_ids = list(encoded_tokens["input_ids"].numpy()[0])
    vocab_size = embedding_matrix.get_shape()[0]

    # convert token ids to one hot. We can't differentiate wrt to int token
    ids hence the need for one hot representation

    token_ids_tensor = tf.constant([token_ids], dtype = 'int32')
    token_ids_tensor_one_hot = tf.one_hot(token_ids_tensor, vocab_size)

    with tf.GradientTape(watch_accessed_variables = False) as tape:

        # (i) watch input variable
        tape.watch(token_ids_tensor_one_hot)

        # multiply input model embedding matrix; allows us do backprop wrt one hot input
        inputs_embeds = tf.matmul(token_ids_tensor_one_hot,embedding_matrix)

        # (ii) get prediction
        start_scores,end_scores = model({"inputs_embeds": inputs_embeds,
    "token_type_ids": encoded_tokens["token_type_ids"], "attention_mask":
    encoded_tokens["attention_mask"] })
        answer_start, answer_end = get_best_start_end_position(start_
    scores, end_scores)
```

```
        start_output_mask = get_correct_span_mask(answer_start, len(token_ids))
        end_output_mask = get_correct_span_mask(answer_end, len(token_ids))

    # zero out all predictions outside of the correct span positions;
we want to get gradients wrt to just these positions
        predict_correct_start_token = tf.reduce_sum(start_scores *
                                                    start_output_mask)
        predict_correct_end_token = tf.reduce_sum(end_scores *
                                                    end_output_mask)

    # (iii) get gradient of input with respect to both start and end
output
        gradient_non_normalized = tf.norm(
            tape.gradient([predict_correct_start_token, predict_correct_
end_token], token_ids_tensor_one_hot),axis = 2)

    # (iv) normalize gradient scores and return them as "explanations"
        gradient_tensor = (
            gradient_non_normalized /
            tf.reduce_max(gradient_non_normalized)
        )
        gradients = gradient_tensor[0].numpy().tolist()

        token_words = tokenizer.convert_ids_to_tokens(token_ids)
        token_types = list(encoded_tokens["token_type_ids"].numpy()[0])
        answer_text = tokenizer.decode(token_ids[answer_start:answer_end])

        return gradients, token_words, token_types,answer_text

def explain_model(question, context, model, tokenizer, explain_method =
"gradient"):
    if explain_method == "gradient":
        return get_gradient(question, context, model, tokenizer)
```

最后绘制，代码如下：

```
def plot_gradients(tokens, token_types, gradients, title):

    """ Plot explanations
    """

    plt.figure(figsize = (21,3))
    xvals = [ x + str(i) for i,x in enumerate(tokens)]
    colors = [ (0,0,1, c) for c,t in zip(gradients, token_types) ]
```

```
edgecolors = [ "black" if t == 0 else (0,0,1, c) for c,t in
zip(gradients, token_types) ]
    # colors = [ ("r" if t == 0 else "b") for c,t in zip(gradients, token_ types) ]
    plt.tick_params(axis = 'both', which = 'minor', labelsize = 29)
    p = plt.bar(xvals, gradients, color = colors,linewidth = 1,
edgecolor = edgecolors)
    plt.title(title)
    p = plt.xticks(ticks = [i for i in range(len(tokens))], labels = tokens,
fontsize = 12,rotation = 90)
```

我们将在一系列问题中比较一小部分模型的性质,代码如下:

```
questions = [
    { "question": "what is the goal of the fourth amendment? ", "context": "The Fourth
Amendment of the U.S. Constitution provides that '[t]he right of the people to be secure in
their persons, houses, papers, and effects, against unreasonable searches and seizures,
shall not be violated, and no Warrants shall issue, but upon probable cause, supported by
Oath or affirmation, and particularly describing the place to be searched, and the persons
or things to be seized.'The ultimate goal of this provision is to protect people's right to
privacy and freedom from unreasonable intrusions by the government. However, the Fourth A-
mendment does not guarantee protection from all searches and seizures, but only those done
by the government and deemed unreasonable under the law." },
    { "question": ""what is the taj mahal made of?", "context": "The Taj Mahal is an ivory-
white marble mausoleum on the southern bank of the river Yamuna in the Indian city of Agra.
It was commissioned in 1632 by the Mughal emperor Shah Jahan (reigned from 1628 to 1658) to
house the tomb of his favourite wife, Mumtaz Mahal; it also houses the tomb of Shah Jahan
himself. The tomb is the centrepiece of a 17-hectare (42-acre) complex, which includes a
mosque and a guest house, and is set in formal gardens bounded on three sides by a crenel-
lated wall. Construction of the mausoleum was essentially completed in 1643, but work con-
tinued on other phases of the project for another 10 years. The Taj Mahal complex is be-
lieved to have been completed in its entirety in 1653 at a cost estimated at the time to be
around 32 million rupees, which in 2020 would be approximately 70 billion rupees (about U.
S. $916 million). The construction project employed some 20,000 artisans under the guid-
ance of a board of architects led by the court architect to the emperor. The Taj Mahal was
designated as a UNESCO World Heritage Site in 1983 for being the jewel of Muslim art in In-
dia and one of the universally admired masterpieces of the world's heritage. It is regarded
by many as the best example of Mughal architecture and a symbol of India's rich history. The
Taj Mahal attracts 7-8 million visitors a year and in 2007, it was declared a winner of
the New 7 Wonders of the World (2000-2007) initiative." },
    { "question": "Who ruled macedonia ", "context": "Macedonia was an ancient kingdom on
the periphery ofArchaic and Classical Greece, and later the dominant state of Hellenistic
Greece. The kingdom was founded and initially ruled by the Argead dynasty, followed by the
Antipatrid and Antigonid dynasties. Home to the ancient Macedonians, it originated on the
northeastern part of the Greek peninsula. Before the 4th century BC, it was a small kingdom
```

outside of the area dominated by the city - states of Athens, Sparta and Thebes, and briefly subordinate to Achaemenid Persia" },

    { "question": "what are the symptoms of COVID - 19", "context": "COVID - 19 is the infectious disease caused by the most recently discovered coronavirus. This new virus and disease were unknown before the outbreak began in Wuhan, China, in December 2019. The most common symptoms of COVID - 19 are fever, tiredness, and dry cough. Some patients may have aches and pains, nasal congestion, runny nose, sore throat or diarrhea. These symptoms are usually mild and begin gradually. Some people become infected but don't develop any symptoms and don't feel unwell. Most people (about 80 %) recover from the disease without needing special treatment. Around 1 out of every 6 people who gets COVID - 19 becomes seriously ill and develops difficulty breathing. Older people, and those with underlying medical problems like high blood pressure, heart problems or diabetes, are more likely to develop serious illness. People with fever, cough and difficulty breathing should seek medical attention." },

```
]
model_names = ["distilbertsquad1","distilbertsquad2","bertsquad2","bertlarg
esquad2"]
result_holder = []
for model_name in model_names:
    bqa_model, bqa_tokenizer = get_pretrained_squad_model(model_name)

    for row in questions:

        start_time = time.time()
        question, context = row["question"], row["context"]
        gradients, tokens,token_types, answer = explain_model(question,
context, bqa_model, bqa_tokenizer)
        elapsed_time = time.time() - start_time
        result_holder.append({"question": question, "context":context,
"answer": answer, "model": model_name, "runtime": elapsed_time})


result_df = pd.DataFrame(result_holder)
```

格式化结果以便检查,代码如下:

```
question_df = result_df[result_df["model"] == "bertsquad2"].reset_index()
[["question"]]
df_list = [question_df]
for model_name in model_names:

    sub_df = result_df[result_df["model"] == model_name].reset_index()
[["answer", "runtime"]]
    sub_df.columns = [ (col_name + "_" + model_name) for col_name in
                                                    sub_df.columns]
```

```
        df_list.append(sub_df)
```

```
jdf = pd.concat(df_list, axis = 1)
answer_cols = ["question"] + [col for col in jdf.columns if 'answer' in col]
jdf[answer_cols]
```

结果如图 10.2 所示。

	question	answer_distilbertsquad1	answer_distilbertsquad2	answer_bertsquad2	answer_bertlargesquad2
0	what is the goal of the fourth amendment?	? [SEP] The Fourth Amendment of the U. S. Cons...	to protect people's right to privacy and fre...	protect people's right to privacy and freedo...	to protect people's right to privacy and fre...
1	what is the taj mahal made of?	to	ivory - white marble	ivory - white marble	ivory - white marble
2	Who ruled macedonia	to	argead dynasty	the Argead dynasty	the kingdom was founded and initially ruled by...
3	what are the symptoms of COVID-19	##rhea. These symptoms are usually mild and be...	fever, tiredness, and dry cough	fever, tiredness, and dry cough	fever, tiredness, and dry cough

图 10.2 演示不同模型生成的答案的示例记录

从结果数据中我们可以观察到,即使在这个样本数据集上,模型之间也有明显的差异:

> DistilBERT (SQUAD1)能回答 5/8 道问题,2 道正确;
> DistilBERT (SQUAD2)能回答 7/8 道问题,7 道正确;
> BERT base 可以回答 5/8 道问题,5 道正确;
> BERT large 可以回答 7/8 道问题,7 道正确。

```
runtime_cols = [col for col in jdf.columns if 'runtime' in col]
mean_runtime = jdf[runtime_cols].mean()
print("Mean runtime per model across 4 question/context pairs")
print(mean_runtime)
```

```
Mean runtime per model across 4 question/context pairs
runtime_distilbertsquad1    0.202405
runtime_distilbertsquad2    0.100577
runtime_bertsquad2          0.266057
runtime_bertlargesquad2     0.386156
dtype: float64
```

基于上述结果,我们可以对基于 BERT 的 QA 模型的工作方式有一些了解:

> 在 BERT 模型不能产生答案的情况下(例如,它只给出 CLS),几乎没有一个输入标记具有高的归一化梯度分数。这表明在使用的指标方面还有改进的空间——超越解释分数,并可能将其与模型置信度分数结合起来,以获得更完整的情况概述。

➢ 分析 BERT 模型的基本变量和较大变量之间的性能差异表明,应进一步研究权衡更好的性能与更长的推断时间之间的关系。

➢ 考虑到我们选择评估数据集的潜在问题,一个可能的结论是,DistilBERT(在 SQuAD2 上训练的)的表现比基础 BERT 的更好——这从侧面突出了使用 SQuAD1 作为基准的问题。

第 11 章　使用 TensorFlow 和 TF‑Agent 进行强化学习

TF‑Agents 是 TensorFlow（TF）中的一个用于强化学习（Reinforcement Learning，RL）的库。它通过提供与 RL 问题核心部分相对应的模块化组件，使得各种算法的设计和实现更容易：

> agent 在环境中操作，并通过处理每次选择动作时收到的信号进行学习。在 TF‑Agents 中，环境通常用 Python 实现，并被包装在 TF 包装器中，以支持高效的并行化。

> 策略（policy）将来自环境的观察映射到操作的分布中。

> 驱动程序（driver）在一个环境中执行一个策略的指定步骤数（也称为片段（episode））。

> 回放缓冲区（replay buffer）用于存储在环境中执行策略的经验（行动空间中的代理轨迹以及相关的奖励），在训练过程中查询轨迹子集的缓冲区内容。

基本思想是将我们讨论的每个问题都转换为 RL 问题，然后将组件映射到 TF‑Agents 对应的组件中。本章将展示如何用 TF‑Agents 来解决一些简单的 RL 问题：

> GridWorld 问题；

> OpenAI Gym 环境；

> Multi‑armed bandits 解决内容个性化。

开始演示 TF‑Agents 中 RL 功能的最佳方法是一个玩具问题：GridWorld 是一个很好的选择，因为它具有直观的几何形状和易于解释的操作。尽管简单，但它构成了一个适当的目标，在这个目标中我们可以研究 agent 为实现目标而采取的最佳路径。

11.1　GridWorld

本节中的代码改编自 https://github.com/sachag678。

首先演示 GridWorld 环境中的基本 TF‑Agents 功能。RL 问题最好是在游戏（即拥有一套明确定义的规则和完全可观察的环境）或 GridWorld 等玩具问题中进行研究。一旦在一个简化但不直接的环境中明确定义了基本概念，就可以逐步进入更具挑战性的情况了。

第一步是定义一个 GridWorld 环境：这是一个 6×6 的正方形板，agent 从 $(0,0)$ 开始，终点是 $(5,5)$，agent 的目标是找到从起点到终点的路径。可能的动作是向上/向下/向左/向右移动。如果 agent 到达终点,它将获得 100 分的奖励;如果 agent 未到达终点,游戏将在 100 步后终止。GridWorld"地图"的示例如图 11.1 所示。

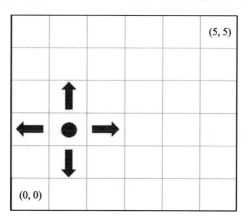

图 11.1   GridWorld"地图"

现在将构建一个模型来找到 GridWorld 从(0,0) 到(5,5)的路径。

怎么做

像往常一样,从加载必要的库开始:

```
import tensorflow as tf
import numpy as np
from tf_agents.environments import py_environment, tf_environment, tf_py_
environment, utils, wrappers, suite_gym
from tf_agents.specs import array_spec
from tf_agents.trajectories import trajectory,time_step as ts

from tf_agents.agents.dqn import dqn_agent
from tf_agents.networks import q_network
from tf_agents.drivers import dynamic_step_driver
from tf_agents.metrics import tf_metrics, py_metrics
from tf_agents.policies import random_tf_policy
from tf_agents.replay_buffers import tf_uniform_replay_buffer
from tf_agents.utils import common
from tf_agents.drivers import py_driver, dynamic_episode_driver
from tf_agents.utils import common

import matplotlib.pyplot as plt
```

TF – Agents 是一个正在积极开发中的库,因此,尽管我们尽了最大努力使代码保持最新,但在运行此代码时,某些导入可能还是需要修改。

关键的一步是定义 agent 在其中运行的环境。为了继承 PyEnvironment 类,我们需要指定 init 方法（动作和观察定义）、重置/终止状态的条件以及移动的机制，代码如下：

```python
class GridWorldEnv(py_environment.PyEnvironment):

    # the _init_ contains the specifications for action and observation
    def __init__ (self):
        self._action_spec = array_spec.BoundedArraySpec(
            shape = (), dtype = np.int32, minimum = 0, maximum = 3, name = 'action')
        self._observation_spec = array_spec.BoundedArraySpec(
            shape = (4,), dtype = np.int32, minimum = [0,0,0,0],
                                    maximum = [5,5,5,5], name = 'observation')
        self._state = [0,0,5,5] # represent the (row, col, frow, fcol) of the
player and the finish
        self._episode_ended = False

    def action_spec(self):
        return self._action_spec

    def observation_spec(self):
        return self._observation_spec

    # once the same is over, we reset the state
    def _reset(self):
        self._state = [0,0,5,5]
        self._episode_ended = False
        return ts.restart(np.array(self._state, dtype = np.int32))

    # the _step function handles the state transition by applying an action to the current
state to obtain a new one
    def _step(self, action):

        if self._episode_ended:
            return self.reset()

        self.move(action)

        if self.game_over():
            self._episode_ended = True

        if self._episode_ended:
            if self.game_over():
                reward = 100
```

```
        else:
            reward = 0
        return ts.termination(np.array(self._state, dtype = np.int32),
        reward)
    else:
        return ts.transition(
            np.array(self._state, dtype = np.int32), reward = 0,
            discount = 0.9)

def move(self, action):
    row, col, frow, fcol = self._state[0],self._state[1],self._
    state[2],self._state[3]
    if action == 0: # down
        if row - 1 >= 0:
            self._state[0] -= 1
    if action == 1: # up
        if row + 1 < 6:
            self._state[0] += 1
    if action == 2: # left
        if col - 1 >= 0:
            self._state[1] -= 1
    if action == 3: # right
        if col + 1 < 6:
            self._state[1] += 1

def game_over(self):
    row, col, frow, fcol = self._state[0],self._state[1],self._
    state[2],self._state[3]
    return row == frow and col == fcol

def compute_avg_return(environment, policy, num_episodes = 10):

    total_return = 0.0
    for _ in range(num_episodes):

        time_step = environment.reset()
        episode_return = 0.0

        while not time_step.is_last():
            action_step = policy.action(time_step)
            time_step = environment.step(action_step.action)
            episode_return += time_step.reward
            total_return += episode_return
```

```
        avg_return = total_return /num_episodes
        return avg_return.numpy()[0]


def collect_step(environment, policy):
        time_step = environment.current_time_step()
        action_step = policy.action(time_step)
        next_time_step = environment.step(action_step.action)
        traj = trajectory.from_transition(time_step, action_step, next_time_step)


        # Add trajectory to the replay buffer
        replay_buffer.add_batch(traj)
```

我们有以下初步设置：

```
# parameter settings

num_iterations = 10000
initial_collect_steps = 1000
collect_steps_per_iteration = 1
replay_buffer_capacity = 100000
fc_layer_params = (100,)
batch_size = 128 #
learning_rate = 1e-5 log_interval = 200
num_eval_episodes = 2
eval_interval = 1000
```

首先创建环境并包装它们，以确保它们在 100 步后终止：

```
train_py_env = wrappers.TimeLimit(GridWorldEnv(), duration=100)
eval_py_env = wrappers.TimeLimit(GridWorldEnv(), duration=100)


train_env = tf_py_environment.TFPyEnvironment(train_py_env)
eval_env = tf_py_environment.TFPyEnvironment(eval_py_env)
```

对于这个教程，我们将使用深度 Q 网络（Deep Q-Network，DQN）代理。这意味着我们需要首先定义网络和相关的优化器：

```
q_net = q_network.QNetwork(
        train_env.observation_spec(),
        train_env.action_spec(),
        fc_layer_params = fc_layer_params)


optimizer = tf.compat.v1.train.AdamOptimizer(learning_rate = learning_rate)
```

如上所述，TF-Agents 库正在积极地开发中。当前版本支持 TF>2.3，但它最初是为 TensorFlow 1. x 编写的。此修改中使用的代码是使用以前的版本开发的,因此为了向后兼容,我们需要一个不那么优雅的解决方案,例如:

```
train_step_counter = tf.compat.v2.Variable(0)
```

定义 agent,代码如下:

```
tf_agent = dqn_agent.DqnAgent(
        train_env.time_step_spec(),
        train_env.action_spec(),
        q_network = q_net,
        optimizer = optimizer,
        td_errors_loss_fn = common.element_wise_squared_loss,
        train_step_counter = train_step_counter)


tf_agent.initialize()

eval_policy = tf_agent.policy
collect_policy = tf_agent.collect_policy
```

接下来,创建回放缓冲区和回放观察者,其中前者用于存储(动作,观察)对,后者用于训练。代码如下:

```
replay_buffer = tf_uniform_replay_buffer.TFUniformReplayBuffer(
        data_spec = tf_agent.collect_data_spec,
        batch_size = train_env.batch_size,
        max_length = replay_buffer_capacity)

print("Batch Size: {}".format(train_env.batch_size))

replay_observer = [replay_buffer.add_batch]

train_metrics = [
        tf_metrics.NumberOfEpisodes(),
        tf_metrics.EnvironmentSteps(),
        tf_metrics.AverageReturnMetric(),
        tf_metrics.AverageEpisodeLengthMetric(),
]
```

然后,从缓冲区创建一个数据集,以便所创建的数据集可以被迭代:

```
dataset = replay_buffer.as_dataset(
        num_parallel_calls = 3,
        sample_batch_size = batch_size,
    num_steps = 2).prefetch(3)
```

最后的准备工作是创建一个驱动程序,它将模拟游戏中的 agent,并在回放缓冲区

中存储(状态,动作,奖励)元组以及一些指标,代码如下:

```
driver = dynamic_step_driver.DynamicStepDriver(
        train_env,
        collect_policy,
        observers = replay_observer + train_metrics,
    num_steps = 1)


iterator = iter(dataset)


print(compute_avg_return(eval_env, tf_agent.policy, num_eval_episodes))


tf_agent.train = common.function(tf_agent.train)
tf_agent.train_step_counter.assign(0)


final_time_step, policy_state = driver.run()
```

在完成了准备工作之后,我们可以运行驱动程序,从数据集中吸取经验,并使用它来训练代理。为了实现监控/记录的目的,我们以特定的间隔打印损失和平均回报:

```
episode_len = []
step_len = []
for i in range(num_iterations):
    final_time_step, _ = driver.run(final_time_step, policy_state)

    experience, _ = next(iterator)
    train_loss = tf_agent.train(experience = experience)
    step = tf_agent.train_step_counter.numpy()

    if step % log_interval == 0:
        print('step = {0}: loss = {1}'.format(step, train_loss.loss))
        episode_len.append(train_metrics[3].result().numpy())
        step_len.append(step)
        print('Average episode length: {}'.format (train_metrics[3].
                                        result().numpy()))

    if step % eval_interval == 0:
        avg_return = compute_avg_return(eval_env, tf_agent.policy,
                                num_eval_episodes)
        print('step = {0}: AverageReturn = {1}'.format(step, avg_return))
```

一旦代码执行成功,就会观察到如下输出:

```
step = 200: loss = 0.27092617750167847 Average episode length:
96.5999984741211 step = 400: loss = 0.08925052732229233 Average episode
```

length：96.5999984741211 step = 600：loss = 0.04888586699962616 Average

episode length：96.5999984741211 step = 800：loss = 0.04527277499437332

Average episode length：96.5999984741211 step = 1000：loss =

0.04451741278171539 Average episode length：97.5999984741211 step = 1000：

Average Return = 0.0 step = 1200：loss = 0.02019939199090004 Average

episode length：97.5999984741211 step = 1400：loss = 0.02462056837975979

Average episode length：97.5999984741211 step = 1600：loss =

0.013112186454236507 Average episode length：97.5999984741211 step = 1800：

loss = 0.004257255233824253 Average episode length：97.5999984741211 step =

2000：loss = 78.85380554199219 Average episode length：100.0 step = 2000：

Average Return = 0.0 step = 2200：loss = 0.010012316517531872 Average

episode length：100.0 step = 2400：loss = 0.009675763547420502 Average

episode length：100.0 step = 2600：loss = 0.00445540901273489 Average

episode length：100.0 step = 2800：loss = 0.0006154756410978734

虽然训练例程的输出很详细，但这并不太适合我们阅读。不过，我们可以将代理的
进度可视化：

```
plt.plot(step_len, episode_len)
plt.xlabel('Episodes')
plt.ylabel('Average Episode Length (Steps)')
plt.show()
```

结果如图 11.2 所示。

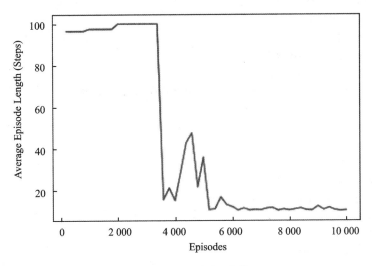

图 11.2   平均集长/集数

图 11.2 展示了模型的进展：在前 4 000 个回合之后，平均回合长度急剧下降，这表
明我们的 agent 需要越来越少的时间就能达到最终目标。

11.2 CartPole

在本节中,我们将利用 Open AI Gym,这是一组包含非平凡基本问题的环境,可以使用强化学习方法来解决。我们将使用 CartPole 环境,agent 的目标是学习如何在移动的小车上保持杆的平衡,可能的动作包括向左或向右移动,如图 11.3 所示。

图 11.3　CartPole 环境,黑色推车平衡着一根长杆

下面将建立一个模型来平衡一根杆。

怎么做

首先安装一些先决条件并导入必要的库。安装部分主要是为了确保我们能够对训练 agent 的表现进行可视化,代码如下:

```
!sudo apt - get install - y xvfb ffmpeg
!pip install gym
!pip install 'imageio == 2.4.0'
!pip install PILLOW
!pip install pyglet
!pip install pyvirtualdisplay
!pip install tf - agents
from __future__ import absolute_import, division, print_function

import base64
import imageio
import IPython
import matplotlib
import matplotlib.pyplot as plt
import numpy as np
import PIL.Image
import pyvirtualdisplay

import tensorflow as tf

from tf_agents.agents.dqn import dqn_agent
from tf_agents.drivers import dynamic_step_driver
from tf_agents.environments import suite_gym
```

```
from tf_agents.environments import tf_py_environment
from tf_agents.eval import metric_utils
from tf_agents.metrics import tf_metrics
from tf_agents.networks import q_network
from tf_agents.policies import random_tf_policy
from tf_agents.replay_buffers import tf_uniform_replay_buffer
from tf_agents.trajectories import trajectory
from tf_agents.utils import common
tf.compat.v1.enable_v2_behavior()

# Set up a virtual display for rendering OpenAI gym environments.
display = pyvirtualdisplay.Display(visible = 0, size = (1400, 900)).start()
```

与之前一样,我们定义了玩具问题的一些超参数,代码如下:

```
num_iterations = 20000

initial_collect_steps = 100
collect_steps_per_iteration = 1
replay_buffer_max_length = 100000

# parameters of the neural network underlying at the core of an agent
batch_size = 64
learning_rate = 1e - 3
log_interval = 200

num_eval_episodes = 10
eval_interval = 1000
```

接下来,继续处理问题的函数定义。首先,在我们的环境中,计算一项政策在固定时期内的平均回报(以插曲的数量衡量),代码如下:

```
def compute_avg_return(environment, policy, num_episodes = 10):

    total_return = 0.0
    for _ in range(num_episodes):

        time_step = environment.reset()
        episode_return = 0.0

        while not time_step.is_last():
            action_step = policy.action(time_step)
            time_step = environment.step(action_step.action)
            episode_return += time_step.reward
        total_return += episode_return
```

```
      avg_return = total_return /num_episodes
      return avg_return.numpy()[0]
```

收集单个步骤和相关数据聚合的样板，代码如下：

```
def collect_step(environment, policy, buffer):
  time_step = environment.current_time_step()
  action_step = policy.action(time_step)
  next_time_step = environment.step(action_step.action)
  traj = trajectory.from_transition(time_step, action_step, next_time_step)

  # Add trajectory to the replay buffer
  buffer.add_batch(traj)


def collect_data(env, policy, buffer, steps):
  for _ in range(steps):
    collect_step(env, policy, buffer)
```

如果一张图片胜过千言万语，那么视频肯定会更好。为了可视化代理的性能，我们需要一个函数来渲染实际的动画，代码如下：

```
def embed_mp4(filename):
  """Embeds an mp4 file in the notebook."""
  video = open(filename,'rb').read()
  b64 = base64.b64encode(video)
  tag = '''

  <video width = "640" height = "480" controls>
    <source src = "data:video/mp4;base64,{0}" type = "video/mp4">
  Your browser does not support the video tag.
  </video> '''.format(b64.decode())

  return IPython.display.HTML(tag)


def create_policy_eval_video(policy, filename, num_episodes = 5, fps = 30):
  filename = filename + ".mp4"
  with imageio.get_writer(filename, fps = fps) as video:
    for _ in range(num_episodes):
      time_step = eval_env.reset()
      video.append_data(eval_py_env.render())
      while not time_step.is_last():
        action_step = policy.action(time_step)
        time_step = eval_env.step(action_step.action)
        video.append_data(eval_py_env.render())
```

```
return embed_mp4(filename)
```

准备工作结束后,现在可以开始设置我们的环境了,代码如下:

```
env_name = 'CartPole - v0'
env = suite_gym.load(env_name)
env.reset()
```

在 CartPole 环境中,应用如下:

➤ 观测是由四个浮标组成的阵列,即推车的位置和速度,以及极点的角位置和速度。

➤ 奖励是一个标量浮动值。

➤ 操作是一个标量整数,只有两个可能的值:0,"左移";1,"右移"。

与前面一样,拆分培训和评估环境并应用包装,代码如下:

```
train_py_env = suite_gym.load(env_name)
eval_py_env = suite_gym.load(env_name)

train_env = tf_py_environment.TFPyEnvironment(train_py_env)
eval_env = tf_py_environment.TFPyEnvironment(eval_py_env)
```

在 agent 中定义形成学习算法支柱的网络:一个神经网络,在给定环境的观察作为输入的情况下,预测所有行动的预期回报(通常在强化学习文献中称为 Q 值),代码如下:

```
fc_layer_params = (100,)

q_net = q_network.QNetwork(
    train_env.observation_spec(),
    train_env.action_spec(),
    fc_layer_params = fc_layer_params)

optimizer = tf.compat.v1.train.AdamOptimizer(learning_rate = learning_rate)

train_step_counter = tf.Variable(0)
```

有了这个,我们可以实例化一个 DQN 代理,代码如下:

```
agent = dqn_agent.DqnAgent(
    train_env.time_step_spec(),
    train_env.action_spec(),
    q_network = q_net,
    optimizer = optimizer,
    td_errors_loss_fn = common.element_wise_squared_loss,
    train_step_counter = train_step_counter)
```

```
agent.initialize()
```

设置策略,主要用于评估和部署,还可以用于数据收集,代码如下:

```
eval_policy = agent.policy
collect_policy = agent.collect_policy
```

为了进行不是很复杂的比较,我们还将创建一个随机策略(顾名思义,它的行为是随机的)。由此可知,策略可以独立于代理创建。代码如下:

```
random_policy = random_tf_policy.RandomTFPolicy(train_env.time_step_spec(),
train_env.action_spec())
```

要从策略中获取动作,我们调用 policy.action(time_step)方法。time_ step 包含从环境中观察到的数据。这个方法返回一个策略步骤,它是一个有三个组件的命名元组:

- Action:要采取的行动(向左或向右移动);
- State:用于有状态(基于 RNN)策略;
- Info:辅助数据,如动作的日志概率。

具体代码如下:

```
example_environment = tf_py_environment.TFPyEnvironment(
    suite_gym.load('CartPole - v0'))


time_step = example_environment.reset()
```

回放缓冲区跟踪从环境中收集的数据,用于训练:

```
replay_buffer = tf_uniform_replay_buffer.TFUniformReplayBuffer(
    data_spec = agent.collect_data_spec,
    batch_size = train_env.batch_size,
    max_length = replay_buffer_max_length)
```

对于大多数 agent,collect_data_spec 是一个名为 Trajectory 的命名元组,其包含观察、操作、奖励和其他项目的规范。

现在我们使用随机策略来探索环境:

```
collect_data(train_env, random_policy, replay_buffer, initial_collect_ steps)
```

现在 agent 可以通过管道访问重放缓冲区。由于我们的 DQN 代理同时需要当前和下一个观测值来计算损失,所以管道一次采样相邻的两行(num_steps = 2),代码如下:

```
dataset = replay_buffer.as_dataset(
    num_parallel_calls = 3,
    sample_batch_size = batch_size,
    num_steps = 2).prefetch(3)
```

```
iterator = iter(dataset)
```

在训练部分,我们在两个步骤之间切换,从环境中收集数据,用它来训练 DQN:

```
agent.train = common.function(agent.train)

# Reset the train step
agent.train_step_counter.assign(0)

# Evaluate the agent's policy once before training
avg_return = compute_avg_return(eval_env, agent.policy, num_eval_episodes)
returns = [avg_return]
for _ in range(num_iterations):

    # Collect a few steps using collect_policy and save to thereplay buffer
    collect_data(train_env, agent.collect_policy, replay_buffer, collect_
    steps_per_iteration)

    # Sample a batch of data from the buffer and update the agent's network
    experience, unused_info = next(iterator)
    train_loss = agent.train(experience).loss

    step = agent.train_step_counter.numpy()

    if step % log_interval == 0:
        print('step = {0}: loss = {1}'.format(step, train_loss))

    if step % eval_interval == 0:
        avg_return = compute_avg_return(eval_env, agent.policy, num_eval_episodes)
        print('step = {0}: Average Return = {1}'.format(step, avg_return))
        returns.append(avg_return)
```

这里给出了代码块的(部分)输出。注意,step 是训练过程中的迭代,loss 是驱动 agent 背后逻辑的深度网络中的 loss 函数的值,Average Return 是当前运行结束时的奖励:

```
step = 200: loss = 4.396056175231934
step = 400: loss = 7.12950325012207
step = 600: loss = 19.0213623046875
step = 800: loss = 45.954856872558594
step = 1000: loss = 35.900394439697266
step = 1000: Average Return = 21.399999618530273
step = 1200: loss = 60.97482681274414
step = 1400: loss = 8.678962707519531
```

```
step = 1600：loss = 13.465248107910156
step = 1800：loss = 42.33995056152344
step = 2000：loss = 42.936370849609375
step = 2000：Average Return = 21.799999237060547
```

每次迭代包含 200 个时间步骤,保持杆子向上可以获得 1 个奖励,所以我们每集的最大奖励是 200,如图 11.4 所示。

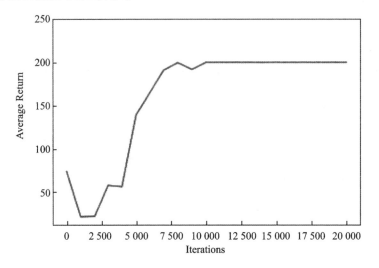

图 11.4   迭代次数的平均回报

从图 11.4 中可以看出,agent 需要大约 10 000 次迭代才能发现一个成功的策略(但在此过程中也有些成功和失败)。之后,奖励稳定下来,算法每次都能成功地完成任务。

我们也可以在视频中观察我们的 agent 的表现。对于随机策略,你可以尝试以下方法:

```
create_policy_eval_video(random_policy, "random - agent")
```

对于训练有素的,你可以尝试以下方法:

```
create_policy_eval_video(agent.policy, "trained - agent")
```

11.3   多臂老虎机问题

在概率论中,多臂老虎机(Multi-Armed Bandit,MAB)问题指的是这样一种情况,即有限的资源必须以某种形式的长期目标最大化的方式在竞争选择之间分配。这个名字来自模型的第一个版本的类比。假设有一个人面对一排老虎机,他必须决定玩哪一个,玩多少次,以及按什么顺序玩。在 RL 中,我们将其定义为一个想要平衡探索(获取新知识)和开发(基于已经获得的经验优化决策)的代理。这种平衡的目标是在一段时间内最大化总奖励。

　　MAB 是一个简化的强化学习问题,代理采取的动作不会影响环境后续的状态。这意味着不需要建模状态转换、对过去的动作进行奖励归因或者预先计划达到有奖励的状态。MAB 代理的目标是确定一种策略,以在时间上累计最大化奖励。

　　我们面临的主要挑战是如何有效地解决探索-利用难题:如果总是试图利用预期回报最高的行动,就有可能错过更多探索本可以发现的更好的行动。

　　本例中使用的设置来自于 Vowpal Wabbit 教程:https://vowpalwabbit.org/tutorials/cb_simulation.html。

　　本节将模拟个性化在线内容的问题:汤姆和安娜在一天的不同时间访问一个网站,并显示一篇文章。汤姆上午喜欢浏览有关政治的内容,下午喜欢浏览有关音乐的内容,而安娜上午喜欢浏览有关体育或政治的内容,下午喜欢浏览有关政治的内容。用 MAB 术语来描述问题,意味着:

> ➢ 内容是{user, time of day};
> ➢ 可能的行动是新闻话题{politics, sport, music, food};
> ➢ 如果向用户展示他们感兴趣的内容,奖励为 1,否则为 0。

我们的目标是通过用户点击率(clickthrough rate,CTR)来最大化奖励。

怎么做

像往常一样,从加载必要的包开始:

```
!pip install tf – agents

import abc
import numpy as np
import tensorflow as tf

from tf_agents.agents import tf_agent
from tf_agents.drivers import driver
from tf_agents.environments import py_environment
from tf_agents.environments import tf_environment
from tf_agents.environments import tf_py_environment
fromtf_agents.policies import tf_policy
from tf_agents.specs import array_spec
from tf_agents.specs import tensor_spec
from tf_agents.trajectories import time_step as ts
from tf_agents.trajectories import trajectory
from tf_agents.trajectories import policy_step
tf.compat.v1.reset_default_graph()
```

```
tf.compat.v1.enable_resource_variables()
tf.compat.v1.enable_v2_behavior()
nest = tf.compat.v2.nest

from tf_agents.bandits.agents import lin_ucb_agent
from tf_agents.bandits.environments import stationary_stochastic_py_
environment as sspe
from tf_agents.bandits.metrics import tf_metrics
from tf_agents.drivers import dynamic_step_driver
from tf_agents.replay_buffers import tf_uniform_replay_buffer

import matplotlib.pyplot as plt
```

然后,定义一些超参数,稍后使用:

```
batch_size = 2

num_iterations = 100
steps_per_loop = 1
```

我们需要的第一个函数是上下文采样器,用于生成来自环境的观测结果。因为我们有两个用户和一天两个部分,所以可以归结为生成两个元素的二进制向量:

```
def context_sampling_fn(batch_size):

    def _context_sampling_fn():
        return np.random.randint(0, 2,[batch_size, 2]).astype(np.float32)
    return _context_sampling_fn
```

接下来,定义一个通用函数来计算每只手臂的奖励:

```
class CalculateReward(object):

    """A class that acts as linear reward function when called."""
    def __init__(self, theta, sigma):
        self.theta = theta
        self.sigma = sigma
    def __call__(self, x):
        mu = np.dot(x, self.theta)
        # return np.random.normal(mu, self.sigma)
        return (mu > 0) + 0
```

我们可以使用上述函数来定义每条手臂的奖励,它们反映了本教程开头描述的一组偏好:

```
arm0_param = [2, -1]
arm1_param = [1, -1]
arm2_param = [-1, 1]
arm3_param = [0, 0]

arm0_reward_fn = CalculateReward(arm0_param, 1)
arm1_reward_fn = CalculateReward(arm1_param, 1)
arm2_reward_fn = CalculateReward(arm2_param, 1)
arm3_reward_fn = CalculateReward(arm3_param, 1)
```

函数设置的最后一部分涉及给定环境下的最佳奖励计算：

```
def compute_optimal_reward(observation):
    expected_reward_for_arms = [
        tf.linalg.matvec(observation, tf.cast(arm0_param, dtype=tf.float32)),
        tf.linalg.matvec(observation, tf.cast(arm1_param, dtype=tf.float32)),
        tf.linalg.matvec(observation, tf.cast(arm2_param, dtype=tf.float32)),
        tf.linalg.matvec(observation, tf.cast(arm3_param, dtype=tf.float32))
    ]
    optimal_action_reward = tf.reduce_max(expected_reward_for_arms, axis=0)

    return optimal_action_reward
```

在这个例子中，假设环境是静止的，换句话说，偏好不会随着时间而改变（在实际情况中不需要这样，这取决于你感兴趣的时间范围）：

```
environment = tf_py_environment.TFPyEnvironment(
    sspe.StationaryStochasticPyEnvironment(
        context_sampling_fn(batch_size),
        [arm0_reward_fn, arm1_reward_fn, arm2_reward_fn, arm3_reward_fn],
        batch_size=batch_size))
```

我们现在在准备实例化一个实现赌博算法的代理。我们使用预定义的 LinUCB 类；像往常一样，我们定义观察值（表示用户和时间的两个元素）、时间步长和行动规范（四种可能的内容类型之一）：

```
observation_spec = tensor_spec.TensorSpec([2], tf.float32)
time_step_spec = ts.time_step_spec(observation_spec)
action_spec = tensor_spec.BoundedTensorSpec(
    dtype=tf.int32, shape=(), minimum=0, maximum=2)

agent = lin_ucb_agent.LinearUCBAgent(time_step_spec=time_step_spec,
                                      action_spec=action_spec)
```

MAB 设置的一个关键组成部分是 regret，它被定义为代理收集的实际奖励和 oracle 策略的预期奖励之间的差异：

```
regret_metric = tf_metrics.RegretMetric(compute_optimal_reward)
```

现在可以开始训练我们的 agent 了。我们在每一步中运行训练器循环，循环次数为 num_iterations，并在每一步中执行 steps_per_loop。找到合适的参数值通常涉及在更新的及时性和训练效率之间取得平衡：

```
replay_buffer = tf_uniform_replay_buffer.TFUniformReplayBuffer(
    data_spec = agent.policy.trajectory_spec,
    batch_size = batch_size,
    max_length = steps_per_loop)

observers = [replay_buffer.add_batch, regret_metric]

driver = dynamic_step_driver.DynamicStepDriver(
    env = environment,
    policy = agent.collect_policy,
    num_steps = steps_per_loop * batch_size,
    observers = observers)

regret_values = []

for _ inrange(num_iterations):
    driver.run()
    loss_info = agent.train(replay_buffer.gather_all())
    replay_buffer.clear()
    regret_values.append(regret_metric.result())
```

我们可以通过绘制算法后续迭代的 regret（消极奖励）图来可视化我们的实验结果：

```
plt.plot(regret_values)
plt.ylabel('Average Regret')
plt.xlabel('Number of Iterations')
```

绘制出的图形如图 11.5 所示。

如图 11.5 所示，经过最初的学习阶段（在第 30 次迭代前后出现 regret 的高峰），agent 会不断地更好地服务于所需的内容。有很多变化发生，表明即使在一个简化的设置中——两个用户——高效的个性化仍然是一个挑战。改进的可能途径包括更长时间的训练或调整 DQN agent，以便使用更复杂的逻辑进行预测。

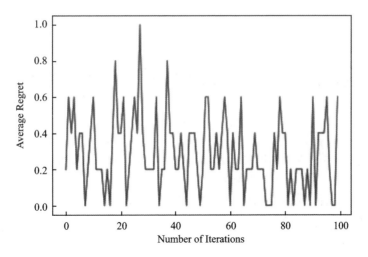

图 11.5　经过训练的 UCB 代理随时间的表现

第 12 章　TensorFlow 的应用

在本书中已经看到，利用 TensorFlow 能够实现许多模型，但除此之外，Tensor-Flow 还可以做很多其他的事情。本章将介绍其中的一些事情，如下：

➢ 在 TensorBoard 中可视化图表；
➢ 使用 TensorBoard 的 HParams 管理超参数优化；
➢ 实现单元测试；
➢ 使用多个执行程序；
➢ 使用 tf. distribute. strategy 并行化 TensorFlow；
➢ 保存和恢复 TensorFlow 模型；
➢ 使用 TensorFlow 服务。

我们将从展示如何使用 TensorBoard 的各个方面开始。其中，TensorBoard 是 TensorFlow 附带的一个功能，该工具能够在模型训练时可视化总结指标、图表和图像。接下来将介绍如何编写可供生产使用的代码，重点是单元测试、跨多个处理单元的培训分发以及高效的模型保存和加载。最后，将介绍如何通过将托管模型作为 REST 端点来解决机器学习服务方案。

12.1　在 TensorBoard 中的可视化

监控和排除机器学习算法的故障可能是一项令人生畏的任务，特别是当必须等待很长时间才能知道结果时。为了解决这个问题，TensorFlow 包含了一个叫作 Tensor-Board 的计算图形可视化工具，使用该工具，可以在训练过程中可视化图形和重要的值（损失、准确性、批量训练时间等）。

准　备

为了说明我们可以使用 TensorBoard 的各种方法，我们将重新实现第 8 章中介绍的 CNN 模型教程中的 MNIST 模型，然后添加 TensorBoard 回调并拟合模型。我们将展示如何监控数值、数值集的直方图，如何在 TensorBoard 中创建图像，以及如何可视化 TensorFlow 模型。

怎么做

1. 加载脚本所需的库：

```
import tensorflow as tf
import numpy as np
import datetime
```

2. 重新实现 MNIST 模型:

```
(x_train, y_train), (x_test, y_test) = tf.keras.datasets.mnist.load_data()

x_train = x_train.reshape(-1, 28, 28, 1)
x_test = x_test.reshape(-1, 28, 28, 1)

# Padding the images by 2 pixels since in the paper input images were 32x32
x_train = np.pad(x_train, ((0,0),(2,2),(2,2),(0,0)),'constant')
x_test = np.pad(x_test, ((0,0),(2,2),(2,2),(0,0)), 'constant')

# Normalize
x_train = x_train /255
x_test = x_test/255

# Set model parameters
image_width = x_train[0].shape[0]
image_height = x_train[0].shape[1]
num_channels = 1 # grayscale = 1 channel

# Training and Test data variables
batch_size = 100
evaluation_size = 500
generations = 300
eval_every = 5

# Set for reproducible results
seed = 98
np.random.seed(seed)
tf.random.set_seed(seed)

# Declare the model
input_data = tf.keras.Input(dtype = tf.float32, shape = (image_
width,image_height, num_channels), name = "INPUT")

# First Conv - ReLU - MaxPool Layer
conv1 = tf.keras.layers.Conv2D(filters = 6,
                               kernel_size = 5,
                               padding = 'VALID',
```

```
                                        activation = "relu",
                                        name = "C1")(input_data)

max_pool1 = tf.keras.layers.MaxPool2D(pool_size = 2,
                                      strides = 2,
                                      padding = 'SAME',
                                      name = "S1")(conv1)


# Second Conv – ReLU – MaxPool Layer
conv2 = tf.keras.layers.Conv2D(filters = 16,
                               kernel_size = 5,
                               padding = 'VALID',
                               strides = 1,
                               activation = "relu",
                               name = "C3")(max_pool1)

max_pool2 = tf.keras.layers.MaxPool2D(pool_size = 2,
                                      strides = 2,
                                      padding = 'SAME',
                                      name = "S4")(conv2)


# Flatten Layer
flatten = tf.keras.layers.Flatten(name = "FLATTEN")(max_pool2)


# First Fully Connected Layer
fully_connected1 = tf.keras.layers.Dense(units = 120,
                                         activation = "relu",
                                         name = "F5")(flatten)


# Second Fully Connected Layer
fully_connected2 = tf.keras.layers.Dense(units = 84,
                                         activation = "relu",
                                         name = "F6")(fully_connected1)


# Final Fully Connected Layer
final_model_output = tf.keras.layers.Dense(units = 10,
                                           activation = "softmax",
                                           name = "OUTPUT"
                                           )(fully_connected2)


model = tf.keras.Model(inputs = input_data, outputs = final_model_ output)
```

3. 使用稀疏分类交叉熵损失和 Adam 优化器来编译模型，然后显示摘要：

```
model.compile(
    optimizer = "adam",
    loss = "sparse_categorical_crossentropy",
    metrics = ["accuracy"]
)
model.summary()
```

4. 为每次运行创建一个带时间戳的子目录。摘要编写者将把 TensorBoard 日志写到该文件夹中：

```
log_dir = "logs/experiment-" + datetime.datetime.now().
strftime("%Y%m%d-%H%M%S")
```

5. 实例化一个 TensorBoard 回调函数，并将其传递给 fit 方法。培训阶段的所有日志将存储在此目录中，我们可以在 TensorBoard 中即时查看：

```
tensorboard_callback =
tf.keras.callbacks.TensorBoard(log_dir = log_dir,

write_images = True,

histogram_freq = 1 )

model.fit(x = x_train,
          y = y_train,
          epochs = 5,
          validation_data = (x_test, y_test),
          callbacks = [tensorboard_callback])
```

6. 运行以下命令，启动 TensorBoard 应用程序：

```
$ tensorboard -- logdir = "logs"
```

7. 在浏览器中导航到以下链接：http://127.0.0.0:6006。如果需要，可以通过传递"--port 6007"命令（用于在端口 6007 上运行）来指定一个不同的端口；也可以通过"%tensorboard --logdir="logs""命令行在笔记本中启动 TensorBoard。记住，Tensor-Board 在程序运行时是可以查看的。

8. 通过 TensorBoard 的标量视图，我们可以快速、轻松地可视化和比较模型训练期间的几个实验指标。默认情况下，TensorBoard 每隔一段时间就会写指标和损失。我们可以使用参数"update_freq='batch'"通过批处理来更新这个频率，还可以使用参数"write_images=True"或显示偏差将模型权重可视化为图像，并使用"histogram_freq=1"将权重可视化为直方图（计算每个 epoch）。

9. 图 12.1 所示为标量视图的截图。

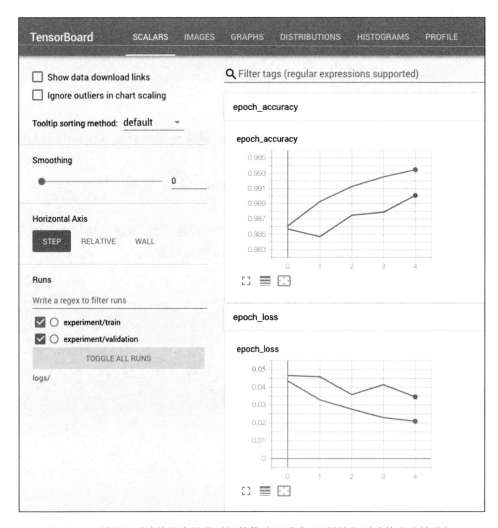

图 12.1　训练和测试的损失随着时间的推移而减少,而训练和测试的准确性增加

10.我们展示了如何用直方图摘要可视化权重和偏差。通过这个指示板,可以绘制非标量张量在不同时间点的所有值(如权重和偏差)的许多直方图。因此,我们可以看到这些值是如何随时间变化的,如图 12.2 所示。

11.通过 TensorFlow 的 Graphs 仪表板可视化 TensorFlow 模型,它使用不同的视图显示该模型。这个指示板允许可视化操作级图和概念图。运算级图显示 Keras 模型,其他计算节点有额外的边,而概念图只显示 Keras 模型。这些视图允许快速检查和比较我们预期的设计,并理解 TensorFlow 模型结构。

12.这里展示了如何可视化 op-level 图,如图 12.3 所示。

13.通过添加 TensorBoard 回调函数,我们可以将损失、指标、模型权重可视化为图像,等等。但是,我们也可以用 tf.summary 模块写入可以在 TensorFlow 中可视化的汇总数据。首先,必须创建一个 FileWriter,然后编写直方图、标量、文本、音频或图

图 12.2   Histograms 视图显示 TensorBoard 中的权重和偏差

像摘要。这里,将使用 Image Summary API 编写图像,并在 TensorBoard 中可视化它们:

```
# Create a File Writer for the timestamped log directory.
file_writer = tf.summary.create_file_writer(log_dir)

with file_writer.as_default():

    # Reshape the images and write image summary.
    images = np.reshape(x_train[0:10], (-1, 32, 32, 1))
    tf.summary.image("10 training data examples", images, max_outputs = 10, step = 0)
```

得到的结果如图 12.4 所示。

 注意:不要经常在 TensorBoard 上写图片摘要。例如,如果我们要为 10 000 代的每一代都编写一个图像摘要,那么将生成 10 000 张图像的摘要数据,这将很快耗尽磁盘空间。

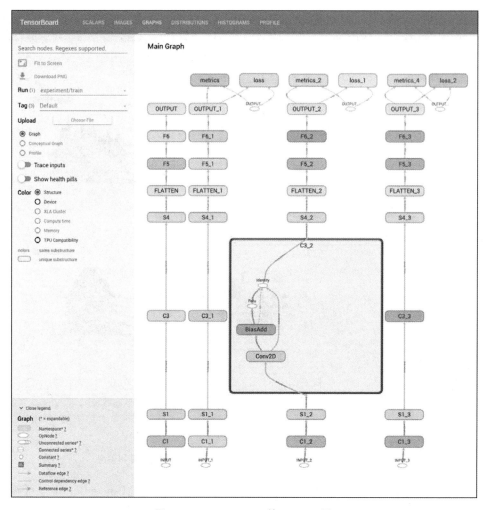

图 12.3　TensorBoard 的 op-level 图

它是如何工作的

在本节,我们在 MNIST 数据集上实现了一个 CNN 模型。首先,添加了一个 TensorBoard 回调函数并调整了模型;然后,使用了 TensorFlow 的可视化工具,它可以监控数值和数值集的直方图,可视化模型图,等等。

记住,我们可以像教程中那样通过命令行启动 TensorBoard,也可以通过使用"％ tensorboard"魔术行在笔记本中启动它。

更　多

TensorBoard.dev 是一个由谷歌提供的免费托管服务。其目的是方便托管、跟踪并与其他人共享机器学习实验。在启动实验之后,只需要将 TensorBoard 日志上传到

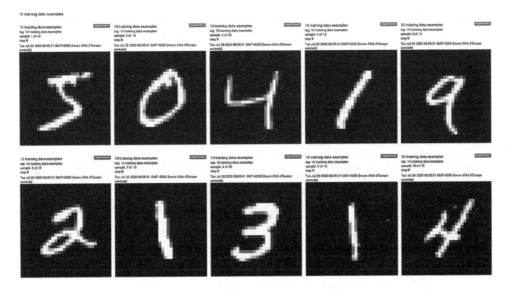

图 12.4　在 TensorBoard 中可视化图像

TensorBoard 服务器,然后分享链接,那么任何有链接的人都可以查看该实验。注意,不要上传敏感数据,因为上传的 TensorBoard 数据集是公共的,对每个人都可见。

12.2　使用 TensorBoard 的 HParams 管理超参数优化

在机器学习项目中调整超参数可能是一件非常痛苦的事情。这个过程是迭代的,可能需要很长时间来测试所有超参数组合。但幸运的是,HParams——一个 Tensor-Board 插件,可以解决这个问题,它允许测试找到超参数的最佳组合。

准　备

为了说明 HParams 插件是如何工作的,我们将使用 MNIST 数据集上的顺序模型实现。我们将配置 HParams 并比较几个超参数组合,以找到最佳超参数优化。

怎么做

1. 加载脚本所需的库:

```
import tensorflow as tf
from tensorboard.plugins.hparams import api as hp
import numpy as np
import datetime
```

2. 加载并准备 MNIST 数据集:

```
(x_train, y_train), (x_test, y_test) = tf.keras.datasets.mnist.load_data()

# Normalize
x_train = x_train /255
x_test = x_test/255

## Set model parameters
image_width = x_train[0].shape[0]
image_height = x_train[0].shape[1]
num_channels = 1 # grayscale = 1 channel
```

3. 对于每个超参数,定义要测试的值的列表或区间。本节将讨论 3 个超参数:每层的单元数、掉落率和优化器。代码如下:

```
HP_ARCHITECTURE_NN = hp.HParam('archi_nn',
hp.Discrete(['128,64','256,128']))
HP_DROPOUT = hp.HParam('dropout', hp.RealInterval(0.0, 0.1))
HP_OPTIMIZER = hp.HParam('optimizer', hp.Discrete(['adam', 'sgd']))
```

4. 该模型是一个有 5 个层的顺序模型:一个平坦层,一个密集层,一个掉落层,一个密集层,以及 10 个单元的输出层。训练函数接受包含超参数组合的 HParams 字典作为参数。当使用 Keras 模型时,在适合的方法上添加一个 HParams Keras 回调来监控每个实验。对于每个实验,插件将记录超参数组合、损失和指标。如果想监控其他信息,则可以添加一个摘要 File Writer。代码如下:

```
def train_model(hparams,experiment_run_log_dir):

    nb_units = list(map(int, hparams[HP_ARCHITECTURE_NN].split(",")))

    model = tf.keras.models.Sequential()
    model.add(tf.keras.layers.Flatten(name = "FLATTEN"))
    model.add(tf.keras.layers.Dense(units = nb_units[0],
activation = "relu",name = "D1"))
    model.add(tf.keras.layers.Dropout(hparams[HP_DROPOUT],
name = "DROP_OUT"))
    model.add(tf.keras.layers.Dense(units = nb_units[1],
activation = "relu", name = "D2"))
    model.add(tf.keras.layers.Dense(units = 10, activation = "softmax",
name = "OUTPUT"))

    model.compile(
        optimizer = hparams[HP_OPTIMIZER],
        loss = "sparse_categorical_crossentropy",
```

```
        metrics = ["accuracy"]
    )

    tensorboard_callback = tf.keras.callbacks.TensorBoard(log_
dir = experiment_run_log_dir)
    hparams_callback = hp.KerasCallback(experiment_run_log_dir, hparams)

    model.fit(x = x_train,
              y = y_train,
              epochs = 5,
              validation_data = (x_test, y_test),
              callbacks = [tensorboard_callback, hparams_callback]
          )
model = tf.keras.Model(inputs = input_data, outputs = final_model_ output)
```

5. 迭代所有的超参数：

```
for archi_nn in HP_ARCHITECTURE_NN.domain.values:
    for optimizer in HP_OPTIMIZER.domain.values:
        for dropout_rate in (HP_DROPOUT.domain.min_value, HP_
DROPOUT.domain.max_value):
            hparams = {
                HP_ARCHITECTURE_NN : archi_nn,
                HP_OPTIMIZER: optimizer,
                HP_DROPOUT : dropout_rate
            }

            experiment_run_log_dir = "logs/experiment-" + datetime.
datetime.now().strftime("%Y%m%d-%H%M%S")

            train_model(hparams, experiment_run_log_dir)
```

6. 运行下述命令来启动 TensorBoard 应用程序：

```
$ tensorboard --logdir = "logs"
```

7. 在 HParams 表视图中快速、轻松地可视化结果（超参数和指标），如有需要，过滤器和排序可应用于左侧窗格，如图 12.5 所示。

8. 在平行坐标视图中，每个轴代表一个超参数或一个度量，每次运行由一条线表示。这种可视化允许快速识别最佳超参数组合，如图 12.6 所示。

使用 TensorBoard HParams 是一种识别最佳超参数和管理 TensorFlow 实验的简单而深刻的方法。

Trial ID	Show Metrics	archi_nn	optimizer	dropout	train.epoch_accuracy	validation.epoch_accuracy	train.epoch_loss	validation.epoch_loss
06716f8851f586f...	☐	128,64	adam	0.10000	0.98042	0.97550	0.059984	0.081189
5cbf9612fba561ff...	☐	256,128	sgd	0.0000	0.95150	0.95410	0.17082	0.15873
6c342a2fbe24c27...	☐	256,128	adam	0.0000	0.98890	0.97720	0.035187	0.078059
6ff73a352256eb8...	☐	128,64	sgd	0.10000	0.94260	0.95260	0.19803	0.16271
b271d8fedf6d7df...	☐	128,64	adam	0.0000	0.98673	0.97820	0.042307	0.074075
bd8e413d70c8df6...	☐	256,128	adam	0.10000	0.98453	0.97870	0.048126	0.068502
ced96c9c31fd2af...	☐	256,128	sgd	0.10000	0.94917	0.95570	0.17816	0.15441
dfdf30a386ec262...	☐	128,64	sgd	0.0000	0.94867	0.94910	0.17970	0.16948

图 12.5 在 TensorBoard 中可视化的 HParams 表视图

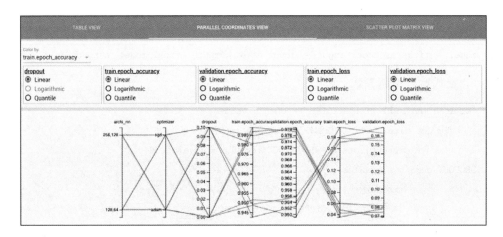

图 12.6 在 TensorBoard 中显示的 HParams 平行坐标视图

12.3 实现单元测试

测试代码会导致更快的原型化、更有效的调试、更快的更改,并更容易共享代码。TensorFlow 2.0 提供了 tf.test 模块,我们将在本节中介绍它。

准 备

在编写 TensorFlow 模型时,使用单元测试来检查程序的功能是很有帮助的。这对我们非常有益,因为当我们想要对程序单元进行更改时,测试将确保这些更改不会以未知的方式破坏模型。在 Python 中,主要的测试框架是 unittest,但 TensorFlow 提供了自己的测试框架。在这个教程中,我们将创建一个自定义层类,并将实现一个单元测试来演示如何在 TensorFlow 中编写它。

怎么做

1. 加载必要的库：

```
import tensorflow as tf
import numpy as np
```

2. 声明应用函数"f(x)＝a1 * x＋b1"的自定义门：

```
class MyCustomGate(tf.keras.layers.Layer):

    def __init__(self, units, a1, b1):
        super(MyCustomGate, self).__init__()
        self.units = units
        self.a1 = a1
        self.b1 = b1

    # Compute f(x) = a1 * x + b1
    def call(self, inputs):
        return inputs * self.a1 + self.b1
```

3. 创建继承自 tf.test.TestCase 类的单元测试类。setup 方法是一个 hook 方法，在每个测试方法之前调用。assertAllEqual 方法检查期望输出和计算输出是否具有相同的值。代码如下：

```
class MyCustomGateTest(tf.test.TestCase):

    def setUp(self):
        super(MyCustomGateTest, self).setUp()
        # Configure the layer with 1 unit, a1 = 2 et b1 = 1
        self.my_custom_gate = MyCustomGate(1,2,1)

    def testMyCustomGateOutput(self):
        input_x = np.array([[1,0,0,1],
                            [1,0,0,1]])
        output = self.my_custom_gate(input_x)
        expected_output = np.array([[3,1,1,3], [3,1,1,3]])

        self.assertAllEqual(output, expected_output)
```

4. 在脚本中使用 main() 函数来运行所有的单元测试：

```
tf.test.main()
```

5. 在终端执行如下命令，得到的输出如下：

```
$ python3 01_implementing_unit_tests.py
...
[     OK ] MyCustomGateTest.testMyCustomGateOutput
[ RUN    ] MyCustomGateTest.test_session
[ SKIPPED ] MyCustomGateTest.test_session
-------------------------------------------------------------
---
Ran 2 tests in 0.016s
```

OK（skipped = 1）

我们实施了一个测试，并且该测试通过了。不要担心上述两个 test_session 测试，它们是幻影测试。

注意，tf.test API 中有许多为 TensorFlow 定制的断言。

它是如何工作的

在本节，我们使用 tf.test API 实现了一个 TensorFlow 单元测试。它与 Python 单元测试非常相似。请记住，单元测试帮助我们确保代码将按预期工作，并使可重现性更易于访问。

12.4　使用多个执行程序

你会意识到 TensorFlow 有很多特性，包括计算图，它们可以自然地并行计算。计算图可以在不同的处理器上分割，也可以处理不同的批。我们将在本节中讨论如何访问同一台机器上的不同的处理器。

准　备

本教程将介绍如何访问同一系统上的多个设备以及如何在其上进行训练。设备是一个 CPU 或加速器单元（GPU，TPU），TensorFlow 可以在其上运行操作。这是一种非常常见的情况：除了 CPU 之外，一台机器可能有一个或多个 GPU 来分担计算负载。如果 TensorFlow 能够访问这些设备，它会通过一个贪婪进程自动将计算分发给多个设备。然而，TensorFlow 也允许程序通过名称作用域位置指定哪些操作将在哪个设备上。

本教程还将介绍访问系统上各种设备的不同命令，以及演示如何找出 TensorFlow 正在使用的设备。记住，有些函数仍然是实验性的，可能会发生变化。

怎么做

1. 为了找出 TensorFlow 正在使用哪些设备进行哪些操作，我们将通过把 tf.de-

bugging. set_log_ device_placement 设置为 True 来激活设备放置日志。当对 CPU 和 GPU 设备进行 TensorFlow 操作时,如果有可用的 GPU 设备,则默认会在该 GPU 设备上执行该操作。代码如下:

```
tf.debugging.set_log_device_placement(True)

a = tf.constant([1.0, 2.0, 3.0, 4.0, 5.0, 6.0], shape = [2,3], name = 'a')
b = tf.constant([1.0, 2.0, 3.0, 4.0, 5.0, 6.0], shape = [3,2], name = 'b')
c = tf.matmul(a, b)


Executing op Reshape in device /job:localhost/replica:0/task:0/device:GPU:0
Executing op Reshape in device /job:localhost/replica:0/task:0/device:GPU:0
Executing op MatMul in device /job:localhost/replica:0/task:0/device:GPU:0
```

2. 我们也可以使用 tensor device 属性来返回该张量被赋值的设备名称:

```
a = tf.constant([1.0, 2.0, 3.0, 4.0, 5.0, 6.0], shape = [2, 3], name = 'a')
print(a.device)
b = tf.constant([1.0, 2.0, 3.0, 4.0, 5.0, 6.0], shape = [3, 2], name = 'b')
print(b.device)


Executing op Reshape in device /job:localhost/replica:0/task:0/device:GPU:0
Executing op MatMul in device /job:localhost/replica:0/task:0/device:GPU:0
```

3. 默认情况下,TensorFlow 自动决定如何跨计算设备(CPU 和 GPU)分配计算,有时我们需要通过 tf.device 函数创建设备上下文来选择要使用的设备。在这种情况下执行的每个操作都将使用所选的设备:

```
tf.debugging.set_log_device_placement(True)
with tf.device('/device:CPU:0'):
    a = tf.constant([1.0, 2.0, 3.0, 4.0, 5.0, 6.0], shape = [2,3], name = 'a')
    b = tf.constant([1.0, 2.0, 3.0, 4.0, 5.0, 6.0], shape = [3,2], name = 'b')
    c = tf.matmul(a, b)


Executing op Reshape in device /job:localhost/replica:0/task:0/device:CPU:0
Executing op Reshape in device /job:localhost/replica:0/task:0/device:CPU:0
Executing op MatMul in device /job:localhost/replica:0/task:0/device:CPU:0
```

4. 如果将 matmul 操作移出上下文,则该操作将在可用的 GPU 设备上执行:

```
tf.debugging.set_log_device_placement(True)
with tf.device('/device:CPU:0'):
    a = tf.constant([1.0, 2.0, 3.0, 4.0, 5.0, 6.0], shape = [2,3], name = 'a')
    b = tf.constant([1.0, 2.0, 3.0, 4.0, 5.0, 6.0], shape = [3,2], name = 'b')
    c = tf.matmul(a, b)
```

```
Executing op Reshape in device /job:localhost/replica:0/task:0/device:CPU:0
Executing op Reshape in device /job:localhost/replica:0/task:0/device:CPU:0
Executing op MatMul in device /job:localhost/replica:0/task:0/device:GPU:0
```

5. 当使用 GPU 时，TensorFlow 会自动占用大量的 GPU 内存。虽然这通常是我们想要的，但我们可以采取措施来更加小心地分配 GPU 内存。虽然 TensorFlow 从不释放 GPU 内存，但可以通过设置 GPU 内存增长选项，慢慢将其分配增加到最大限制（仅在需要时）。物理设备初始化后不能修改：

```
gpu_devices = tf.config.list_physical_devices('GPU')
if gpu_devices:
    try:
        tf.config.experimental.set_memory_growth(gpu_devices[0],True)
    except RuntimeError as e:
        # Memory growth cannot be modified after GPU has been initialized
        print(e)
```

6. 如果想对 TensorFlow 使用的 GPU 内存设置一个硬限制，则可以创建一个虚拟 GPU 设备，并设置分配给该虚拟 GPU 的最大内存限制（以 MB 为单位）。注意，虚拟设备初始化后不能修改。代码如下：

```
gpu_devices = tf.config.list_physical_devices('GPU')
if gpu_devices:
    try:
tf.config.experimental.set_virtual_device_configuration(gpu_devices[0],

[tf.config.experimental.VirtualDeviceConfiguration(memory_limit = 1024)])
        except RuntimeError as e:
            # Memory growth cannot be modified after GPU has been initialized
            print(e)
```

7. 我们还可以用单个物理 GPU 模拟虚拟 GPU 设备，代码如下：

```
gpu_devices = tf.config.list_physical_devices('GPU')
if gpu_devices:
    try:

tf.config.experimental.set_virtual_device_configuration(gpu_devices[0],

[tf.config.experimental.VirtualDeviceConfiguration(memory_limit = 1024),

tf.config.experimental.VirtualDeviceConfiguration(memory_limit = 1024)])
        except RuntimeError as e:
            # Memory growth cannot be modified after GPU has been initialized
            print(e)
```

8. 有时我们可能需要编写稳健的代码,可以确定它是否在可用的 GPU 上运行。TensorFlow 有一个内置函数,可以测试 GPU 是否可用。当我们想要在 GPU 可用的时候编写代码,并将特定的操作分配给它时,这是很有帮助的。代码如下:

```
if tf.test.is_built_with_cuda():
    <Run GPU specific code here>
```

9. 如果需要分配特定的操作,比如说,给 GPU,则输入以下代码。它将执行简单的计算,并将操作分配给主 CPU 和两个辅助 GPU。

```
if tf.test.is_built_with_cuda():
    with tf.device('/cpu:0'):
        a = tf.constant([1.0, 3.0, 5.0], shape=[1, 3])
        b = tf.constant([2.0, 4.0, 6.0], shape=[3, 1])

    with tf.device('/gpu:0'):
        c = tf.matmul(a,b)
        c = tf.reshape(c, [-1])

    with tf.device('/gpu:1'):
        d = tf.matmul(b,a)
        flat_d = tf.reshape(d, [-1])

        combined = tf.multiply(c, flat_d)
    print(combined)
```

```
Num GPUs Available: 2
Executing op Reshape in device /job:localhost/replica:0/task:0/device:CPU:0
Executing op Reshape in device /job:localhost/replica:0/task:0/device:CPU:0
Executing op MatMul in device /job:localhost/replica:0/task:0/device:GPU:0
Executing op Reshape in device /job:localhost/replica:0/task:0/device:GPU:0
Executing op MatMul in device /job:localhost/replica:0/task:0/device:GPU:1
Executing op Reshape in device /job:localhost/replica:0/task:0/device:GPU:1
Executing op Mul in device /job:localhost/replica:0/task:0/device:CPU:0
tf.Tensor([ 88. 264. 440. 176. 528. 880. 264. 792. 1320.],
shape=(9,), dtype=float32)
```

我们可以看到,前两个操作在主 CPU 上执行,后两个操作在第一个辅助 GPU 上执行,最后两个操作在第二个辅助 GPU 上执行。

它是如何工作的

当我们想在机器上为 TensorFlow 操作设置特定的设备时,我们需要知道 TensorFlow 是如何引用这些设备的。TensorFlow 中的设备名称遵循的约定如表 12.1 所列。

表 12.1　TensorFlow 中的设备名称遵循的约定

设　备	设备名称
主 CPU	/device:CPU:0
主 GPU	/GPU:0
第二 GPU	/job:localhost/replica:0/task:0/device:GPU:1
第三 GPU	/job:localhost/replica:0/task:0/device:GPU:2

记住,即使处理器是多核处理器,TensorFlow 也将 CPU 视为唯一的处理器。所有的内核都被包装在/device:CPU:0 中,也就是说,TensorFlow 默认确实使用了多个CPU 内核。

更　多

幸运的是,现在在云端运行 TensorFlow 比以往任何时候都要容易。许多云计算服务提供商提供的 GPU 实例都有一个主 CPU 和一个强大的 GPU。请注意,拥有GPU 的一种简单方法是在谷歌 Colab 中运行代码,并在笔记本设置中将 GPU 设置为硬件加速器。

12.5　并行化 TensorFlow

训练一个模型是非常耗时的。幸运的是,TensorFlow 提供了几种分布式策略来加速训练,无论是对于非常大的模型还是非常大的数据集。本节将介绍如何使用 TensorFlow 分布式 API。

准　备

TensorFlow 分布式 API 通过将模型复制到不同的节点并在不同的数据子集上进行训练来分发训练。每种策略都支持一个硬件平台(多个 GPU、多台计算机或 TPU),并使用同步或异步训练策略。在同步训练中,每个工作节点对不同批次的数据进行训练,并在每一步聚合它们的梯度。在异步模式下,每个工作节点都独立地对数据进行训练,变量也以异步方式更新。注意,目前 TensorFlow 只支持上面描述的数据并行,根据路线图,它很快就会支持模型并行。当模型太大,无法适应单个设备,需要分布在多个设备上时,就使用这种范例。本教程将介绍该 API 提供的镜像策略。

怎么做

1. 加载该教程所需的库,如下所示:

```
import tensorflow as tf
import tensorflow_datasets as tfds
```

2. 创建两个虚拟 GPU：

```
# Create two virtual GPUs
gpu_devices = tf.config.list_physical_devices('GPU')
if gpu_devices:
    try:

tf.config.experimental.set_virtual_device_configuration(gpu_devices[0],
[tf.config.experimental.VirtualDeviceConfiguration(memory_limit = 1024),

tf.config.experimental.VirtualDeviceConfiguration(memory_limit = 1024) ])
    except RuntimeError as e:
        # Memory growth cannot be modified after GPU has been initialized
        print(e)
```

3. 通过 tensorflow_datasets API 加载 MNIST 数据集，如下所示：

```
datasets, info = tfds.load('mnist', with_info = True, as_supervised = True)
mnist_train, mnist_test = datasets['train'], datasets['test']
```

4. 准备数据：

```
def normalize_img(image, label):
  """Normalizes images: 'uint8' -> 'float32'."""
  return tf.cast(image, tf.float32) /255., label


mnist_train = mnist_train.map(
    normalize_img, num_parallel_calls = tf.data.experimental.AUTOTUNE)
mnist_train = mnist_train.cache()
mnist_train = mnist_train.shuffle(info.splits['train'].num_examples)
mnist_train = mnist_train.prefetch(tf.data.experimental.AUTOTUNE)

mnist_test = mnist_test.map(
    normalize_img, num_parallel_calls = tf.data.experimental.AUTOTUNE)
mnist_test = mnist_test.cache()
mnist_test = mnist_test.prefetch(tf.data.experimental.AUTOTUNE)
```

5. 采用镜像策略。该策略的目标是在同一台机器上的所有 GPU 上复制模型，每个模型在不同批次的数据上进行训练，并采用同步训练策略：

```
mirrored_strategy = tf.distribute.MirroredStrategy()
```

6. 检查是否有两个设备对应于这个教程开始时创建的两个虚拟 GPU，如下所示：

```
print('Number of devices: {}'.format(mirrored_strategy.num_replicas_in_sync))
```

7. 定义批量大小的值。给数据集的批量大小是全局批量大小。全局批量大小是每个副本所有批量大小的总和。因此,我们必须使用副本的数量来计算全局批量大小。代码如下:

```
BATCH_SIZE_PER_REPLICA = 128
BATCH_SIZE = BATCH_SIZE_PER_REPLICA * mirrored_strategy.num_replicas_in_sync

mnist_train = mnist_train.batch(BATCH_SIZE)
mnist_test = mnist_test.batch(BATCH_SIZE)
```

8. 使用镜像策略作用域定义和编译我们的模型。注意,在范围内创建的所有变量都是跨所有副本镜像的。代码如下:

```
with mirrored_strategy.scope():
    model = tf.keras.Sequential()
    model.add(tf.keras.layers.Flatten(name = "FLATTEN"))
    model.add(tf.keras.layers.Dense(units = 128 , activation = "relu",name = "D1"))
    model.add(tf.keras.layers.Dense(units = 64 , activation = "relu", name = "D2"))
    model.add(tf.keras.layers.Dense(units = 10, activation = "softmax", name = "OUTPUT"))
    model.compile(
        optimizer = "sgd",
        loss = "sparse_categorical_crossentropy",
        metrics = ["accuracy"]
    )
```

9. 一旦编译完成,就可以像往常一样适应之前的模型了,代码如下:

```
model.fit(mnist_train,
        epochs = 10,
        validation_data = mnist_test
        )
```

使用策略范围是在分发培训时必须做的唯一一件事。

它是如何工作的

使用 TensorFlow 分布式 API 非常简单,我们所要做的就是分配范围,然后操作可以手动或自动分配给工作节点。注意,我们可以很容易地切换策略。

以下是一些分布式策略的简要概述:

➢ TPU 策略类似于镜像策略,但它运行在 TPU 上。

➢ Multiworker Mirrored 策略与镜像策略非常相似,但该模型是跨多台机器训练的,可能使用多个 GPU。我们必须指定跨设备通信。

➢ 中央存储策略在一台具有多个 GPU 的机器上使用同步模式。变量不会被镜像,而是放在 CPU 上,操作被复制到所有本地 GPU 中。

> 参数服务器策略是在一组机器上实现的。一些机器充当工作者角色,而其他机器充当参数服务器角色。其中,工作者进行计算,参数服务器存储模型变量。

更 多

在这个教程中,我们已经克服了镜像策略,并使用 Keras API 执行了我们的程序。注意,TensorFlow 分布式 API 在图模式下比在即时模式下工作得更好。

该 API 运行得很快,所以我们可以随时查阅官方文档,以了解在哪些场景下支持哪些分布式策略(Keras API、自定义训练循环或 Estimator API)。

12.6 保存和恢复 TensorFlow 模型

如果想在生产中使用我们的机器学习模型,或者在迁移学习任务中重用我们训练的模型,那么就必须存储我们的模型。本节将概述一些存储和恢复权重或整个模型的方法。

准 备

在这个教程中,我们想要总结存储 TensorFlow 模型的各种方法,并且介绍保存和恢复整个模型的最佳方法,仅包括权重和模型检查点。

怎么做

1. 从加载必要的库开始:

```
import tensorflow as tf
```

2. 使用 Keras Sequential API 构建一个 MNIST 模型:

```
(x_train, y_train), (x_test, y_test) = tf.keras.datasets.mnist.load_data()

# Normalize
x_train = x_train /255
x_test = x_test/255

model = tf.keras.Sequential()
model.add(tf.keras.layers.Flatten(name = "FLATTEN"))
model.add(tf.keras.layers.Dense(units = 128 , activation = "relu", name = "D1"))
model.add(tf.keras.layers.Dense(units = 64 , activation = "relu", name = "D2"))
model.add(tf.keras.layers.Dense(units = 10, activation = "softmax", name = "OUTPUT"))
```

```
model.compile(optimizer = "sgd",
              loss = "sparse_categorical_crossentropy",
              metrics = ["accuracy"]
              )

model.fit(x = x_train,
          y = y_train, epochs = 5,
          validation_data = (x_test, y_test)
          )
```

3. 使用推荐的格式将名为 SavedModel 格式的整个模型保存在磁盘上。这种格式保存模型图和变量。代码如下：

```
model.save("SavedModel")
```

4. 在磁盘上创建一个名为 SavedModel 的目录。它包含一个 TensorFlow 程序——saved_model.pb file;包含所有参数的确切值;包含 assets 目录,其又包含 TensorFlow 图使用的文件。代码如下：

```
SavedModel
└ assets
└ variables
└ saved_model.pb
```

 注意，save()操作也接受其他参数。可以根据模型的复杂性以及传递给 save 方法的签名和选项创建额外的目录。

5. 恢复我们保存的模型：

```
model2 = tf.keras.models.load_model("SavedModel")
```

6. 如果喜欢以 H5 格式保存模型,那么可以传递一个以.h5 结尾的文件名,或者添加"save_format＝"h5""参数,代码如下：

```
model.save("SavedModel.h5")
model.save("model_save", save_format = "h5")
```

7. 我们还可以使用 ModelCheckpoint 回调来保存整个模型,或者每隔一段时间将权重保存到检查点结构中。这个回调被添加到 fit 方法的回调参数中。在下面的配置中,模型权重将被存储在每个 epoch 中：

```
checkpoint_callback = tf.keras.callbacks.
ModelCheckpoint(filepath = "./checkpoint",save_weights_only = True,
save_freq = 'epoch')

model.fit(x = x_train,
```

```
        y = y_train, epochs = 5,
        validation_data = (x_test, y_test),
        callbacks = [checkpoint_callback]
    )
```

8. 为了继续训练,我们可以加载整个模型或者稍后只加载权重。在这里,我们将重新加载权重:

```
model.load_weights("./checkpoint")
```

现在,我们可以保存和恢复整个模型,仅保留权重或模型检查点。

它是如何工作的

本节提供了几种存储和恢复整个模型或仅恢复权重的方法,这可以将一个模型投入生产,或避免从头再培训一个完整的模型。我们还了解了如何在训练过程中和训练之后存储模型。

12.7 使用 TensorFlow 服务

本节将介绍 TensorFlow 如何在生产中服务于机器学习模型,并将使用 TensorFlow 扩展(TensorFlow eXtended,TFX)平台的 TensorFlow 服务组件。TFX 是一个 MLOps 工具,为可扩展和高性能的模型任务构建完整的端到端机器学习管道。TFX 管道由一系列用于数据验证、数据转换、模型分析和模型服务的组件组成。在本教程中,我们将重点关注最后一个组件,它可以支持模型版本控制、多个模型等。

准 备

我们将通过阅读官方文档和 TFX 网站上的简短教程来开始这一部分(https://www.tensorflow.org/tfx)。

对于这个例子,我们将建立一个 MNIST 模型,并且保存它,然后下载 TensorFlow 服务 Docker 映像并运行它,接着向 REST 服务器发送 POST 请求,以获得一些图像预测。

怎么做

1. 与之前一样,加载必要的库:

```
import tensorflow as tf
import numpy as np
import requests
```

```
import matplotlib.pyplot as plt
import json
```

2. 使用 Keras Sequential API 构建一个 MNIST 模型：

```
(x_train, y_train), (x_test, y_test) = tf.keras.datasets.mnist.load_data()

# Normalize
x_train = x_train /255
x_test = x_test/255

model = tf.keras.Sequential()
model.add(tf.keras.layers.Flatten(name = "FLATTEN"))
model.add(tf.keras.layers.Dense(units = 128 , activation = "relu", name = "D1"))
model.add(tf.keras.layers.Dense(units = 64 , activation = "relu", name = "D2"))
model.add(tf.keras.layers.Dense(units = 10, activation = "softmax", name = "OUTPUT"))

model.compile(optimizer = "sgd",
              loss = "sparse_categorical_crossentropy",
              metrics = ["accuracy"]
              )

model.fit(x = x_train,
          y = y_train,
          epochs = 5,
          validation_data = (x_test, y_test)
          )
```

3. 将模型保存为 SavedModel 格式，并为模型的每个版本创建一个目录。TensorFlow Serving 需要将一个特定的树形结构和以 SavedModel 格式保存的模型。每个模型版本都应导出到给定路径下的不同子目录中。因此，当我们调用服务器进行预测时，可以很容易地指定要使用的模型版本。TensorFlow Serving 期望的目录结构的截图如图 12.7 所示。

图 12.7 显示了所需的目录结构。其中有已定义的数据目录 my_mnist_model，后面是模型版本号——1。在版本号目录中，我们保存了 protobuf 模型和一个包含需要保存的变量的变量文件夹。

 我们应该知道，在数据目录中，TensorFlow 服务将查找整数文件夹。TensorFlow 服务将自动启动并抓取最大整数下的模型，这意味着要部署一个新模型，我们需要将其标记为版本 2，并将其粘贴到同样标记为 2 的新文件夹下。TensorFlow 服务将会自动选取这个模型。

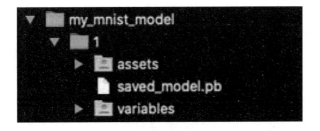

图 12.7　TensorFlow Serving 期望的目录结构的截图

4. 使用 Docker 安装 TensorFlow 服务。如果需要,可以访问 Docker 官方文档以获得 Docker 安装说明。第一步是提取最新的 TensorFlow 服务 Docker 映像:

```
$ docker pull tensorflow/serving
```

5. 启动一个 Docker 容器:将 REST API 端口 8501 发布到主机端口 8501,使用之前创建的模型 my_mnist_model,将其绑定到模型基本路径/models/my_mnist_model,并使用 my_mnist_model 填充环境变量 MODEL_NAME:

```
$ docker run – p 8501:8501 \
  -- mount type = bind,source = " $ (pwd)/my_mnist_model/",target = /models/
my_mnist_model \
  – e MODEL_NAME = my_mnist_model – t tensorflow/serving
```

6. 展示要进行预测的图像:

```
num_rows = 4
num_cols = 3
plt.figure(figsize = (2 * 2 * num_cols, 2 * num_rows))
for row in range(num_rows):
    for col in range(num_cols):
        index = num_cols * row + col
        image = x_test[index]
        true_label = y_test[index]
        plt.subplot(num_rows, 2 * num_cols, 2 * index + 1)
        plt.imshow(image.reshape(28,28), cmap = "binary")
        plt.axis('off')
        plt.title('\n\n It is a {}'.format(y_test[index]),
fontdict = {'size': 16})
plt.tight_layout()
plt.show()
```

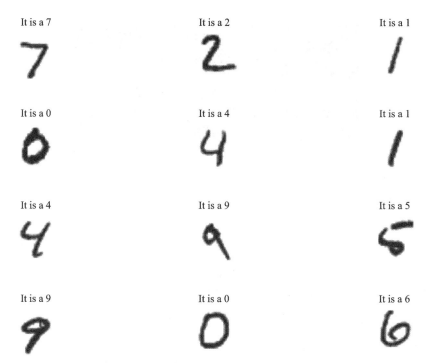

7. 向 <host>:8501 提交二进制数据,并获得显示结果的 JSON 响应。我们可以通过任何机器和任何编程语言来做到这一点。不需要依赖客户端来获得 TensorFlow 的本地副本是非常有用的。

在这里,我们将向服务器发送 POST 预测请求并传递图像。服务器将为每个图像返回 10 个概率,对应于 0~9 之间每个数字的概率:

```
json_request = '{{ "instances" : {}}}'.format(x_test[0:12].tolist())
resp = requests.post('http://localhost:8501/v1/models/my_mnist_ model:predict', data =
json_request, headers = {"content-type": "application/json"})

print('response.status_code: {}'.format(resp.status_code))
print('response.content: {}'.format(resp.content))

predictions = json.loads(resp.text)['predictions']
```

8. 显示图像的预测结果:

```
num_rows = 4
num_cols = 3
plt.figure(figsize = (2 * 2 * num_cols, 2 * 2 * num_rows))
for row in range(num_rows):
    for col in range(num_cols):
        index = num_cols * row + col
        image = x_test[index]
        predicted_label = np.argmax(predictions[index])
        true_label = y_test[index]
```

```
plt.subplot(num_rows, 2 * num_cols, 2 * index + 1)
plt.imshow(image.reshape(28,28), cmap = "binary")
plt.axis('off')
if predicted_label == true_label:
    color = 'blue'
else:
    color = 'red'
plt.title('\n\n The model predicts a {} \n and it is a
{}'.format(predicted_label, true_label), fontdict = {'size': 16},
color = color)
plt.tight_layout()
plt.show()
```

现在,16 个预测的可视化表示如下:

The model predicts a 7
and it is a 7

The model predicts a 2
and it is a 2

The model predicts a 1
and it is a 1

The model predicts a 0
and it is a 0

The model predicts a 4
and it is a 4

The model predicts a 1
and it is a 1

The model predicts a 4
and it is a 4

The model predicts a 9
and it is a 9

The model predicts a 6
and it is a 5

The model predicts a 9
and it is a 9

The model predicts a 0
and it is a 0

The model predicts a 6
and it is a 6

它是如何工作的

机器学习团队专注于创建机器学习模型,运营团队专注于部署模型。MLOps 将 DevOps 原则应用于机器学习,它为数据科学带来了软件开发的最佳实践(注释、文档编制、版本控制、测试等)。MLOps 旨在消除产生模型的机器学习团队和部署模型的操作团队之间的障碍。

在本教程中,我们只关注使用 TFX 服务组件的服务模型,其实 TFX 还是一个构建完整的端到端机器学习管道的 MLOps 工具,读者可自行学习有关内容。

还有很多其他的解决方案可以用来服务一个模型,比如 Kubeflow、Django/Flask 或者托管云服务,再如 AWS SageMaker、GCP AI Platform 或者 Azure ML。